21世纪高等学校计算机教育实用系列教材

U0645650

数据结构与算法
——Java语言描述

李小莲　杨　泽　主　编

姜全坤　翟允赛　副主编

清华大学出版社
北京

内 容 简 介

"数据结构与算法"是计算机专业的一门核心课程。本书主要介绍数据结构的基本概念、基础理论和算法设计方法，以及数据结构的应用。

全书共9章，内容包括绪论、线性表、栈与队列、串、数组、树与二叉树、图、查找、排序。很多章节给出了含思政元素的应用型案例，课后安排了丰富的习题。本书内容丰富，语言流畅，具有较强的逻辑性，在注重理论知识的基础上，强调工程应用。本书配套资料丰富，包括课件、大纲、教案、程序源码。

本书可作为普通高等院校计算机科学与技术、软件工程、人工智能、网络工程、大数据等计算机相关专业"数据结构"课程的教材，也可供计算机相关领域从业者和计算机爱好者阅读。

图书在版编目(CIP)数据

数据结构与算法 ：Java语言描述 / 李小莲，杨泽主编. -- 北京 ：清华大学出版社，2024. 9. -- (21 世纪高等学校计算机教育实用系列教材). -- ISBN 978-7-302-67268-5

Ⅰ. TP311.12

中国国家版本馆 CIP 数据核字第 2024628K1Z 号

责任编辑：贾　斌　薛　阳
封面设计：常雪影
责任校对：刘惠林
责任印制：丛怀宇

出版发行：清华大学出版社
　　网　　　址：https://www.tup.com.cn，https://www.wqxuetang.com
　　地　　　址：北京清华大学学研大厦 A 座　　　邮　　编：100084
　　社 总 机：010-83470000　　　　　　　　　邮　　购：010-62786544
　　投稿与读者服务：010-62776969，c-service@tup.tsinghua.edu.cn
　　质量反馈：010-62772015，zhiliang@tup.tsinghua.edu.cn
　　课件下载：https://www.tup.com.cn，010-83470236
印 装 者：三河市人民印务有限公司
经　　销：全国新华书店
开　　本：185mm×260mm　　印　张：16.75　　　　字　　数：409 千字
版　　次：2024 年 9 月第 1 版　　　　　　　　印　　次：2024 年 9 月第 1 次印刷
印　　数：1～1500
定　　价：59.00 元

产品编号：108297-01

前　言

　　"数据结构与算法"是计算机专业的一门核心课程。本书配套资料丰富，包括课件、大纲、程序源码、教案。本书的编写注重理论联系实际，书中案例选择以实用为主，注重理论知识的实际运用。内容由浅入深，逐步推进，并设计了含思政元素的应用型案例，安排了丰富的课后习题。

　　本书共9章，主要内容有绪论、线性表、栈与队列、串、数组、树与二叉树、图、查找、排序。第1章绪论介绍数据结构的基本概念、数据类型、算法及算法分析。第2章线性表的主要内容是线性表及其基本操作、线性表的顺序存储结构和链式存储结构、线性表的应用。第3章介绍栈与队列的概念、存储及应用等。第4章的内容主要包括串类型的基本概念、串的存储、Java字符串、字符串模式匹配算法等。第5章介绍数组和矩阵等。第6章的主要内容是树和二叉树的概念、存储、遍历，哈夫曼树及哈夫曼编码等。第7章的主要内容是图的存储表示、遍历、最小生成树、最短路径、关键路径等。第8章主要介绍线性表查找、树表查找、哈希表查找。第9章主要介绍各种排序算法，如插入排序、交换排序、选择排序、归并排序，以及各种内部排序方法的比较。

　　本书第1～4章由李小莲编写，第5章和第7章由姜全坤编写，第6章和第9章由杨泽编写，第8章由翟允赛编写。全书由李小莲、杨泽担任主编，李小莲完成全书统稿，杨泽完成书中程序的调试，王小敏整理部分习题。

　　由于编者水平有限，书中难免有不足和疏漏之处，敬请各界专家和读者朋友批评指正，我们将不胜感激。

编　者

2024年6月

目　录

V

第1章 绪 论

著名的计算机科学家尼克劳斯·沃思(Niklaus Wirth)指出：程序＝算法＋数据结构。从这个等式可以直观地看到算法、数据结构与程序之间的关系。算法加上数据结构构成了程序。那么,什么是算法? 什么是数据结构? 沃思认为算法是程序的逻辑抽象,是解决某类客观问题的基础策略。数据结构是数据及其之间的关系的反映,可以从逻辑结构与物理结构两方面进行描述。本书探讨的就是数据结构与算法的基本内容及应用实例,通过本书,读者将学到如何选择数据结构编写程序,从而解决一个实际问题。本章首先对数据结构的基本概念,例如数据、数据元素、数据对象等进行定义和描述；然后重点介绍数据的逻辑结构、存储结构、数据操作,以及 Java 的抽象数据类型、泛型方法等；最后介绍关于算法的基本概念、基本性质、算法的时间复杂度、算法的空间复杂度。

本章学习目标:

(1) 掌握数据结构的基本概念。

(2) 掌握数据的逻辑结构、存储结构和数据操作。

(3) 熟悉 Java 的抽象数据类型。

(4) 熟悉 Java 提供的泛型方法。

(5) 掌握算法基础概念。

(6) 掌握算法的时间复杂度和空间复杂度。

1.1 数据结构的基本概念

顾名思义,数据结构就是数据＋结构。数据结构的基本概念包含数据、数据元素、数据项、数据对象以及数据结构,下面将分别对其进行详细描述。

1.1.1 数据与数据结构

数据(Data)是信息的载体,是能够被人们识别、存储、加工和处理的各种形式的总和。其表现形式是符号,例如,古代用树上刻印、绳子打结来表示,现代用数字、符号来表示。从计算机处理角度来说,数据是能够输入计算机并由计算机处理的所有对象的集合。通常可以将其分为数值型数据和非数值型数据。数值型数据主要是数学科目所讲的整数、实数等,能够直接进行加减乘除四则运算。非数值型数据是需要经过加工才能进入计算机,让计算机处理的,如声音、图像等。

数据元素(Data Element)是数据中的一个"个体",是数据的基本组织单位。数据元素也可以称为结点、顶点和记录,如图 1-1 所示,一个数据元素用一个圆圈表示。如表 1-1 中的一行数据也称为一个数据元素或一条记录。

数据项(Data Item)是数据元素的组成部分,是数据的最小标识单位,又称为字段或域(Field)。一个数据元素可以由若干数据项组成。如表 1-1 中的每一列都是一个数据项。数据项又可以分为两种:简单数据项和组合数据项。如表 1-1 中的"姓名"这一项可以分为"姓"和"名",这一项可以表示成组合数据项;"出生日期"这一项可以分为"年""月""日",所以,这一项也可以表示成组合数据项;其他项都是简单数据项。

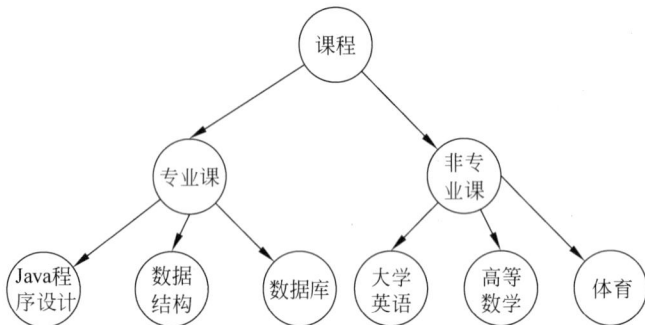

图 1-1 课程结构图

表 1-1 学生成绩表

学　　号	姓　　名	出 生 日 期	高 等 数 学	大 学 英 语	体　　育
2021021001	张三	2002-05-02	85	78	82
2021021002	李四	2003-04-12	76	85	75
2021021003	王五	2002-04-25	66	84	65
2021021004	赵六	2003-07-18	86	82	85

数据对象(Data Object)是性质相同的数据元素的集合。如表 1-1 所示,整张表可以看成一个数据对象。计算机需要处理的这些数据对象都是数据元素的集合,集合中的这些元素并不是孤立存在的,不同元素之间存在一种或几种特定关系。例如,表 1-1 学生成绩表中的学生数据因"学号"关联在一起,这种关联其实就是数据的逻辑结构。这种相互之间存在一种或多种特定关联关系的数据元素的集合称为**数据结构**(Data Structure)。关于数据结构的内容,下面从数据的逻辑结构、数据的存储结构、数据的运算这三方面来分析。

1.1.2 数据的逻辑结构

数据的逻辑结构是指各个数据元素之间的逻辑关系,是呈现在用户面前的、能感知到的数据元素的组织形式。一个数据元素的前面没有与它直接相邻的数据元素,则这个数据元素所在结点称为**开始结点**,它的前面与它直接相邻的数据元素所在结点称为它的直接前驱结点,简称**前驱**。一个数据元素的后面没有与它直接相邻的数据元素,则这个数据元素所在结点称为**终端结点**,它的后面与它直接相邻的数据元素所在结点称为它的直接后继结点,简称**后继**。如图 1-1 中"课程"结点是第一结点,它的前面没有其他结点,称为开始结点,"Java程序设计""数据结构""数据库""大学英语""高等数学""体育"的后面都没有其他结点,可以称为终端结点。如表 1-1 中学号为"2021021001"的这一行数据是第一条记录,称为开始结点,学号为"2021021004"的这一行数据是最后一条记录,称为终端结点。如图 1-1 中"专业课"结点的前驱是"课程",后继是"Java 程序设计""数据结构""数据库"。如表 1-1 中学号为"2021021003"的这一条记录的前驱是学号为"2021021002"的这一条记录,后继是学号为"2021021004"的这一条记录。

按照数据元素之间的逻辑关系,可以将逻辑结构分为两大类,一类为线性结构,另一类为非线性结构。其中,非线性结构又包含三种不同的结构,分别是集合、树状结构和图结构。

1. 线性结构

线性结构中数据元素之间存在**一对一**的关系,这种结构用前驱和后继的方式来描述。若结构非空,则它有且仅有一个开始结点和终端结点,开始结点没有前驱但有一个后继,终端结点没有后继但有一个前驱,其余结点有且仅有一个前驱和一个后继,给人的直观感觉是呈线性特征,如图 1-2(b)所示。

2. 集合

集合中数据元素之间无任何关系,除了同属于一个集合。它们之间的关系是松散的,如图 1-2(a)所示。

3. 树状结构

树状结构中数据元素之间存在**一对多**的关系,这种结构可以用"孩子""双亲"来描述,给人的直观感觉像一棵倒过来的树。除了根结点(此结点无前驱)之外,其他结点都只有一个双亲结点(前驱结点),可以有零个或多个孩子结点(后继结点),如图 1-2(c)所示。图 1-1 的结构也是一种树状结构。

4. 图结构

图结构中数据元素之间存在**多对多**的关系,这种多对多的数据结构呈现出的直观形式是"网状"特征,数据顶点之间的关系用"邻接"描述。邻接就是指这两个数据顶点之间有关联关系。也可用前驱后继来表示,此种结构若非空,则它的所有结点都可能有多个前驱和后继,如图 1-2(d)所示。

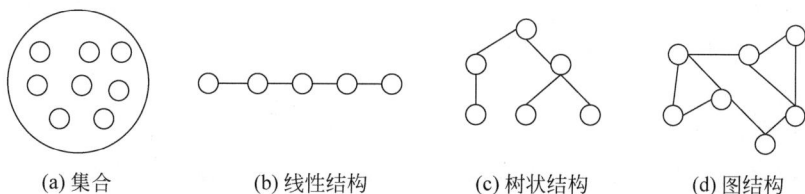

(a) 集合　　　　　(b) 线性结构　　　　　(c) 树状结构　　　　　(d) 图结构

图 1-2　4 种逻辑结构图

数据的逻辑结构包含两方面的内容,一方面是数据元素,另一方面是数据元素之间的关系。那么,采用二元组形式来定义数据的逻辑结构,用 D 表示数据元素的集合,R 表示 D 之间的关系的集合,定义如下。

$$DataStructure = (D, R)$$

【例 1.1】　数据的逻辑结构定义为 $B = (D, R)$,其中,$D = \{A, B, C, D, E, F, G, H\}$,$R = \{<A, B><A, C><B, D><B, E><E, G><C, F><F, H>\}$,画出其逻辑结构图。在此结构图中,哪些结点是开始结点?哪些是终端结点?

此逻辑结构图如图 1-3 所示,它是一个树状结构图。

A 结点没有前驱结点,是开始结点,也叫作根结点;D、G、H

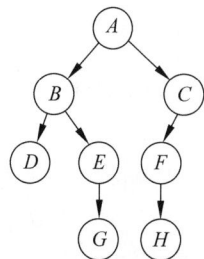

图 1-3　例 1.1 逻辑结构图

结点没有后继结点，是终端结点，也称为叶子结点。

1.1.3　数据的存储结构

数据的存储结构又称为数据的物理结构，是数据及其逻辑结构在计算机中的实现（映像）。它包括数据元素值在计算机中的存储表示和逻辑关系在计算机中的存储表示两部分，是依赖计算机的。数据元素的存储结构通常有以下 4 种方式。

1. 顺序存储方式

顺序存储方式是指将所有的数据元素存放在一片连续的存储空间中，并使逻辑上相邻的数据元素其对应的物理位置也相邻，即数据元素的逻辑关系与物理位置关系保持一致。如图 1-4(a)表示字符串"student"的顺序存储。

2. 链式存储方式

链式存储方式中每个数据元素所对应的存储表示由两部分组成，一部分是存放数据元素本身，另一部分是存放表示逻辑关系的指针。链式存储方式不要求将逻辑上相邻的数据元素存储在物理上相邻的位置，即逻辑上相邻的数据元素在计算机中存储时可以在不相邻的物理位置上。字符串"student"的链式存储如图 1-4(b)所示。

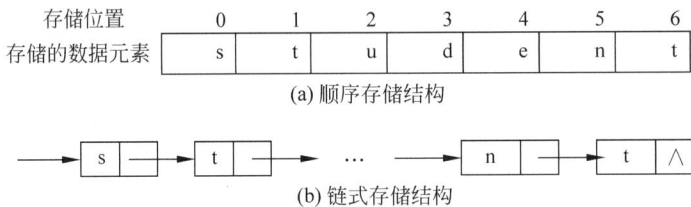

存储位置	0	1	2	3	4	5	6
存储的数据元素	s	t	u	d	e	n	t

(a) 顺序存储结构

(b) 链式存储结构

图 1-4　顺序存储结构与链式存储结构

3. 索引存储方式

在索引存储里增加了一个索引表，索引表中的每一项包括关键字和地址，关键字是唯一标识一个数据元素的数据项，地址是数据元素的存储地址的首地址。采用这种方式存储的结构称为索引存储结构。

4. 散列存储方式

散列存储也称为哈希存储，是指将数据元素存储在一片连续的区域内，每个数据元素的具体存储位置是根据该数据元素的关键字值，通过散列函数计算出来的。采用这个方式存储的结构称为散列存储结构。

1.1.4　数据的运算

数据的运算，是指在数据逻辑结构上进行的一些操作，例如插入、删除、查找、修改、遍历。当然，在进行这些操作的时候也会涉及数据的存储结构。各种操作的具体描述如下。

（1）插入：在数据结构中增加新的结点。

（2）删除：从数据结构中删除指定结点。

（3）查找：在数据结构中查找满足给定条件的结点。

（4）修改：改变指定结点的一个或者多个字段的值。

（5）遍历：按一定的访问路径对每个数据元素访问一次并且只访问一次。

1.2 数据类型

数据类型是学习数据结构的基础,Java 语言中的类型分为两类,即值类型和引用类型,值类型是基本数据类型,其他类型(如类类型、数组类型)都属于引用类型。抽象数据类型不具体到某个类型,是对数据类型的一种抽象。泛型是一种参数化的数据类型,所操作的数据类型为一个参数。

1.2.1 基本数据类型

数据类型是一组值的集合以及定义于这个值上的一组操作的总称。一般地,高级程序语言都已经定义了一些基本的数据类型。Java 语言是一门强大的语言,它提供了非常多的内置方法,当然也提供了内置的数据类型,这些内置的数据类型也称为基本数据类型。Java 语言总共有 8 种基本数据类型,其中有 4 个整型(**byte**、**short**、**int**、**long**),两个浮点型(**float**、**double**),一个布尔型(**boolean**)和一个字符型(**char**),如表 1-2 所示。这些基本数据类型的值是不能再分解的,只能作为一个整体来进行数据的处理。每个数据类型都包含它的取值范围和允许的操作。这些数据类型的取值范围对应于它可处理的字节长度。例如,整型变量(int),它的取值范围是 4B 能够表示的整数值的大小,允许的操作有加、减、乘、除、大于、小于、非、与、或等。

表 1-2　8 种基本数据类型

关　键　字	类　　型	说　　明
byte	字节型	1B
short	短整型	2B
int	整型	4B
long	长整型	8B
float	单精度浮点型	4B
double	双精度浮点型	8B
boolean	布尔型	逻辑类型
char	字符型	单个字符

1.2.2 抽象数据类型

数据的抽象是通过抽象数据类型来实现的。抽象数据类型(Abstract Data Type, ADT)是指一个数据值的集合和定义在这个集合上的一组操作的总称。ADT 可以理解为是对数据类型的进一步抽象,它不包括数据的计算机存储表示,但包括对这些数据进行的一系列操作。这里的操作是脱离了具体实现的抽象操作,不涉及实现细节。它与基本数据类型最大的区别在于,它是用户自定义的数据类型。抽象数据类型的组成与描述如下。

```
ADT <抽象数据类型名>
{
    数据对象:数据元素的组成的定义;
    数据关系:数据结构的描述;
    数据操作:基本操作的定义,即操作方法的声明;
}
```

数据对象、数据关系、数据操作是抽象数据类型的三个基本要素,因此抽象数据类型可以用三元组来表示:

$$ADT = (D, S, P)$$

其中,D 表示数据对象,包括数据元素所属的数据类型和取值范围;S 表示数据关系,即数据的结构,它是基于逻辑结构来描述的;P 表示数据操作,是用户自定义的一些方法。抽象数据类型需要通过基本数据类型来实现。

抽象数据类型可以采用两种方法实现:第一种是用抽象类表示,用继承该抽象类的子类来实现;第二种是用接口表示,抽象类型的实现用实现该接口的类来表示。本书中出现的例子将采用其中一种方法来实现。

1.2.3 泛型

泛型,即参数化类型,也就是说,泛型不具体指明是哪个数据类型,而是用一个参数来代替数据类型。这种参数类型可以用在类、接口、方法中,用在类中称为泛型类,用在接口中称为泛型接口,用在方法中称为泛型方法。

1. 使用 Object 表示泛型

可以使用 Object 类型来表示泛型数据类型,也可以称 Object 为通用类型,可以用来表示任何一种类型,如以下程序所示,类 ObjectType 里面定义一个私有变量 a 是 Object 类型,seta() 方法、geta() 方法也对应 Object 类型。

```
public class ObjectType {
    private Object a;
    public Object geta() {
        return a ;
    }
    public void seta(Object a) {
        this.a＝a ;
    }
}
```

下面的 TestDemo 类是测试类,给 a 设置的值可以字符串类型、浮点型、字符型等。

```
public class TestDemo {
    public static void main(String[] args) {
        ObjectType s1＝new ObjectType();
        s1.seta(5.8);
        System.out.println(s1.geta());
        s1.seta("abc");
        System.out.println(s1.geta());
        char c＝'c';
        s1.seta(c);
        System.out.println(s1.geta());
    }
}
```

2. 使用< Object >表示泛型

符号“< >”里面可以放任意字符或字符串,它只是表示一个类型的参数。常用大写字母来表示泛型,如下面的程序类 FanType < T, D >是一个泛型类,定义两个私有变量,是不同类型,分别用 T、D 来表示。对应的 set 方法和 get 方法也是泛型方法。私有变量 b 的类型是参数 T,则 getb()返回值类型也是 T,setb()方法的参数类型也是 T。私有变量 c 的类型是参数 D,则 getc()返回值类型也是 D,setc()方法的参数类型也是 D。

```java
public class FanType<T,D> {
    private T b;
    private D c;
    public T getb() {
        return b;
    }
    public void setb(T b) {
        this.b=b;
    }
    public D getc() {
        return c;
    }
    public void setc(D c) {
        this.c=c;
    }
}
```

下面的程序是测试 FanType<T,D>类,在定义数据对象 a 时,<T,D>中的 T、D 都需要指明具体的数据类型。FanType<String,Integer>,其中,String 对应上面程序中的 T 类型,Integer 对应上面程序中的 D 类型。注意,这里的整型不能用 int,必须使用 int 的包装类 Integer。所有基本数据类型都要使用其对应的包装类。

```java
public class TestDemo2 {
    public static void main(String[] args) {
        FanType<String,Integer> a =new FanType<String,Integer>();
        a.setb("LI");
        a.setc(5);
        System.out.println(a.getb());
        System.out.println(a.getc());
    }
}
```

1.3 算法及算法分析

1.3.1 算法基础

在遇到一个特定问题时需要采用某种方法来解决,算法就是对采用一定的方法解决特定问题的步骤进行一个详细的描述,在计算机中表现出来的是指令序列。算法一般应具有以下 5 种性质。

1. 有穷性

对于任何一个算法,它所包含的计算步骤是有限的,而且每一个步骤都需要在有限的时间内完成。

2. 确定性

算法中每一条指令的含义都是确定的,不会产生二义性。对于每种情况下所应执行的操作,在算法中都有确切的规定,使算法的执行者和阅读者都能明确其含义及如何执行,并且在任何条件下,算法都只能处于一条执行路径之中。

3. 可行性

算法中每一条运算都可以进行有限次运算实现。

4. 输入性

一个算法有零个或者多个输入。即一个算法可以没有输入,也可以有一个或多个输入。

5. 输出性

一个算法必须有一个或者多个输出。输出是和输入有着某些特定关系的量,是算法进行信息加工后得到的结果。

算法并不是程序,算法可以不涉及任何高级语言,但是程序依赖具体的程序设计语言,算法的具体实现需要通过程序在计算机上执行。在设计一个算法时,需要考虑以下问题。

(1) 正确性:要求算法能够正确地执行预先规定的功能和性能需求。这也是最重要的且最基本的标准。

(2) 可使用性:要求算法能够很方便地使用。也叫作用户友好性。

(3) 可读性:算法的描述要做到便于阅读,以利于后续对算法的理解和修改。这依赖设计算法的人员的经验和习惯。

(4) 健壮性:算法应该具有检查错误和对某些错误进行适当处理的功能。

(5) 高效率:算法效率的高低是通过算法运行所需资源的多少来反映的,这里的资源包括时间和空间需求量。

1.3.2 算法分析

算法的复杂度是度量算法优劣的重要依据。对于一个算法,其复杂度体现在运行该算法所需的计算机资源的多少,所需资源越多反映算法的复杂度越高。计算机资源主要包括时间资源和空间资源,因此,算法的复杂度通常体现在时间复杂度和空间复杂度上。下面从这两方面来分析和评价算法的效率,重点分析算法的时间复杂度。

1. 算法的时间复杂度

一个算法由控制结构(顺序结构、分支结构、循环结构)和基本操作构成,那么衡量执行算法的时间也是由这两部分决定的。基本操作也叫作原操作,对应控制结构里面的每一条指令。算法的执行时间等于每条指令的执行时间乘以这条指令的执行次数的和。即算法的执行时间与指令的执行次数成正比。于是,可以通过每条语句的执行次数来估算算法的执行时间。

$$算法的执行时间 = \sum_{i=1}^{n} 指令\ i\ 的执行次数 \times 指令\ i\ 的执行时间$$

抛开软硬件环境的影响,计算一个算法的时间复杂度通常只考虑其问题的规模,例如数组的元素个数、矩阵的阶数等。设算法的问题规模为 n,以基本操作为基准统计出算法的执行时间是关于 n 的函数,用 $f(n)$ 表示,如例 1.2 所示。

【**例 1.2**】 求 $0 \sim n$ 的整数和,若和为偶数,输出"和是偶数"。

```java
public void sumtest(int n) {
    int sum=0,i;                              //执行 1 次
```

```
String s;                               //执行 1 次
for(i=0;i<n;i++) {                       //执行 n+1 次
    sum=sum+i;                           //执行 n 次
System. out. println("sum="+sum);       //执行 n 次
}
if(sum%2==0){                            //执行 1 次
    s="和是偶数";                         //执行 1 次
}
}
```

分析：算法中每一条执行语句的后面标有该语句的执行次数，所有语句的执行次数为它们的和。即 $f(n)=1+1+n+1+n+n+1+1=3n+5$。

为了进一步简化计算，Paul Bachmann 于 1894 年提出了一种大 O 记表示法。算法的时间复杂度 $T(n)=O(f(n))$ 当且仅当存在正常数 c 和 n，对所有的 n 满足 $0 \leqslant T(n) \leqslant c \times f(n)$。这里的 $O()$ 读作大 O 记。例如，$f(n)=3n^3+5n$，它的时间复杂度为 $T(n)=O(n^3)$。例 1.2 中的 $f(n)=3n+5$，它的时间复杂度为 $T(n)=O(n)$。使用大 O 记表示的算法时间复杂度也称为算法的渐进时间复杂度。

【例 1.3】 求两个 $n \times n$ 阶矩阵相乘的算法的时间复杂度。

```
public static void squareMult (int[][] a, int[][] b, int[][] c, int n){
    for (int i=0;i<n;i++)                    //n+1 次
        for (int j=0;j<n;j++) {              //n(n+1) 次
            c[i][j]=0;                       //n² 次
            for (int k=0;k<n;k++)            //n²(n+1) 次
                c[i][j]+=a[i][k] * b[k][j];  //n³ 次
        }
}
```

分析：算法中所有语句的执行次数和为 $f(n)=2n^3+3n^2+2n+1$，用大 O 记表示的时间复杂度为 $T(n)=O(n^3)$。

算法中所有语句的总执行次数是问题规模 n 的函数，n 的最高次幂项与算法的原操作语句频度相对应。一般来说，$T(n)$ 随着 n 的增大而增大，$T(n)$ 的值增长越快，其时间复杂度越高。下面以 sum++ 举例说明不同量级的时间复杂度。

(1)
```
if(i%2==0)
    sum++;
```

时间复杂度 $T(n)=O(1)$，称为常量阶。

(2)
```
for (int i=0;i<n;i++)
    sum++;
```

时间复杂度 $T(n)=O(n)$，称为线性阶。

(3)
```
for (int i=0;i<n;i++)
        for (int j=0;j<n;j++) {
            sum++;
        }
```

时间复杂度 $T(n)=O(n^2)$，称为平方阶。

(4)
```
for (int i=0;i<n;i++)
        for (int j=0;j<n;j++)
            for (int k=0;k<n;k++)
```

$$\text{sum} ++;$$

时间复杂度 $T(n) = O(n^3)$，称为立方阶。

（5）　　　for (i=1; i<=n; i=2 * i)
　　　　　　　sum++;

时间复杂度 $T(n) = O(\log_2 n)$，称为对数阶。

以上是几种常见的时间复杂度，此外，还有比较复杂的时间复杂度，例如指数阶 $O(2^n)$、线性对数阶 $O(n\log_2 n)$ 等。

2. 算法的空间复杂度

算法的空间复杂度通常指的是算法存储所需的空间的量度。如果某一问题的规模为 n，则算法的空间复杂度记为

$$S(n) = O(f(n))$$

程序在执行时，所考虑的存储空间包含两方面，一方面是固定空间，这部分空间与所处理问题规模无关，主要包含算法本身的程序代码、常量、变量所占空间；另一方面是可变空间，这部分空间与所处理问题规模有关，包括输入数据所占空间、程序运行所需额外空间。

在编写算法时，不但要考虑其时间复杂度，也要考虑其空间复杂度，但是这两个往往是一对矛盾体，时间效率高的通常是以增加存储空间为代价，存储空间小的通常以其执行时间为代价。所以，在实际操作时，往往要根据实际问题的具体情况来分析，以实际问题为出发点来综合考虑。

1.4　应 用 案 例

1. 2023 感动中国十大人物事迹

《感动中国》被誉为"中国人的年度精神史诗"。2023 年 3 月 4 日中央电视台播出《感动中国 2022 年度人物颁奖盛典》，这次的获奖人物是钱七虎、邓小岚、杨宁、沈忠芳、徐淙祥、"银发知播"群体、徐梦桃、陈清泉、陆鸿、林占熺。在平凡的 2022 年，他们在做着不平凡的事，他们或者在危难中逆行，或者在逆境中坚守，他们的精神感动了中国，震撼了世界。下面把他们的先进事迹列一张表格，逻辑结构采用线性结构表示，数据存储结构采用顺序存储方式存储，如表 1-3 所示。

表 1-3　2023 感动中国十大人物事迹线性结构存储表

序　　号	人　　物	颁　奖　词	主　要　事　迹
1	钱七虎	什么才是安全，不是深藏地下，构筑掩体，是有人默默把胸膛挡在前面。什么才是成就，不是移山跨海、轰天钻地，是奋斗一甲子，铸盾六十年，是了却家国天下事，一头白发终不悔	创建了中国防护工程学科，解决了孔口防护等多项难点的计算与设计问题，率先将运筹学和系统工程方法运用于防护工程领域。在国内倡导并率先开展了深部非线性岩石力学基础理论，以及深部防护工程抗核武器钻地爆炸毁伤效应的研究等

序　号	人　物	颁　奖　词	主　要　事　迹
2	邓小岚	你把自己留给一座小小山村,你把山村的孩子们送上最绚丽的舞台。你在这里出生,也在这里离开。山花烂漫,杨柳依依,为什么孩子的歌声如此动人?因为你对这片土地爱得深沉	音乐教育志愿者老人邓小岚同志十几年来,每年数十次往返于北京和地处太行山深处的马兰村,为改善当地孩子的读书环境而努力,在2022年北京冬奥会开幕式中,带领孩子们用天籁之音唱了希腊语奥林匹克会歌《奥林匹克颂》
3	"银发知播"群体	春蚕不老,夕阳正红。没有墙壁的教室,不设门槛的大学。白发人创造的流量,汇聚成真正的能量。知播,知播,传播知识与文化,始终是你们执着的方向	"银发知播"群体中的爷爷奶奶在网课直播间里,欢脱幽默地传授硬核知识,将毕生所学通过网络授以青年,日复一日。他们是院士、是教师……把多年的学习经验教给青年,把毕生所学教给青年。用网络传播知识,感谢他们
4	沈忠芳	从无到有,从近到远,从长缨在手,到红旗如画。这一代人,从没有在乎过自己的得与失,这一代人,一辈子都在磨砺国家的剑与盾。今天,后辈们终于能听到你们的传奇,隐秘而伟大,平静而神圣	沈忠芳,我国第三代防空武器系统总指挥。他说:"人生最大的幸福,莫过于为人民的幸福奋斗。"1993年1月任B610总指挥,1996年10月任B611总指挥。他长期从事飞行器系统设计研究工作,先后完成车载"红缨五号"超低空防空武器系统试验样车、第三代防空武器系统等
5	杨宁	连就连,连上书记结对子。莫看女娃年纪小,敢卖婚房种新田。连要牢,担子虽重娃敢挑,苗乡今年多喜事,紫了糯米撑荷包。牢又牢,党和乡亲我作桥,后有党员千千万,不怕弯多山又高	广西江门村党总支书记杨宁曾是一名大学生村官。一次走访,她看到乡亲三人分吃一碗粉,下决心要当"脱贫领头人"。经历三次失败后,她自掏腰包,免费提供稻谷肥料,发动村民种紫黑香糯,终于大获丰收。十多年后,从穷乡僻壤的深山苗寨,到如今瓜果飘香的美丽乡村……
6	徐淙祥	饿过,所以懂得温饱;拼过,才更执着收获。种了一辈子庄稼,现在赶上了好年景。禾苗在汗水中抽穗,稻麦在农机下归仓;珍惜陇亩颗粒,心怀天下仓廪。你是泥土上的黄牛,夕烟下的英雄	徐淙祥,全国劳动模范、全国十佳农民、全国种粮标兵、全国科技兴村带头人,安徽"麦王"。2022年9月14日,"大国农匠"全国农民技能大赛(种植能手)在山东省乐陵市落幕。安徽的徐淙祥获得第一名。2022年12月,被评为2022年度安徽"十大新闻人物"。2023年1月,获得"2022三农人物年度致敬种粮人"荣誉称号
7	徐梦桃	烧烤炉温暖的童年,生病困扰的青春,近在咫尺的金牌,最终披上肩膀的国旗。全场最高难度,这是创纪录的翻转,更是人生的翻转。桃之夭夭,灼灼其华;梦之茫茫,切切其真	北京冬奥会上,31岁老将徐梦桃带着钢钉出场,以女子决赛最高分108.61分夺冠!2013年,徐梦桃获得挪威世锦赛自由式滑雪空中技巧赛冠军;2014年,获得索契冬奥会自由式滑雪空中技巧赛亚军……

序　号	人　物	颁　奖　词	主　要　事　迹
8	陈清泉	汽车曾经改变世界，而你要改变汽车。中国制造，今天车辙遍布世界，你是先行者，你是领航员。在新能源的赛道上，驰骋了四十多年，如今，你和祖国正在超车	陈清泉，电动汽车、电力驱动和智慧能源学专家。1982年，在中国香港任教的他预判出电动汽车的发展前景，希望帮助祖国抓住发展机遇，把电动汽车作为自己的研究方向。他创造性地把汽车、电机、控制等技术融合到一起，形成一门全新学科
9	陆鸿	有人一生迟疑，从不行动；而你从不抱怨，只想扼住命运的喉咙。能吃苦，肯奋斗，有担当，似一叶扁舟，在急湍中逆流而上，如一株小树，在万木前迎来春光。在阴霾中，你的笑容给我们带来力量	江苏小伙陆鸿，苏州市缘跃纸制品有限公司负责人。自强不息，厚德载物，陆鸿为21个残疾人家庭撑起了一片蓝天。他没有因幼时因病导致脑瘫埋怨过、消沉过，不愿成为家人累赘的他，从摆摊、开店到学影视后期，练就一手绝活。2017年，他带领残疾人做自媒体、开网店。如今，他的工厂已成为远近闻名的残疾人扶贫创业基地
10	林占熺	咬定青山大地，立根黄沙破岩。传递幸福，不以闽宁为限；传播文明，不以山海为远。时不我待，所以只争朝夕；心系乡土，所以敢为天下先。你不是田间的野草，你是新时代滋养的大树	大学教授林占熺，是《山海情》中凌一农教授的原型人物。为解决"种植食用菌就必须砍树"的世界级难题，他无数次地试验，发明出以草代木培养食用菌的方法；为了科研，他的亲弟弟倒在了菌草栽培的一线，林占熺也在常年奔波中差点遭遇意外……如今，"菌草"已走出国门，为全世界脱贫致富提供了方案

表格中共有10个数据元素，每个数据元素有4个数据项，分别是序号、人物、颁奖词、主要事迹，其中，序号的数据类型设置为整型，其他数据项的数据类型均为字符串。数据元素之间的关系是一对一的关系，是一种线性结构，相邻两个元素之间是一种前驱后继关系，如序号8所在的这条记录是序号9所在记录的前驱，序号9所在记录是序号8所在记录的后继。

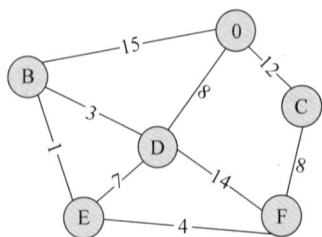

图1-5　城市交通网络

2. 城市交通网络建设问题

交通网络的建设是一件利国利民的事情，是国家的一项重要的基础设施建设。城市交通的便利，能够带动这个城市快速地发展。在进行城市交通网络的建设时，需要考虑如何建设使得成本最低。下面以一个小镇为例，假设镇下面有6个村庄，分别是A、B、C、D、E、F，各村庄之间铺设网络线路的造价如图1-5所示，需要找到一种设计方案使得总成本最低。

本题共有6个数据元素，数据元素之间存在多对多的关系，逻辑结构属于图结构，在存储时可以采用链式存储。要想找到一种总成本最低的设计方案，可以采用图的最小生成树来求解，关于如何求图的最小生成树在第7章中有详细的讲解。

习　题

一、选择题

1. 从逻辑关系上，可以把数据结构分为（　　）两大类。

    A. 动态结构、静态结构
            B. 顺序结构、链式结构

    C. 分支结构、循环结构
            D. 线性结构、非线性结构

2. 采用顺序存储方式存储的数据元素的地址（　　）。

    A. 一定连续
      B. 一定不连续
      C. 不一定连续
    D. 部分连续

3. 采用链式存储方式存储的数据元素的地址（　　）。

    A. 一定连续
      B. 一定不连续
      C. 不一定连续
    D. 部分连续

4. 算法的时间复杂度与下列哪项无关？（　　）

    A. 问题的规模
            B. 关键操作执行的次数

    C. 待处理数据的初始状态
         D. 内存空间容量

5. 下面关于算法的说法错误的是（　　）。

    A. 算法具有5个基本性质：有穷性、正确性、有效性、输入、输出

    B. 算法需要计算机程序进行实现

    C. 算法的健壮性是指算法对异常情况的处理

    D. 算法的正确性是指算法的输出结果满足问题的功能和需求

二、填空题

1. ＿＿＿＿＿＿＿＿结构是"一对多"的关系。

2. 数据的最小单位是＿＿＿＿＿＿＿＿。

3. 数据的＿＿＿＿＿＿＿＿结构是指数据元素在计算机中的存储及其关系在计算机中的存储表示。

4. 算法结构中评价算法的两个性能指标是＿＿＿＿＿＿＿＿。

5. 存储数据时，不仅要存储数据元素的值，还要存储＿＿＿＿＿＿＿＿。

6. 算法的逻辑结构可以分为＿＿＿＿＿＿＿＿、＿＿＿＿＿＿＿＿、＿＿＿＿＿＿＿＿、＿＿＿＿＿＿＿＿4种。

三、判断题

1. 数据采用不同的存储结构，其处理的效率基本都是相同的。（　　）

2. 链式存储结构最大的优点是便于随机存取。（　　）

3. 数据项是数据的最小单位。（　　）

4. 在设计算法时，一般不需要考虑算法的空间复杂度。（　　）

5. 树状结构是数据的一种存储结构。（　　）

6. 索引存储是数据的一种存储结构。（　　）

四、算法分析题

1. 下面给出几种二元组表示的数据结构，请画出它们对应的逻辑结构图，其中，D 表示数据元素，R 表示数据元素间的关系。

（1）$D = \{A, B, C, D, E\}$，

$R = \{<A, B><A, C><B, D><B, E><E, C><C, D>\}$。

(2) $D=\{a,b,c,d,e,f,g\}$,

$R=\{<a,b><a,d><b,d><b,e><e,f><f,g>\}$。

2. 设 n 为正整数,分析下面程序中画线部分语句的执行次数。

(1)
```
int i=0;b=1;
While (i<=n){
    b +=10 * i;
    i++;
}
```

(2)
```
int i=1;a=0;
do{
    a+=2 * i;
    i++;
}while(i<=n);
```

(3)
```
int i=0;j=1;
while(i+j<=n)
  if(i<j){
        i++;
    else
        j++;
}
```

(4)
```
int k=0;
for(int i=1;i<=9;i++){
    for(j=1;j<=i;j++)
        k++;
}
```

3. 求出下面各算法的时间复杂度。

(1)
```
int i=2;s=0;
while(i<=n)
{   s=s+2;
    i++;
}
```

(2)
```
int b=0;
for(int i=1;i<=n;i++){
    for(int j=1;j<=i;j++)
        b++;
}
```

(3)
```
int x=0;y=0;
for(int i=0;i<=n;i++){
    for(int j=1;j<n;j++)
        for(int k=1;k<n;k++)
        x=x+y;
}
```

(4)
```
int i=1;j=1
while(i<=n && j<=n)
{   i=i+1;
    j=j+1;
}
```

五、程序设计题

1. 对表 1-1 学生成绩表采用顺序存储方式存储,定义学生成绩表类。

2. 有一个数组含有 n 个数据元素,数据元素的值都是实数,试编写方法求最大数据元素的值及其下标,并分析算法的时间复杂度。请以数据元素{8,7,5,4,2,3,1,6,9,0}进行测试。

3. 由键盘输入三个整数,编写一个算法,实现按从小到大的顺序输出这三个数。

4. 设计复数的一种抽象数据类型,要求如下。

(1) 在复数内部用浮点型定义实部和虚部。

(2) 定义加法(+)、减法(-)、乘法(*)运算的成员函数。

第2章　线　性　表

　　线性表是一种最基本的、最简单的线性结构,它是学习其他数据结构的基础。线性表在逻辑结构上属于线性结构;在物理结构(存储结构)上可以用两种不同的存储方式表示:顺序存储和链式存储。用顺序存储方式表示的线性表称为顺序表;用链式存储结构表示的线性表称为链表,根据不同的连接方式,又可以分为单链表、循环链表、双向循环链表。本章主要讨论线性表的概念、线性表的抽象数据类型描述、顺序存储、链式存储以及线性表的应用。

本章学习目标:

(1) 掌握线性表这种数据结构的特点。

(2) 掌握线性表在计算机中的存储形式。

(3) 重点掌握顺序表的基本操作实现。

(4) 重点掌握单链表的基本操作实现。

(5) 熟悉双向链表的插入和删除操作的实现。

(6) 熟悉循环单链表的插入和删除的实现。

(7) 能够应用线性表解决实际问题。

2.1　线性表及其基本操作

　　线性表是将给定数据对象中数据元素"一个接一个"依次排列的一种数据结构。这种"排列"并不表示线性表中数据元素具有有序结构,这里没有常规"有序"的含义,只是像线一样把数据元素连在一起。**线性表**是由类型相同的数据元素构成的有限序列。同一线性表的数据元素的类型必须相同,不同线性表的数据元素的类型可以相同,也可以不同。

2.1.1　线性表的逻辑结构

　　线性表中的数据元素好似有一根线把它们串联在一起,这种数据元素之间的关系是一对一的关系,除了第一个数据元素和最后一个数据元素之外,其他数据元素都只有一个前驱和一个后继。第一个数据元素只有后继没有前驱,最后一个数据元素只有前驱没有后继。显然,线性表的逻辑结构是一种线性结构。

　　线性表中数据元素的类型可以是简单的数值、字母,也可以是复杂的信息。

　　例如,由英文字母构成的字母表('a','b','c',…,'z')。

　　又如,小于100的能够被5整除的正整数(5,10,15,…,95)。

　　再如,复杂的线性表——学生基本信息表,如表2-1所示。

表 2-1　学生基本信息表

学　　号	姓　　名	性　　别	籍　　贯	出 生 日 期	联 系 电 话
1812402301001	曹云	男	广东	1997-5	158205601234
1812402301003	陈明	男	广东	1998-6	159202781234
1812402301005	陈龙	男	湖南	1997-3	188202541234
1812402301007	赵珊	女	河南	1998-1	188202251234

　　表 2-1 中的数据元素由数据项组成,每一个数据元素称为一条记录,也就是表中的一行数据。每一个数据元素都由学号、姓名、性别、籍贯、出生日期、联系电话这 6 个数据项组成。对于这种复杂信息的数据元素,同一个线性表中的每一个数据元素的相同数据项的数据类型是相同的。

　　线性表的数据元素都属于同一个集合,一般表示为

$$(a_0, a_1, \cdots, a_{i-1}, a_i, a_{i+1}, \cdots, a_{n-1})$$

其中,i 表示数据元素在线性表中的位序号,n 表示线性表的表长。a_{i-1} 称为 a_i 的直接前驱,简称前驱;a_{i+1} 称为 a_i 的直接后继,简称后继。这种结构的数据元素之间是一种“一对一”的逻辑关系,可以得出:

　　(1) 第一个数据元素 a_0 没有前驱,称为线性表的表头。

　　(2) 最后一个数据元素 a_{n-1} 没有后继,称为线性表的表尾。

　　(3) 除 a_0 和 a_{n-1} 之外的其他数据元素有且仅有一个前驱和一个后继。

　　线性表的二元组形式定义如下。

$$\text{List} = (D, R) \tag{2.1}$$

其中,$D = \{a_i \mid a_i \in \text{Elem}, i = 1, 2, \cdots, n, n \geq 0\}$,Elem 为某个数据元素的集合。
$R = \{N\}, N = \{\langle a_i, a_{i+1} \rangle \mid i = 1, 2, \cdots, n-1\}$。

2.1.2　线性表的抽象数据类型描述

　　抽象数据类型的主要思想是确定数据元素的基本操作,与数据元素的数据类型以及存储结构无关。设有线性表 List,数据元素的类型为 Object 类型,线性表中的几个基本操作说明如下。

　　(1) getSize():返回线性表的大小(也称为线性表的长度),即线性表中数据元素的个数。

　　(2) isEmpty():判断线性表是否为空,若为空,返回 true;否则,返回 false。

　　(3) clearList():将一个线性表置成空表。

　　(4) insertAt(i, e):将数据元素 e 插到线性表中的位序号为 i 的位置。若插入成功,返回 true;若 i 不在取值范围[0, $n-1$]内,则返回 false。

　　(5) remove(i):删除线性表中位序号为 i 的数据元素。其中,$i \in [0, n-1]$,n 表示线性表的长度。

　　(6) search(e):查找数据元素 e 第一次在线性表中出现时的位序号,若 e 不是线性表中的数据元素,返回 -1。

　　(7) get(i):查找位序号为 i 的数据元素的值。其中,i 的取值范围是 $0 \leqslant i \leqslant n-1$,$n$ 表示线性表的长度。

（8）display()：输出线性表中所有数据元素的值。

8 个基本操作中各输入参数、输出参数都不尽相同，详细情况如表 2-2 所示。

表 2-2　线性表基本操作方法

序　号	操作方法名	输 入 参 数	输 出 参 数	功 能 描 述
1	getSize()	无	整型	求线性表中数据元素的个数
2	isEmpty()	无	布尔型	判断线性表是否为空
3	clearList()	无	无	将一个线性表置成空表
4	insertAt(i,e)	两个：int i 和 Object e	布尔型	将数据元素 e 插到线性表中的位序号为 i 的位置
5	remove(i)	int i	无	删除线性表中位序号为 i 的数据元素
6	search(e)	Object e	整型	查找数据元素 e 第一次在线性表中出现时的位序号
7	get(i)	int i	Object	查找位序号为 i 的数据元素的值
8	display()	无	无	输出线性表中所有数据元素的值

在 Java 中，抽象数据类型一般不是直接实现的，而是通过接口来实现的。下面进行线性表的基本操作的接口定义。

```
public interface List{
    public int getSize();
        public boolean isEmpty();
        public void clearList();
        public int search (Object e);
        public Object get(int i) throws Exception;
        public void insertAt(int i, Object e) throws Exception;
        public void remove(int i) throws Exception;
        public void display();
}
```

Java 接口的具体实现需要通过类来进行。下面将给出两种不同的方法实现线性表的 Java 接口：一种是线性表的顺序存储的实现，另一种是线性表的链式存储的实现。

2.2　线性表的顺序存储结构

2.2.1　基本概念

线性表的顺序存储结构是把线性表中的数据元素依次存放在一组地址连续的存储单元上。依次就是数据元素的逻辑顺序与在计算机内存中存储结点地址顺序一致，也就是说，逻辑上相邻的数据元素，在存储位置上也是相邻的。例如，a_{i+1} 的逻辑位置紧挨在 a_i 的后面，在存储地址上也是紧挨在 a_i 的后面。采用这种存储结构存储的线性表称为顺序表。

线性表中所有数据元素的类型是相同的，每一个数据元素在内存中占用的空间大小也是相同的，假设线性表的第一个数据元素 a_0 的地址是 $Loc(a_0)$，每个数据元素占用 x 个存

储单元,则第 i 个数据元素的地址可表示为

$$\text{Loc}(a_i) = \text{Loc}(a_0) + i \times x \qquad (2.2)$$

其中,$i \in [0, n-1]$。

式(2.2)用来求线性表的数据元素的地址。显然,数据元素 a_1 的存储地址为 $\text{Loc}(a_0) + 1 \times x$,数据元素 a_i 的存储地址为 $\text{Loc}(a_0) + i \times x$,数据元素 a_{i+1} 的存储地址为 $\text{Loc}(a_0) + (i+1) \times x$,数据元素 a_{n-1} 的存储地址为 $\text{Loc}(a_{n-1}) = \text{Loc}(a_0) + (n-1) \times x$,如图 2-1 所示。

数据元素	存储地址
a_0	$\text{Loc}(a_0)$
a_1	$\text{Loc}(a_0)+1\times x$
$\vdots$	$\vdots$
a_i	$\text{Loc}(a_0)+i\times x$
a_{i+1}	$\text{Loc}(a_0)+(i+1)\times x$
$\vdots$	$\vdots$
a_{n-1}	$\text{Loc}(a_0)+(n-1)\times x$
$\vdots$	$\vdots$

图 2-1　线性表的顺序存储结构图

2.2.2　顺序表

1. 顺序表的建立

顺序表就是采用顺序存储结构存储的线性表。通过建立顺序表类实现线性表接口里面的操作。顺序表类的建立如算法 2.1 所示,定义了一个顺序表类 SqList,类中定义了三个私有变量,第一个私有变量 listElem 是一个 Object 类型的数组,用来存放顺序表;第二个私有变量 capacity 用来描述顺序表存储空间大小,也就是数组 listElem 的空间大小,顺序表中的数据元素数存储在这个数组中;第三个私有变量 size 表示顺序表当前数据元素的个数。顺序表类中包含创建空顺序表以及基本操作方法的实现,如算法 2.2~算法 2.10 所示。

【算法 2.1】　定义顺序表类。

```java
public class SqList implements List {
    private Object[] listElem;        //线性表数组
    private int capacity;             //线性表存储空间大小
    private int size;                 //线性表当前数据元素的个数
    ...
}
```

【算法 2.2】　创建空顺序表。

```java
//顺序表的构造函数,构造一个存储空间容量为 size 的线性表数组
public SqList(int size) {
    size = 0;                         //置线性表的当前长度为 0
    listElem = new Object[capacity];  //为顺序表分配 capacity 个存储单元
}
```

算法 2.2 创建了一个空顺序表,表的长度为 0,即没有任何数据元素的顺序表。listElem=new Object[capacity]是为顺序表分配 capacity 个存储单元。空间一旦分配,数据元素个数不能超过 capacity,否则会出现异常。

【算法 2.3】　求顺序表长度。

```java
public int getSize() {
    return cursize;  //返回顺序表的当前长度
}
```

【算法 2.4】　判断线性表是否为空。

```java
public boolean isEmpty() {
    return cursize == 0;
}
```

【算法 2.5】 将线性表置成空表。

```
public void clearList() {
        cursize =0; //置顺序表的大小为 0
}
```

算法 2.3～算法 2.5 内容较为简单,操作函数中仅含有一条语句,注意线性表的判空与置空不同,判空操作有返回值,返回条件是 cursize 恒等于零,置空操作没有返回值,置cursize 等于零。

2. 顺序表的插入操作

顺序表的插入操作是指在单链表的第 i 个位置前插入一个值为 e 的数据元素。i 的取值范围是 $[0,n]$,n 为线性表当前的长度。插入前后对比如图 2-2 所示。

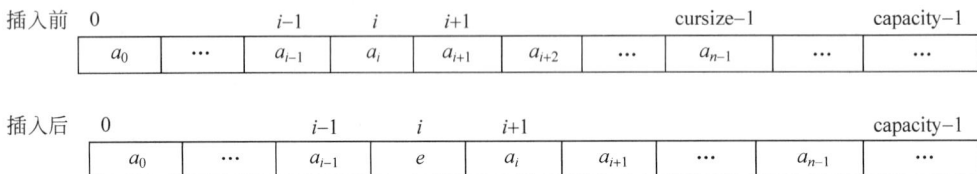

插入前

0		$i-1$	i	$i+1$		cursize-1		capacity-1
a_0	...	a_{i-1}	a_i	a_{i+1}	a_{i+2}	...	a_{n-1}	...	...

插入后

0		$i-1$	i	$i+1$		capacity-1
a_0	...	a_{i-1}	e	a_i	a_{i+1}	...	a_{n-1}	...

图 2-2　顺序表的插入操作

插入操作算法如算法 2.6 所示,操作步骤如下。

(1) 判断此表是否有多余的空间存储新插入的数据元素,即判断顺序表是否已满,若已满,给出异常提示。

(2) 判断 i 的值是否在 $0\sim n$,如不在此范围,则插入位置不合理。

(3) 从最后一个元素开始,将 i 位及其之后的数据元素全部后移一位,程序语句为listElem[j] =listElem[j−1]。若在 0 位插入,顺序表中所有的数据元素都要后移一位;若在 n 位插入,就是在表尾插入,不用移动任何数据元素。

(4) 把新的数据元素放入 i 位,程序语句为:listElem[i]=e。

(5) 顺序表的长度增加 1。

【算法 2.6】 将数据元素 e 插入线性表中。

```
public void insertAt(int i, Object e) throws Exception {
        if (cursize ==listElem.length)          //判断顺序表是否已满
            throw new Exception("顺序表已满");      //输出异常

        if (i < 0 || i > cursize)                //i 小于 0 或者大于表长
            throw new Exception("插入位置不合理");   //输出异常

        for (int j =cursize; j > i; j−−)
            listElem[j] =listElem[j − 1];        //插入位置及之后的元素后移

        listElem[i] =e;                          //插入 x
        cursize++;                               //表长度增 1
}
```

【算法分析】 顺序表的插入操作算法在第 i 位插入新的数据元素。这样,需要先把第 i 位空出来,把原来存储在第 i 位的数据元素后移到 $i+1$ 位,$i+1$ 如果不是空位,则继续后移,以此类推。从第 i 位开始所有数据元素都要后移,总共移动 $n-i$ 个数据元素。算法的时间复杂度主要考虑 for 循环的执行次数,for 循环的执行次数就是插入引起的数据元素移动时间成本。插入位置在 0 位,引起 n 个数据元素移动,插入位置在 1 位,引起 $n-1$ 个数据域元素移动……计算其平均移动次数为

$$\frac{n+(n-1)+(n-2)+\cdots+2+1+0}{n+1}=\frac{n}{2}$$

由此可见,该算法的时间复杂度用大 O 记表示为 $O(n)$。

3. 顺序表的删除操作

顺序表的删除操作是指删除单链表的第 i 个位置的数据元素。i 的取值范围是 $[0,n-1]$,n 为线性表当前的长度。删除前后对比如图 2-3 所示。

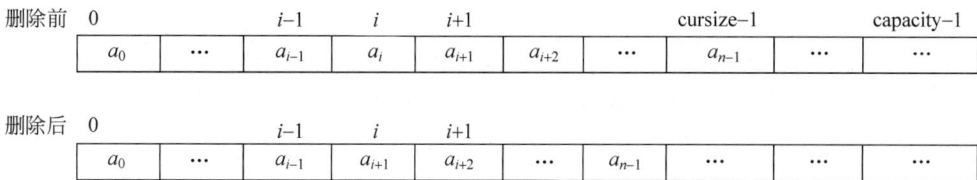

删除前
| a_0 | $\cdots$ | a_{i-1} | a_i | a_{i+1} | a_{i+2} | $\cdots$ | a_{n-1} | $\cdots$ | $\cdots$ | $\cdots$ |

删除后
| a_0 | $\cdots$ | a_{i-1} | a_{i+1} | a_{i+2} | $\cdots$ | a_{n-1} | $\cdots$ | $\cdots$ | $\cdots$ |

图 2-3 顺序表的删除操作

删除操作算法如算法 2.7 所示,操作步骤如下。

(1) 判断 i 的值是否在 $0 \sim n-1$,如不在此范围,则删除位置不合理,抛出异常。删除的数据元素必须在线性表中存在。

(2) 从 $i+1$ 位开始,将 $i+1$ 位及其之后的数据元素全部前移一位,程序语句为 listElem[j-1]=listElem[j]。

(3) 顺序表的长度减 1。

【算法 2.7】 删除线性表中位序号为 i 的数据元素。

```
public void remove(int i) throws Exception {
        if (i < 0 || i > cursize - 1)                  //i小于0或者大于表长减1
            throw new Exception("删除位置不合理");      //输出异常

        for (int j =i+1; j < cursize - 1; j++)
            listElem[j-1] = listElem[j];               //被删除元素之后的元素左移

        cursize--;                                     //表长度减1
}
```

【算法分析】 注意 i 的取值范围是 $[0,n-1]$,若删除 0 位置的数据元素,则有 $n-1$ 个数据元素需要向前移动,若删除 1 位置的数据元素,则有 $n-2$ 个数据元素需要向前移动,以此类推,此算法中数据元素的平均移动次数为

$$\frac{(n-1)+(n-2)+\cdots+2+1+0}{n}=\frac{n-1}{2}$$

由此可见,该算法的时间复杂度用大 O 记表示为 $O(n)$。

4. 顺序表的查找操作

顺序表的查找操作分为两个操作,一个是按值查找 search(Object e)方法,另一个是按位查找 get(int i)方法。按值查找 search()方法是指查找顺序表中第一个值为 e 的数据元素,若找到,返回其在表中的位序号;否则,返回 -1。

【算法 2.8】 查找数据元素 e 第一次在线性表中出现时的位序号。

```java
public int search (Object e) {
    int i = 0;
    while ((i < cursize) && listElem[i] != e)
        i = i + 1;
    if(i == cursize)
        return (-1);
    else
        return (i);
}
```

【算法 2.9】 查找位序号为 i 的数据元素的值。

```java
public Object get(int i) throws Exception {
    if (i < 0 || i > cursize - 1)                      //i小于0或者大于表长减1
        throw new Exception("第" + i + "个元素不存在");    //输出异常

    return listElem[i];                                //返回顺序表中第i个数据元素
}
```

【算法 2.10】 输出线性表中所有数据元素的值。

```java
public void display() {
    for (int i = 0; i < cursize; i++)
        System.out.print(listElem[i] + " ");
    System.out.println();            //换行
}
```

2.2.3 应用案例

【例 2.1】 建立一个顺序表,顺序表中含有 6 个元素,且依次为字符 a,b,c,a,b,c。请完成如下操作。

(1) 查找在顺序表中第一次出现的数据元素 b 所在位序号。

(2) 查找当前位序号为 4 的数据元素的值。

(3) 删除位序号为 3 的数据元素。

(4) 查看顺序表中数据元素的个数。

【程序代码】

```java
package chp02;
public class Example2_1 {
    public static void main(String[] args) throws Exception {
        SqList L = new SqList(10);            //构造一个有 10 个存储空间的顺序表
        L.insertAt(0, 'a');                   //初始化顺序表中的前 6 个元素
        L.insertAt(1, 'b');
        L.insertAt(2, 'c');
        L.insertAt(3, 'a');
        L.insertAt(4, 'b');
        L.insertAt(5, 'c');
        System.out.print("顺序表中各个数据元素依次为:");    //输出建立好的顺序表
        L.display();
        //(1)查找在顺序表中第一次出现的数据元素 b 所在位序号。如果找到,则函数返回该元素
        //在顺序表中的位置;否则返回-1
```

```
        int order =L.search('b');
        if (order !=-1) //顺序表中是否包含值为'b'的元素
            System.out.println("顺序表中第一次出现的值为'b'的数据元素的位置为:" +
order);
        else
            System.out.println("此顺序表中不包含值为'b'的数据元素!");
        //(2)查找当前位序号为 4 的数据元素的值
        System.out.print("顺序表中当前位序号为 4 的数据元素的值为:");
        System.out.println(L.get(4));
        //(3)删除位序号为 3 的数据元素
        L.remove(3);
        //(4)查看顺序表中数据元素的个数
        System.out.print("顺序表当前数据元素的个数为:");
        System.out.println(L.getSize());
    }
}
```

例 2.1 运行结果如图 2-4 所示。

```
顺序表中各个数据元素依次为:a b c a b c
顺序表中第一次出现的值为'b'的数据元素的位置为: 1
顺序表中当前位序号为4的数据元素的值为:b
顺序表当前数据元素的个数为:5
```

图 2-4 例 2.1 运行结果

【例 2.2】 编程实现顺序表的就地逆置。

(1) 首先编写顺序表的一个成员函数,如下。

```
public void reverse() {
        for (int i =0,j=cursize-1; i<j; i++,j--) {
            Object temp =listElem[i];
            listElem[i] =listElem[j];
            listElem[j] =temp;
        }
}
```

(2) 编写一个测试函数进行测试,如下。

```
public class Example2_2 {
    public static void main(String[] args) throws Exception {
        SqList L =new SqList(5);                  //构造一个有 5 个存储空间的顺序表
        L.insertAt(0, 'a');                       //初始化数序表中的前 5 个元素
        L.insertAt(1, 'b');
        L.insertAt(2, 'c');
        L.insertAt(3, 'd');
        L.insertAt(4, 'e');
        System.out.print("顺序表中各个数据元素依次为:");      //输出建立好的顺序表
        L.display();
        L.reverse();
        System.out.print("逆置后顺序表中各个数据元素依次为:");      //输出建立好的顺序表
        L.display();
    }
}
```

```
顺序表中各个数据元素依次为:a b c d e
逆置后顺序表中各个数据元素依次为:e d c b a
```

图 2-5 例 2.2 的运行结果

例 2.2 的运行结果如图 2-5 所示。

【例 2.3】 假设有两个顺序表,且都是非递减有序序列。请编程实现合并两个顺序表,使合并后的表还是非递减有序序列。

假设这两个有序序列分别是 ListA、ListB。

【算法实现】

```
//实现两有序表合并,且合并后还是有序表
public SqList merge(SqList ListA, SqList ListB) throws Exception{
    SqList newList=new SqList(ListA.getSize()+ListB.getSize());
    int i=0,j=0,k=0;
    while(i<ListA.getSize() && j<ListB.getSize()) {
        int data1=Integer.parseInt(String.valueOf(ListA.get(i)));  //获取的第 i 个数据
                                                                   //是 object 类型转为 int 型
        int data2=Integer.parseInt(String.valueOf(ListB.get(j)));  //获取的第 j 个数据
                                                                   //是 object 类型转为 int 型

        if(data1<data2) {
            newList.insertAt(k,data1);
            i++;k++;
        }
        else {
            newList.insertAt(k,data2);
            j++;k++;
        }
    }
    while(i<ListA.getSize()) {
        newList.insertAt(k,ListA.get(i));
        i++;k++;
    }
    while(j<ListB.getSize()) {
        newList.insertAt(k,ListB.get(j));
        j++;k++;
    }
    return newList;
}
```

【数据测试】

```
package chp02;
import java.util.Scanner;
public class Example2_3 {
    public static void main(String[] args) throws Exception{
        Scanner sc =new Scanner(System.in);
        System.out.print("请输入线性表 a 的长度 m=");
        int m=sc.nextInt();
        SqList ListA=new SqList(m);
        int i=0;
        System.out.println("依次输入线性表 a 的元素:");          //输出建立好的顺序表
        while(i<m) {
            int d=sc.nextInt();
            ListA.insertAt(i,d);
            i++;
        }
        System.out.print("请输入线性表 b 的长度 n=");
        int n=sc.nextInt();
        SqList ListB=new SqList(n);
        int j=0;
        System.out.println("依次输入线性表 b 的元素:");          //输出建立好的顺序表
        while(j<n) {
            int d=sc.nextInt();
```

```
            ListB. insertAt(j, d);
            j++;
        }
        SqList c=ListA. merge(ListA, ListB);
        c.display();
    }
}
```

例 2.3 的运行结果如图 2-6 所示。

```
请输入线性表a的长度m=5
依次输入线性表a的元素:
1
3
4
6
9

请输入线性表b的长度n=3
依次输入线性表b的元素:
2
6
8
1 2 3 4 6 6 8 9
```

图 2-6　例 2.3 运行结果

2.3　线性表的链式存储结构

顺序表是采用顺序存储的方式存储数据元素,将数据元素存储在连续的存储单元时,在进行插入、删除操作时需要移动大量数据元素,运行效率会比较低。有没有一种存储方式使得插入、删除操作可以很方便地进行? 有,那就是将数据元素存储在不连续的存储单元上,也就是说,数据元素可以存放在内存未被占用的任何位置,然后通过指针连接起来,这就是链式存储结构。

设有线性表 List,给它的每个数据元素对应结点设有一个数据域和一个或两个指针域。数据域用来存放结点的数据元素 e,指针域用来存放此结点的前驱结点或后继结点地址,如图 2-7 所示。线性表中所有的结点都通过指针域连接起来,这样的存储结构称为链式存储结构。采用链式存储结构存储的线性表叫作链表。只有一个指针域的链表叫作单链表。

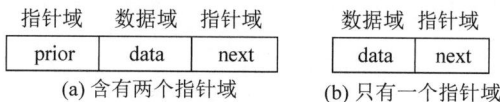

指针域	数据域	指针域
prior	data	next

(a) 含有两个指针域

数据域	指针域
data	next

(b) 只有一个指针域

图 2-7　结点结构图

2.3.1　单链表

1. 单链表的表示

线性表 List 中含有 n 个数据元素 $(a_0, a_1, \cdots, a_i, \cdots, a_{n-1})$,它的每一个结点含有一个指针域和一个数据域,单链表的链式存储示意图如图 2-8 所示。第一个结点(数据元素 a_0 对应的结点,可称为表头结点)没有前驱,需要借用辅助指针来表示,指向它的指针叫作头指针,用 head 表示,它存储的是第一个结点的存储地址。最后一个结点(数据元素 a_{n-1} 对应的结点,可称为表尾结点)没有后继,所以,最后一个结点的指针域为空,也叫作空指针,用NULL 或者"∧"表示。除最后一个结点外,其他结点的指针都指向它的直接后继结点,即这些结点的指针域存储它们的直接后继的地址。这个指针也可称为后继指针。

说明:在 Java 中并没有显式的指针类型,实际操作中是通过"对象引用"间接访问数据元素的。

图 2-8　单链表的链式存储示意图

为了操作上的方便,在第一个结点 a_0 前增加一个新的结点,称为头结点,如图 2-9(a)所示,让该结点的指针域的指针指向第一个结点,该结点的数据元素可以不存储任何数据,也可以存储标题等其他相关业务信息。如果线性表为空表,则头结点的指针域为空,如图 2-9(b)所示。

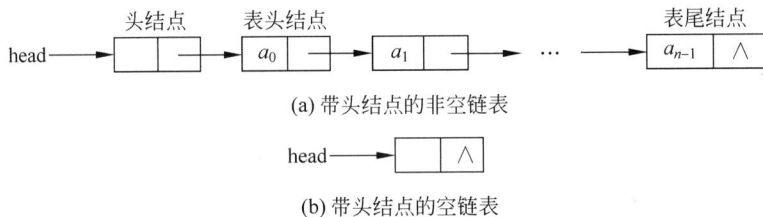

(a) 带头结点的非空链表

(b) 带头结点的空链表

图 2-9　带头结点的单链表存储结构示意图

头结点是辅助结点,与其他结点数据类型一致。请注意头结点与表头结点是不同概念,请不要混淆。本书后面章节所用单链表均以带头结点的单链表来实现,除非特殊说明。

【算法 2.11】　定义单链表结点类。

```java
public class LinkNode {
    public Object data;                              //存放结点的数据元素值
    public LinkNode next;                            //后继结点的引用
    public LinkNode () {                             //无参数时的构造函数
        this(null, null);
    }
    public LinkNode (Object data) {                  //含一个参数 data 的构造函数
        this(data, null);
    }
    public LinkNode(Object data, LinkNode next) {    //含两个参数的构造函数
        this.data = data;
        this.next = next;
    }
}
```

【算法 2.12】　单链表类。

```java
public class LinkList implements List {
    public LinkNode head;                            //单链表的头指针
    public LinkList() {                              //单链表的无参构造函数
        head = new LinkNode();                       //初始化头结点
    }
    public LinkList(int n, boolean Order) throws Exception {
        this();                                      //初始化头结点
```

```
    if (Order)                          //用尾插法顺序建立单链表
        create1(n);
    else
        //用头插法逆位序建立单链表
        create2(n);
    }……//此处省略了单链表的一些成员函数,在后续内容讲解后,请补充到单链表类中
}
```

2. 单链表的插入算法以及创建单链表

1) 单链表的插入算法

单链表的插入操作是指在单链表的第 i 个结点前插入一个数据元素值为 e 的新结点,其中, $i \in [0, n]$, n 表示单链表的长度。当 $i = 0$ 时,表示在表头插入新结点;当 $i = n$ 时,表示在表尾插入新结点。

在单链表中实现在第 i 个结点前插入一个新结点,并不需要移动数据元素,只需要把原来连接在一起的有序对 $\langle a_{i-1}, a_i \rangle$ 断开,使 a_{i-1} 与 e、 e 与 a_i 连接在一起,变成两个有序对 $\langle a_{i-1}, e \rangle$、 $\langle e, a_i \rangle$ 即可,如图 2-10 所示。

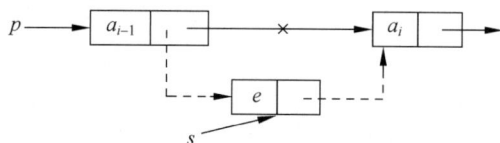

图 2-10　插入数据元素 e

设指向数据元素 a_{i-1} 所在结点的指针为 p 指针,指向新插入数据元素 e 所在结点指针为 s 指针,在插入数据元素 e 之前 p.next 指向 a_i 所在结点,在插入数据元素 e 之后, p.next 指向 e 所在结点,而数据元素 e 指针域的指针 s.next 指向 a_i 所在结点。

在单链表上进行插入算法的主要步骤如下。

(1) 声明一个指针 p 变量,使其指向表头结点,即 LinkNode p = head。

(2) 移动指针 p,使其定位到待插入位置。

(3) 创建新结点,新结点数据元素为待插入数据 e,即 LinkNode s = new LinkNode(e)。

(4) 使新结点指向 a_i 所在结点,即 s.next = p.next。此时, p.next 代表的是 a_i 结点。

(5) 断开 p 指针原指向连接,使 p 指针指向新结点, p.next = s。

注意:步骤(4)和步骤(5)的顺序不能调换,调换后是不同意义,不能完成插入操作。

【算法 2.13】 单链表上的插入算法。

```
public void insertAt(int i, Object e) throws Exception {
        LinkNode p = head;                       //初始化 p 为头结点,j 为计数器
        int j = -1;                              //第 i 个结点前驱的位置
        while (p != null && j < i - 1) {         //寻找第 i 个结点的前驱
            p = p.next;
            ++j;                                 //计数器的值增 1
        }
        if (j > i - 1 || p == null)              //i 不合法
            throw new Exception("插入位置不合理");    //输出异常

        LinkNode s = new LinkNode(e);            //生成新结点
        s.next = p.next;                         //插入单链表中
        p.next = s;
```

}

2) 头插法建立单链表

头插法建立单链表是指从空链表开始,每次将新结点插到当前单链表的表头,以线性表 List(15,23,4,10,8)为例,描述插入过程如下。

(1) 创建空表,如图 2-11(a)所示。

(2) 创建新结点,如图 2-11(b)所示。

(3) 将新结点插到表头,如图 2-11(c)所示。

(4) 循环执行(2)、(3)步操作,如图 2-11(d)所示,最后的结果如图 2-11(e)所示。

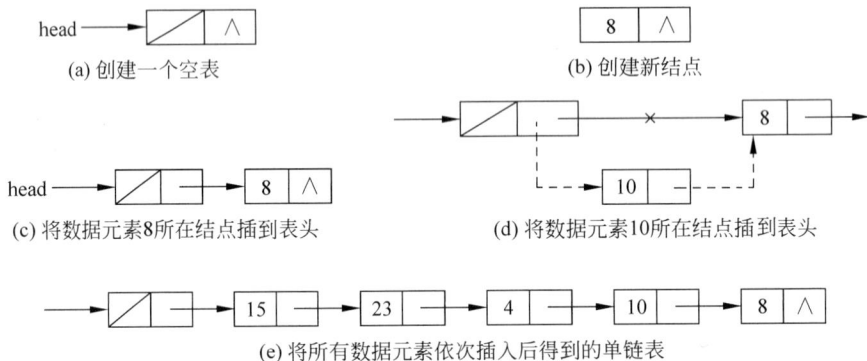

(a) 创建一个空表

(b) 创建新结点

(c) 将数据元素8所在结点插到表头

(d) 将数据元素10所在结点插到表头

(e) 将所有数据元素依次插入后得到的单链表

图 2-11　头插法建立单链表过程

头插法建立单链表算法的主要思想是每次紧挨头结点后面插入一个新结点,所以每次插入的新结点在表头结点位置,先前插入的结点依次靠后排列,第一个插入的结点始终在表尾位置。实际上,这是一种逆序插入方式建立单链表,也就是数据元素插入的顺序与线性表的顺序相反,建立单链表时从最后一个数据元素开始倒序插入数据元素。在这里只需要循环调用单链表插入方法 insertAt(0,value)即可,直到所有数据元素被插入单链表为止,单链表建立完毕。其中,value 指的是当前插入的数据元素的值。

【算法 2.14】 头插法创建单链表。

```
public void creatFromHead(int n) throws Exception {
    Scanner sc = new Scanner(System.in);
    System.out.println("请逆序依次输入线性表数据元素的值:");
    for (int i = 0; i < n; i++)
    { String value = sc.next();              //输入 n 个数据元素的值
      insertAt(0, value);                     //生成新结点,插到表尾
    }
}
```

【例 2.4】 以头插法创建单链表 List(15,23,4,10,8),并显示出来。

```
public class Example2_4 {
    public static void main(String[] args) throws Exception {
        LinkList L = new LinkList();
        Scanner sc = new Scanner(System.in);
        System.out.println("请输入表长 n 的值:");
        int n = sc.nextInt();
        L.creatFromHead(n);
        System.out.print("单链表如下:");
```

```
        L.display();
    }
}
```

例 2.4 运行结果如图 2-12 所示。

3）尾插法建立单链表

尾插法建立单链表是指从空链表开始,每次将新结点插到当前单链表的表尾。因为尾插法建立单链表时每次新插入的结点都在表尾,所以尾插法建立单链表时插入的数据元素顺序与单链表数据元素顺序一致。以线性表 List("I","am","a","student","!")为例,插入过程如下。

图 2-12　例 2.4 运行结果

（1）创建空表,如图 2-13(a)所示。

（2）创建新结点,如图 2-13(b)所示。

（3）将新结点插到表尾,如图 2-13(c)所示。

（4）循环执行(2)、(3)步操作,如图 2-13(d)所示将数据元素"am"所在结点插入表尾,然后再依次插入"a","student","!",最后结果如图 2-13(e)所示。

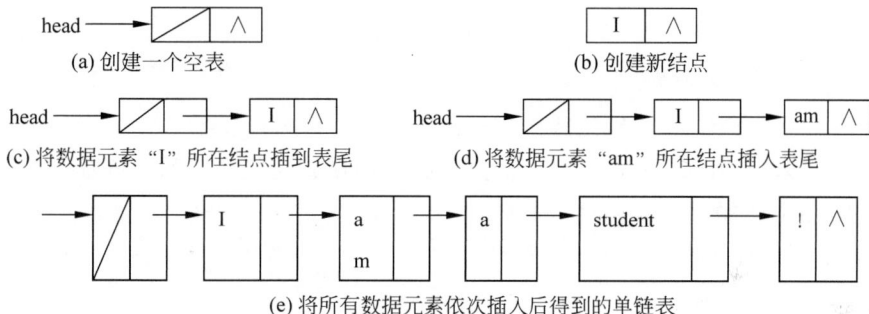

(a) 创建一个空表　　　　　　　　(b) 创建新结点

(c) 将数据元素 "I" 所在结点插到表尾　　(d) 将数据元素 "am" 所在结点插入表尾

(e) 将所有数据元素依次插入后得到的单链表

图 2-13　尾插法建立单链表过程

【算法 2.15】　尾插法创建单链表。

```
public void creatFromTail(int n) throws Exception {
    Scanner sc = new Scanner(System.in);
    System.out.println("请依次输入线性表数据元素的值:");
    for (int i = 0; i < n; i++)
    { String value = sc.next();          //输入 n 个数据元素的值
      insertAt(getSize(), value);        //生成新结点,插到表头
    }
}
```

【例 2.5】　以尾插法创建单链表 List("I","am","a","student","!"),并显示出来。

```
public class Example2_5 {
    public static void main(String[] args) throws Exception {
        LinkList L = new LinkList();
        Scanner sc = new Scanner(System.in);
        System.out.print("请输入表长 n 的值:");
        int n = sc.nextInt();
        L.creatFromTail(n);
        System.out.print("单链表如下:");
```

第 2 章

线性表

```
        L.display();
    }
}
```

```
请输入表长n的值: 5
请依次输入线性表数据元素的值:
I
am
a
student
单链表如下: I am a student !
```

图 2-14　例 2.5 运行结果

例 2.5 的运行结果如图 2-14 所示。

3. 单链表的删除算法

1) 删除单链表中位序号为 i 的数据元素

单链表上的删除操作是指删除单链表上第 i 个结点,其中, $i \in [0, n-1]$, n 表示单链表的长度。单链表上的删除操作算法与插入操作算法类似,删除前,单链表上有两个有序对 $\langle a_{i-1}, a_i \rangle$, $\langle a_i, a_{i+1} \rangle$,删除 a_i 后,则只剩下一个有序对 $\langle a_{i-1}, a_{i+1} \rangle$。设指向数据元素 a_{i-1} 所在结点的指针为 p 指针,则 $p.next$ 代表指向数据元素 a_i 所在结点的指针, $p.next.next$ 代表指向数据元素 a_{i+1} 所在结点的指针,现断开 $\langle a_{i-1}, a_i \rangle$ 间的连接,使 $p.next$ 指针直接指向 a_{i+1} 所在结点,如图 2-15 所示。

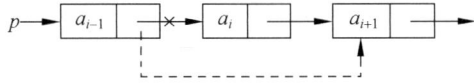

图 2-15　单链表删除结点

删除算法的具体步骤如下。

(1) 声明一个指针 p 变量,使其指向头结点,即 LinkNode p = head。

(2) 向后移动指针 p,寻找第 i 个结点的前驱,即使其定位到待删除位置。如果移动到表尾还没有找到,则抛出异常。

(3) 修改指针连接,使 $p.next$ 指针直接指向 a_{i+1} 所在结点,即 $p.next = p.next.next$。

【算法 2.16】　删除单链表中位序号为 i 的数据元素。

```java
//将线性表中第 i 个数据元素删除.其中 i 取值范围为 0≤i≤n-1,如果 i 值不在此范围则抛出异常
public void remove(int i) throws Exception {
    LinkNode p = head;                          //p 指向要删除结点的前驱结点
    int j = -1;
    while (p.next != null && j < i - 1) {        //寻找第 i 个结点的前驱
        p = p.next;
        ++j;                                     //计数器的值增 1
    }
    if (j > i - 1 || p.next == null) {
        throw new Exception("删除位置不合理"); //输出异常
    }
    p.next = p.next.next;                         //删除结点
}
```

2) 删除单链表上第一个数据元素是 e 的操作算法

【算法 2.17】　删除单链表中数据域值等于 e 的第一个结点的操作。

```java
//实现删除单链表中数据域值等于 e 的第一个结点的操作,并返回被删除结点的位序号
public int removeData(Object e) throws Exception {
    LinkNode p = head;          //用来记录 p 的结点
    int j = -1;                 //用来记录指针移位
    while( j <= getSize()-1)    //遍历整个链表
    { if (p.next.data.equals(e) ) //从单链表中的表头结点开始,判断该结点数据元素是否是 e
```

```
            break;                      //如果是,证明查找到,跳出循环
         else
            {p = p.next;                //指向下一个结点位
             ++j;}                      //计数器的值增1
      }
      if(j > getSize()-1 || p == null) //指针移动超出表长,或者 p 结点已经是空结点,证明没
                                        //有查找到
         throw new Exception("没有可以删除的数据元素 e");     //输出异常
      p.next = p.next.next;             //删除结点
      return j+1;                       //返回当前结点位序号,j 需要加 1,因为我们判断的是
                                        //p.next 与 e 是否相等
}
```

【例 2.6】 以头插法建立单链表,并显示出来;删除位序号为 1 的数据元素,再次输出单链表。

```
public class Example2_6 {
    public static void main(String[] args) throws Exception{
        LinkList L = new LinkList();
        Scanner sc = new Scanner(System.in);
        System.out.print("请输入表长 n 的值:");
        int n = sc.nextInt();
        L.creatFromTail(n);
        System.out.print("单链表如下:");
        L.display();
        System.out.println("删除位序号:"+L.removeData("5"));
        System.out.print("删除后,单链表如下:");
        L.display();
    }
}
```

例 2.6 的运行结果如图 2-16 所示。

4. 单链表的查找算法

1) 单链表的按位查找算法

单链表的按位查找算法是指查找单链表中位序号为 i 的数据元素,并把该数据元素值显示出来。与前面的算法类似,首先声明指针变量 p 指向表头结点,然后移动指针 p 使其定位到 i 结点,然后输出 i 结点的数据元素。若 $j>i$ 或者 i 结点对应数据元素为空,则抛出异常。算法的具体步骤如下。

```
请输入表长n的值: 5
请依次输入线性表数据元素的值:
6
5
2
3
4
单链表如下: 6 5 2 3 4
删除位序号: 1
删除后,单链表如下: 6 2 3 4
```

图 2-16　例 2.6 运行结果

(1) 声明一个指针 p 变量,使其指向表头结点,即 LinkNode p = head.next。

(2) 向后移动指针 p,寻找第 i 个结点。如果移动表尾还没有找到,则抛出异常。

(3) 返回 p 结点的数据域 p.data。

【算法 2.18】 查找单链表中的第 i 个数据元素。

```
public Object get(int i) throws Exception {
    LinkNode p = head.next;              //初始化,p 指向首结点,j 为计数器
    int j = 0;
    while (p != null && j < i) {         //从首结点向后查找,直到 p 指向第 i 个元素或 p 为空
        p = p.next;                      //指向后继结点
        ++j;                             //计数器的值增1
    }
```

```
if (j > i || p == null) {                    //i 小于 0 或者大于表长减 1
    throw new Exception("第" + i + "个元素不存在");        //输出异常
}
return p.data;                               //返回元素 p
}
```

2) 单链表的按值查找算法

单链表的按值查找算法是指在单链表上查找第一个数据元素是 e 的操作算法,并把它在单链表中的位序号显示出来;如果没有找到返回 -1。

【算法 2.19】 查找值为 e 的数据元素第一次出现的位序号。

```
//查找值为 e 的数据元素第一次出现的位序号,如果找到,则返回该数据元素在线性表中的位序号,
//否则返回-1
public int search(Object e) {
    LinkNode p = head.next;          //初始化,p 指向表头结点,i 为计数器
    int i = 0;
    while (p != null && !p.data.equals(e)) {   //p 向后移动,直到 p.data 等于数据元素 e,或
                                               //移动到表尾
        p = p.next;                  //指针移动到下一个元素
        i++;                         //计数器的值增 1
    }
    if (p != null)                   //循环结束后,如果 p 不是空,则表明查找到数据元素 e
        return i;                    //返回数据元素 e 的位序号
    else
        return -1;                   //否则,数据元素 e 不在表中
}
```

2.3.2 循环单链表

在单链表中,每一个结点只有一个后继指针,访问结点时必须按顺序往后进行访问。当从任意结点 p 出发时,并不能访问所有结点。例如,从 a_3 出发,无法访问 a_0,a_1,a_2。如果是循环单链表就能从任意结点出发访问所有其他结点。循环单链表是将单链表首尾相连,即让单链表的最后一个结点的指针指向第一个结点,构成一个环。它也可以称为环状单链表,如图 2-17(a)所示。

若循环单链表中只有一个结点,就是头结点,这样的循环单链表称为空循环单链表。头结点的指针域的指针指向自己,如图 2-17(b)所示。

循环单链表的各种基本操作与单链表类似,区别在于最后一个结点的指针域是空还是指向头结点。循环单链表按位删除算法如下。

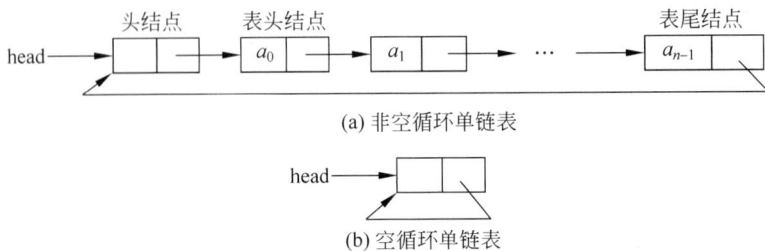

(a) 非空循环单链表

(b) 空循环单链表

图 2-17　循环单链表

【算法 2.20】 循环单链表删除 i 位结点。

```
public void remove(int i) throws Exception {
    LinkNode p = head;                      //p 指向要删除结点的前驱结点
    int j = -1;
    while (p.next != head && j < i - 1) {   //寻找第 i 个结点的前驱
        p = p.next;
        ++j;                                //计数器的值增 1
    }
    if (j > i - 1 || p.next == head) {      //i 小于 0 或者大于表长减 1
        throw new Exception("删除位置不合理"); //输出异常
    }
    p.next = p.next.next;                    //删除结点
}
```

此算法与算法 2.16 相比,只有 p.next! = null 与 p.next! = head 不同。其实循环单链表的操作算法,只要将单链表的 p.next! = null 改为 p.next! = head 或 p! = null 改为 p! = head。即指针移动到表尾后,表尾的指针指向头结点。下面举例说明关于带头结点的循环单链表的应用。

【例 2.7】 将当前循环单链表 LA 与另外一个循环单链表 LB 进行合并。
【程序实现】

```
public class Example2_7 {
    public static void main(String[] args) throws Exception {
        //带头指针 head 的循环单链表的合并
        int n = 5, m = 4;
        CircleLinkList LA = new CircleLinkList();     //建立循环单链表 LA
        for(int i = 0; i < n; i++) {LA.insertAt(i, i);}
        System.out.print("循环单链表 LA 如下:");
        LA.display();
        CircleLinkList LB = new CircleLinkList();     //建立循环单链表 LB
        for(int j = 0; j < m; j++) {LB.insertAt(j, 10+j);}
        System.out.print("循环单链表 LB 如下:");
        LB.display();
        LinkNode taila = LA.head.next;                //初始化 taila
        LinkNode tailb = LB.head.next;                //初始化 tailb
        while(taila.next != LA.head) {
            taila = taila.next;}        //移动指针,使 taila 指向 LA 的最后一个结点
        while(tailb.next != LB.head) {
            tailb = tailb.next;}     //移动指针,使 tailb 指向 LB 的最后一个结点
        taila.next = LB.head.next;   //修改连接,taila 的指针域指向 LB 的 head.next,也就是 LB
                                     //的表头结点
        tailb.next = LA.head;        //修改连接,tailb 的指针域指向 LA 的头结点
        System.out.print("循环单链表合并后如下:");
        LA.display();
    }
}
```

例 2.7 的运行结果如图 2-18 所示。

有时也会在循环单链表中设置尾指针,在保持循环单链表结构不变的情况下,设置一个指向表尾结点的指针 tail,如图 2-19 所示。

```
循环单链表LA如下: 0 1 2 3 4
循环单链表LB如下: 10 11 12 13
循环单链表合并后如下: 0 1 2 3 4 10 11 12 13
```

图 2-18 例 2.7 运行结果

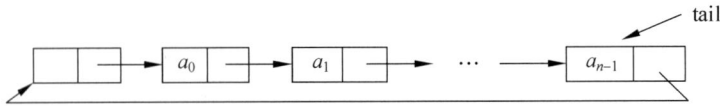

图 2-19 含尾指针的循环单链表

2.3.3 双向链表

不管是单链表还是循环单链表的每个结点都只有一个后继指针，所以要查找某一个结点的前驱是比较困难且费时的，需要从头结点开始依次往后寻找。而双向链表有两个指针域，一个指针域的指针指向它的前驱结点，另一个指针域的指针指向它的后继结点，如图 2-20 所示。

图 2-20 双向链表的数据域和指针域

双向链表与单链表类似，可以增加头结点也可以不加头结点。为了操作方便，一般都加上头结点。本书中如无特殊说明都是带头结点的双向链表。带头结点的双向链表如图 2-21 所示。

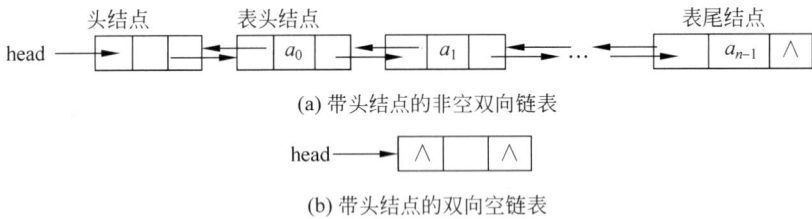

(a) 带头结点的非空双向链表

(b) 带头结点的双向空链表

图 2-21 带头结点的双向链表

带头结点的双向链表相关算法的描述与单链表的相应操作基本类似，主要是插入、删除操作比较复杂。下面主要分析双向链表的插入结点算法、删除结点算法。图 2-22 是双向链表的插入操作示意图，图 2-23 是双向链表的删除操作示意图。

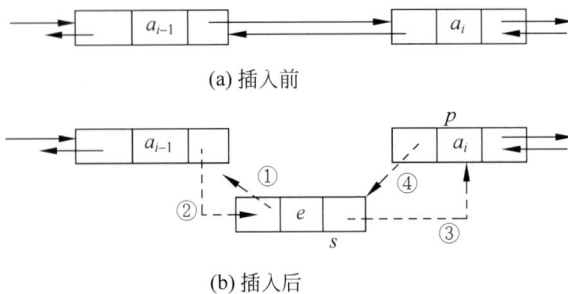

(a) 插入前

(b) 插入后

图 2-22 双向链表插入结点 s

如图 2-22 所示双向链表中插入结点 s，假设 p 代表 a_i 结点，那么 a_{i-1} 所在结点可以用 $p.\text{prior}$ 表示，要将结点 s 插到 p 前面，需要修改指针的语句有 4 条，分别如下。

① $s.\text{prior}=p.\text{prior}$。

② $p.\text{prior}.\text{next}=s$。

③ $s.\text{next}=p$。

④ $p.\text{prior}=s$。

注意：第 4 条语句不能放在第 1、2 条语句前面使用，因为第 4 条语句执行后 $p.\text{prior}$ 代表结点 s。

【算法 2.21】 双向链表的插入操作算法。

```
public void insertAt(int i, Object e) throws Exception {
    DoubleLinkNode p = head.next;              //初始化,p指向表头结点,j为计数器
    int j = 0;
    while (p != null && j < i) {               //寻找插入位置i
        p = p.next;                            //指向后继结点
        ++j;                                   //计数器的值增1
    }
    if (j != i && !p.equals(head))
        throw new Exception("插入位置不合理");    //输出异常
    DoubleLinkNode s = new DoubleLinkNode(e);  //生成新结点
    s.prior = p.prior;
    p.prior.next = s;
    s.next = p;
    p.prior = s;
}
```

如图 2-23 所示双向链表的删除操作关键是修改 a_{i-1} 的 next 指针和 a_{i+1} 的 prior 指针。假设 p 代表 a_i 结点，那么 a_{i-1} 所在结点可以用 $p.\text{prior}$ 表示，a_{i+1} 所在结点可以用 $p.\text{next}$ 表示，然后修改 a_{i-1} 的 next 指针语句为 $p.\text{prior}.\text{next}=p.\text{next}$，修改 a_{i+1} 的 prior 指针的语句为 $p.\text{next}.\text{prior}=p.\text{prior}$，具体情况如算法 2.22 所示。

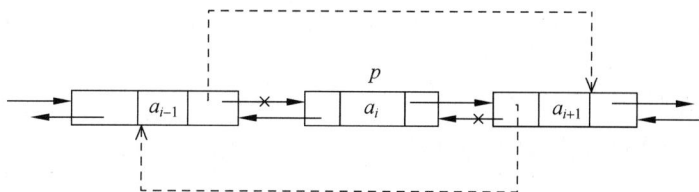

图 2-23　双向链表的删除操作

【算法 2.22】 双向链表的删除操作算法。

```
public void remove(int i) throws Exception {
    DoubleLinkNode p = head.next;             //初始化,p指向首结点,j为计数器
    int j = 0;
    while (p != null && j < i) {              //寻找删除位置i
        p = p.next;                           //指向后继结点
        ++j;                                  //计数器的值增1
    }
    if (j != i)
        throw new Exception("删除位置不合理");   //输出异常
    p.prior.next = p.next;
    p.next.prior = p.prior;
}
```

2.3.4 双向循环链表

双向循环链表是双向链表与循环链表的结合,把双向链表首尾相连就构成了双向循环链表。双向循环链表也分为两种情况:非空双向循环链表和空双向循环链表,如图 2-24 所示。

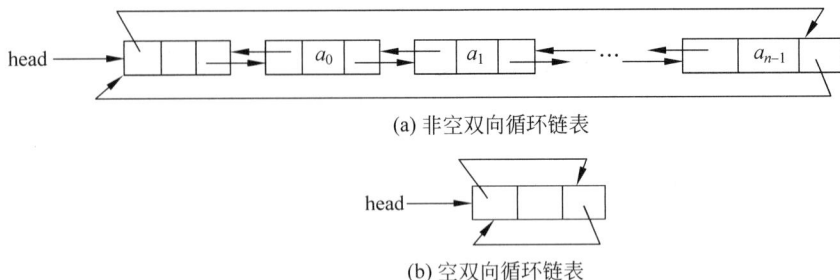

(a) 非空双向循环链表

(b) 空双向循环链表

图 2-24　带头结点的双向循环链表

双向循环链表也可以分为带头结点和不带头结点的,如图 2-24 所示都是带头结点的双向循环链表。带头结点双向循环链表的插入与删除操作与带头结点双向链表的插入、删除操作类似,只不过需要处理一下头结点。

2.4　线性表的应用

一元多项式按升幂的形式表示如下。
$$P_n(x) = p_0 + p_1 x + p_2 x^2 + p_3 x^3 + \cdots + p_n x^n$$
在计算机中可以用一个线性表来表示如下。
$$P_n = (p_0, p_1, p_2, p_3, \cdots, p_n)$$
当一元多项式的指数不高,且指数相差不大时,可以采用顺序存储结构方式存储该多项式,如例 2.8 所示。

【例 2.8】　有两个一元多项式 $A_n(x) = -5 + 4x + 3x^2 - 6x^3 + 7x^5$,$B_n(x) = -8 - 6x + 3x^3 - 4x^4 + 9x^5 - 19x^6$,对它们进行加法运算,并输出运算结果。

【程序实现】

```java
import java.util.Scanner;
public class Example2_8 {
    public static void main(String[] args) throws Exception {
        Scanner sc = new Scanner(System.in);
        System.out.print("请输入一元多项式 A 的项数 n=");
        int n = sc.nextInt();
        System.out.println("");
        System.out.print("请依次输入一元多项式 A 的系数");
        SqList A = new SqList(n);                //建立表 A
        for(int i = 0; i < n; i++) {
            int x = sc.nextInt();
            A.insertAt(i, x);
        }
        System.out.print("输出一元多项式 A 的系数:");
```

```java
        A.display();
        System.out.println("");

        System.out.print("请输入一元多项式 B 的项数 m＝");
        int m＝sc.nextInt();
        System.out.println("");
        System.out.print("请依次输入一元多项式 B 的系数");
        SqList B＝new SqList(m);                    //建立表 B
        for(int j＝0;j＜m;j＋＋) {
            int x＝sc.nextInt();
            B.insertAt(j, x);
        }
        System.out.print("输出一元多项式 B 的系数:");
        B.display();
        System.out.println("");

        if(n＞m)//n＞m 时,将和存储在线性表 A 中
        { for(int i＝0;i＜m;i＋＋)
            {int data1＝Integer.parseInt(String.valueOf(A.get(i))); //获取的第 i 个数据是
                                                                   //object 类型转为 int 型
            int data2＝Integer.parseInt(String.valueOf(B.get(i)));
            int sum＝data1＋data2;
            A.remove(i);
            A.insertAt(i, sum);
            }
        System.out.print("输出 A 加 B 后多项式的系数:");A.display();
        }
        else//n＜m 时,将和存储在线性表 B 中
        { for(int i＝0;i＜n;i＋＋)
            {int data1＝Integer.parseInt(String.valueOf(A.get(i))); //获取的第 i 个数据是
                                                                   //object 类型转为 int 型
            int data2＝Integer.parseInt(String.valueOf(B.get(i)));
            int sum＝data1＋data2;
            B.remove(i);
            B.insertAt(i, sum);
            }
        System.out.print("输出 A 加 B 后多项式的系数:");B.display();
        }
    }
}
```

例 2.8 的运行结果如图 2-25 所示。

当一元多项式的指数较高或者指数相差比较大时,采用链式存储结构方式更为方便。例如,$C_n(x)=5+2x^5+x^{15}+8x^{200}$,若采用顺序存储方式的话需要一个长度为 200 的顺序表,这样非常浪费空间。而改成链式存储只需要 3 个存储空间,节省了非常多的存储空间。

像这种指数较高或者指数相差比较大的线性表,在计算机中存储时对于系数为 0 的项不存储,只存储非零项的数据值,包含非零项的系数值和指数值。这时,用线性表描述时用一对实数对来描述。例如,$C_n(x)=5+2x^5+x^{15}+8x^{200}$,它的线性表表示为

$$C_n(x)=((5,0),(2,5)(1,15)(8,200))$$

在计算机中的存储形式如图 2-26 所示。

```
请输入一元多项式A的项数n=6
请依次输入一元多项式A的系数-5
4
3
-6
0
7
输出一元多项式A的系数: -5 4 3 -6 0 7
请输入一元多项式B的项数m=7
请依次输入一元多项式B的系数-8
-6
0
3
-4
9
-19
输出一元多项式B的系数: -8 -6 0 3 -4 9 -19
输出A加B后多项式的系数: -13 -2 3 -3 -4 16 -19
```

图 2-25　例 2.8 运行结果

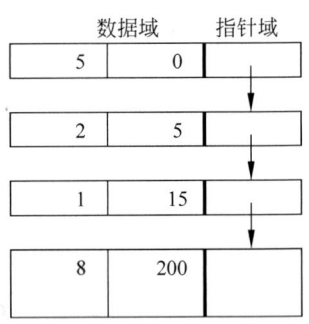

图 2-26　一元多项式链式存储例图

【例 2.9】　已知多项式 $C_n(x) = 5 + 2x^5 + x^{15} + 8x^{200}$ 和 $D_n(x) = 3 - 2x^5 + x^{10} - 6x^{200} + 8x^{250}$，通过键盘输入这两个一元多项式，然后对它们进行加法运算，并输出运算结果。

（1）定义一元多项式结点类。

```java
public class PolyNode {
    public double coe;                                      //系数
    public int exp;                                         //指数
    public PolyNode next;
    public PolyNode() {                                     //构造函数
    }
    public PolyNode(double coe, int exp) {                  //构造函数
        this.coe = coe;
        this.exp = exp;
        this.next = null;
    }
    public PolyNode(double coe, int exp, PolyNode next) {   //构造函数
        this.coe = coe;
        this.exp = exp;
        this.next = next;
    }
}
```

（2）定义一元多项式类以及一元多项式加法。

```java
public class PolyList {
    public PolyNode head;                                   //多项式单链表的头指针
    public PolyList() {
        head = new PolyNode();                              //初始化头结点
        head.coe = 0;
        head.exp = -1;
        head.next = null;
    }

    public void insertAt(int i, Double c, int e) throws Exception {
        PolyNode p = head;                                  //初始化 p 为头结点,j 为计数器
```

```java
        int j =-1;                                    //第 i 个结点前驱的位置
        while (p.next !=null && j < i - 1) {          //寻找第 i 个结点的前驱
            p =p.next;
            ++j;                                      //计数器的值增 1
        }
        if (j > i - 1 || p ==null)                    //i 不合法
            throw new Exception("插入位置不合理");     //输出异常

        PolyNode s =new PolyNode(c,e);                //生成数据域为 c,e 的新结点
        s.next=p.next;                                //插入单链表中
        p.next=s;
    }
    //尾插法创建单链表
    public void creatFromTail(int n) throws Exception {
        Scanner sc =new Scanner(System.in);
        System.out.println("请依次输入线性表数据元素的值:");
        for (int i =0; i < n; i++)
        { Double value1=sc.nextDouble();              //输入 n 个数据元素的值
          int value2=sc.nextInt();
          insertAt(getSize(), value1, value2);        //生成新结点,插到表头
        }
    }
    public int getSize() {
        PolyNode p =head.next;                         //初始化,p 指向首结点,size 为计数器
        int size =0;
        while (p !=null) {                             //从首结点向后查找,直到 p 为空
            p =p.next;                                 //指向后继结点
            ++size;                                    //长度增 1
        }
        return size;
    }
    public void display() {
        PolyNode p =head.next;                         //初始化,p 指向首结点
        System.out.print("多项式各项系数、指数依次为:");
        for (int i =0; i < getSize(); i++) {
            int s=i+1;
            System.out.print("("+p.coe + ","+ p.exp+") ");
            p=p.next;
        }
        System.out.println("");
    }
    //多项式加法:ListA=ListA+ListB,将 ListA、ListB 的和链接在 ListA 的 head 结点,
    //并返回和多项式
                public PolyList addPoly(PolyList ListA, PolyList ListB) {
                    PolyNode h =ListA.head;            //h 指向新形成链的尾结点
                    PolyNode p =ListA.head.next;       //p 指向 ListA 中需要计算的当
                                                       //前项
                    PolyNode q =ListB.head.next;       //q 指向 ListB 中需要计算的当
                                                       //前项
                    while (p!=null && q !=null) {      //p、q 同时非空
                        if (p.exp < q.exp)
                        { h.next=p;
                        p=p.next;
                        h=h.next;
```

```
                            }
                    else if (p.exp > q.exp)
                        { h.next=q;
                        q=q.next;
                        h=h.next;}
                else
                    { if(p.coe+q.coe==0)
                        { p=p.next;
                            q=q.next;
                        }
                    else
                        {p.coe=p.coe+q.coe;
                        h.next=p;
                        p=p.next;
                        q=q.next;
                        h=h.next;
                        }
                    }
                }
            if (p!=null ) {
                h.next=p;
            }
            if(q!=null ) {
                h.next=q;
            }
            return ListA;
        }
    }
```

（3）测试类。

```
public class Example2_9 {
    public static void main(String[] args) throws Exception {
        Scanner sc =new Scanner(System.in);
        PolyList ListA=new PolyList();
        System.out.println("输入第一个多项式的长度 n: ");
        int n=sc.nextInt();
        ListA.createFromTail(n);
        ListA.display();                //打印 ListA 中的项
        PolyList ListB=new PolyList();
        System.out.println("输入第二个多项式的长度 m: ");
        int m=sc.nextInt();
        ListB.createFromTail(m);
        ListB.display();                //打印 ListB 中的项
        //PolyList Ladd=new PolyList();
        //PolyList LC=new PolyList();
        ListA=ListA.addPoly( ListA, ListB);
        System.out.println("求和后的多项式各项系数、指数依次为: ");
        ListA.display();                //打印和多项式中的项
    }
}
```

例 2.9 的运行结果如图 2-27 所示。

```
输入第一个多项式的长度n:
4
请依次输入一元多项式系数、指数的值:
5
0
2
5

1
15
8
200
多项式各项系数、指数依次为: (5.0,0) (2.0,5) (1.0,15) (8.0,200)
输入第二个多项式的长度m:
5
请依次输入一元多项式系数、指数的值:
3
0
-2
5
1
10
-6
200
8
250
多项式各项系数、指数依次为: (3.0,0) (-2.0,5) (1.0,10) (-6.0,200) (8.0,250)
求和后
多项式各项系数、指数依次为: (8.0,0) (1.0,10) (1.0,15) (2.0,200) (8.0,250)
```

图 2-27　例 2.9 运行结果

习　　题

一、选择题

1. 在线性表中,除了开始结点和终端结点外,每个数据元素有(　　)。

    A. 一个前驱　　　　　　　　　　　　　B. 一个后继

    C. 一个前驱和一个后继　　　　　　　　D. 不确定几个前驱,几个后继

2. 顺序表的存储结构是一种(　　)。

    A. 随机存储结构　　　　　　　　　　　B. 链式存储结构

    C. 顺序存储结构　　　　　　　　　　　D. 索引存储结构

3. 单链表的存储结构是一种(　　)。

    A. 随机存储结构　　　　　　　　　　　B. 链式存储结构

    C. 顺序存储结构　　　　　　　　　　　D. 索引存储结构

4. 顺序表所占用的存储空间大小与(　　)无关。

    A. 表的长度　　　　　　　　　　　　　B. 表中数据元素的数据类型

    C. 表的存储顺序　　　　　　　　　　　D. 表中字段的类型

5. 线性表中,经常要存取第 i 个数据元素,则最好采用(　　)存储方式。

    A. 顺序表　　　　　B. 单链表　　　　　C. 循环单链表　　　　D. 不确定

6. 链式存储结构的最大优点是(　　)。

    A. 便于插入和删除操作　　　　　　　　B. 便于随机存取

C. 存储密度高　　　　　　　　　　　D. 不需要预先分配空间

7. 在长度为 n 的顺序表的第 $i(1\leqslant i\leqslant n+1)$ 个位置上插入一个元素,元素的移动次数为(　　)。

A. $n-i+1$　　　　　　B. $n-i$　　　　　　C. $i-1$　　　　　　D. i

8. 若线性表中最常做的操作是在最后一个元素之后插入一个元素和删除第一个元素,则采用(　　)存储方法最节省时间。

A. 单链表　　　　　　　　　　　　　B. 双链表

C. 带尾指针的单循环链表　　　　　　D. 带头指针的单循环链表

9. 在单链表中 p 的后继结点是 q,在 p 与 q 之间插入结点 t,则修改链表的语句是(　　)。

A. $t.\text{next}=p$；$q.\text{next}=t$；　　　　　B. $p.\text{next}=t$；$t.\text{next}=p$；

C. $q.\text{next}=t.\text{next}$；$t.\text{next}=p$；　　　D. $p.\text{next}=t$；$t.\text{next}=q$；

10. 在一个单链表中,若删除 p 所指向结点的后续结点,则执行(　　)。

A. $p.\text{next}=p.\text{next}.\text{next}$；　　　　B. $p=p.\text{next}$；$p.\text{next}=p.\text{nex}.\text{next}$；

C. $p=p.\text{next}$；　　　　　　　　D. $p=p.\text{next}.\text{next}$；

二、填空题

1. 线性表是具有 n 个_____所构成的有限序列。

2. 一个顺序表中含有 n 个数据元素,数据元素位序号依次为 $0,1,\cdots,n-1$,删除第 i 个数据元素,需要移动_____个数据元素。

3. 一个顺序表中含有 n 个数据元素,查找值为 x 的数据元素时,查找成功时需要比较的平均次数是_____。

4. 数据元素所占存储单元是 8,第 0 个数据元素的存储地址是 100,则第 6 个数据元素的存储地址是_____。

5. 线性表经常采用_____和_____存储结构。

6. 向一个长度为 10 的顺序表中第 5 个元素之前插入一个元素时,需向后移动_____个元素。

7. 在单链表中增加一个头结点的目的是_____。

8. 带头结点单链表判空操作的条件是_____。

9. 带头结点双向循环链表为空的条件是_____。

10. 在一个单链表中 p 结点的首地址是 5018,它的后继结点的首地址是 7070,$p.\text{next}=$_____。

三、判断题

1. 顺序表中逻辑上相邻的数据元素在存储位置上不一定相邻。(　　)

2. 单链表中逻辑上相邻的数据元素在存储位置上不一定相邻。(　　)

3. 单链表是一种随机存储的存储结构。(　　)

4. 线性表的长度是线性表所占用空间的大小。(　　)

5. 双向循环链表不是线性表。(　　)

6. 循环链表用头指针作为唯一标识。(　　)

7. 顺序表的数据元素可以随机存取。(　　)

8. 若线性表频繁查找却很少进行插入和删除操作,宜采用顺序表作为存储结构。(　　)

四、算法设计与实践题

1. 建立一个含有 10 个元素的顺序表，且依次为整数 1，2，…，10。请做如下操作。

（1）删除位序号为 9 的数据元素。

（2）在第 8 位插入 5。

（3）查找位序号为 6 的数据元素的值。

（4）查看顺序表中数据元素的个数。

（5）查找在顺序表中第一次出现 5 的数据元素所在位序号。

2. 建立一个含有 10 个元素的单链表，且依次为"I will study hard for my Data Structure Course!"。请做如下操作。

（1）在第 3 位插入"very"。

（2）查找位序号为 5 的数据元素的值。

（3）删除位序号为 7 的数据元素。

（4）查找数据元素"hard"的位序号。

3. 编写一个单链表的成员函数，实现删除单链表中数据域值等于 e 的所有结点的操作，并返回被删除结点的个数。

4. 编写一个单链表的成员函数，查找单链表上所有数据元素是 e 的操作算法，并输出其所在结点的位序号。

5. 编写测试程序，测试循环单链表的查找、删除、修改、插入操作。

第 3 章   栈 与 队 列

线性表是线性结构,栈与队列也是线性结构,它们有着密切的关系。栈和队列可以看成两种特殊的线性表,在进行插入和删除操作时都是在表的一端或者两端进行。栈和队列的应用非常广泛,例如,操作系统实现对各种进程的管理。

本章学习目标:

(1) 掌握栈和队列这两种数据结构的特点。

(2) 熟悉栈(队列)和线性表的关系。

(3) 重点掌握顺序栈和链栈的基本操作实现。

(4) 重点掌握循环队列和链队列的基本操作实现。

(5) 熟悉栈和队列的下溢和上溢的概念以及消除假溢的方法。

(6) 能够应用栈和队列解决实际问题。

3.1   栈

3.1.1   栈的基本概念

栈是一种特殊的线性表,其特殊性在于栈的数据元素的插入和删除只能在表尾进行,而线性表的数据元素插入和删除可以在表的任意位置进行。允许进行插入、删除操作的一端称为栈顶,另一端称为栈底(如图 3-1(a)所示)。

日常生活中有不少类似于栈的例子。假设有一个很窄的死胡同,其宽度只能容纳一辆车,现有 5 辆车,分别编号为①～⑤,这 5 辆车按编号顺序依次进入此胡同,如图 3-1(b)所示,若要退出④,必须先退出⑤;若要退出③,必须将⑤、④依次都退出才行。这个死胡同就是一个栈。越是先入栈的数据元素越是后出栈,这就是"先进后出"或"后进先出"原则。现实中有很多栈的例子,如叠放的碗碟。

定义栈的抽象数据类型基本操作如下。

(1) StackEmpty():判断一个栈是否为空,返回值为布尔型。若栈为空,则返回 true,否则返回 false。

(2) clear():栈的置空操作,即清除栈中全部元素。

(3) getSize():求栈的数据元素个数,返回栈的数据元素个数。

(4) Top():返回栈顶元素。若操作成功,则返回栈顶元素,否则抛出异常。

(5) Push():在栈顶插入元素 e(入栈),无返回值。

(6) Pop():从栈中删除栈顶元素(出栈),无返回值。

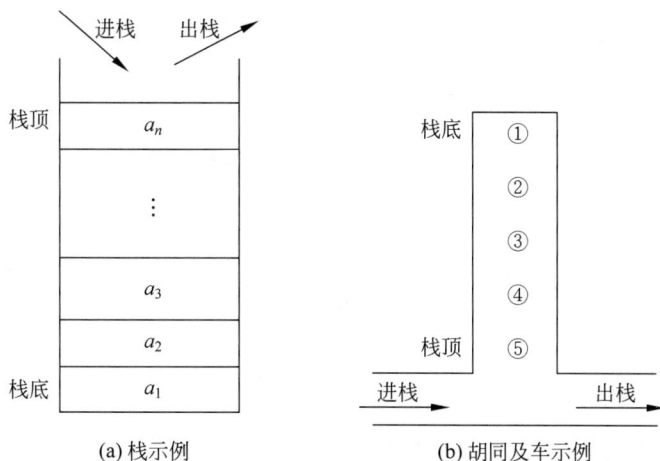

(a) 栈示例　　　　　　(b) 胡同及车示例

图 3-1　栈及其操作示意图

（7）display()：输出栈中各个数据元素。输出顺序是从栈顶到栈底。

使用 Java 接口描述上述基本操作如下。

```
public interface Stack {
    public boolean StackEmpty();              //判断一个栈是否为空
    public void Clear();                      //清除栈中全部元素
    public int getSize();                     //求栈中数据元素个数
    public Object Top();                      //返回栈顶元素
    public void Push(Object e) throws Exception;   //入栈
    public void Pop()throws Exception;        //出栈
    public void display();                    //输出栈
}
```

3.1.2　栈的顺序存储结构

栈的顺序存储与顺序表类似,按顺序依次存储,可以通过数组来实现,假设数组名称为 stackElement,给数组分配 space 个存储空间。设置一个整型变量 top 用来表示栈顶元素的位置。当 top=0 时,表示栈是一个空栈;当 top=space 时,表示栈满,即所有存储空间中都有数据元素;当 top 为 1 到 space 中的任意值时,表示此时栈既不是空栈也不是栈满状态,如图 3-2 所示。

栈只有一个出入口,出栈与入栈都在栈顶进行,top 值随着入栈、出栈操作而动态变化,一直指向栈顶元素位置。再结合图 3-2 就可以找到顺序栈的栈满、栈空、清空、求栈中数据元素个数、求栈顶元素的实现条件或方法,如下。

（1）判断一个栈是否为空的条件是 top==0。

（2）判断一个栈是否为满的条件是 top==space。

（3）栈的清空,使 top=0。

（4）栈的元素个数即为 top 的值。

（5）栈顶元素,即 top 对应的那个数据元素。

以上操作具体的实现请查看顺序栈类 SqStack 对应的各个方法。顺序栈类 SqStack 的描述如下。

(a) 顺序栈栈空情况

(b) 顺序栈非空情况

(c) 顺序栈栈满情况

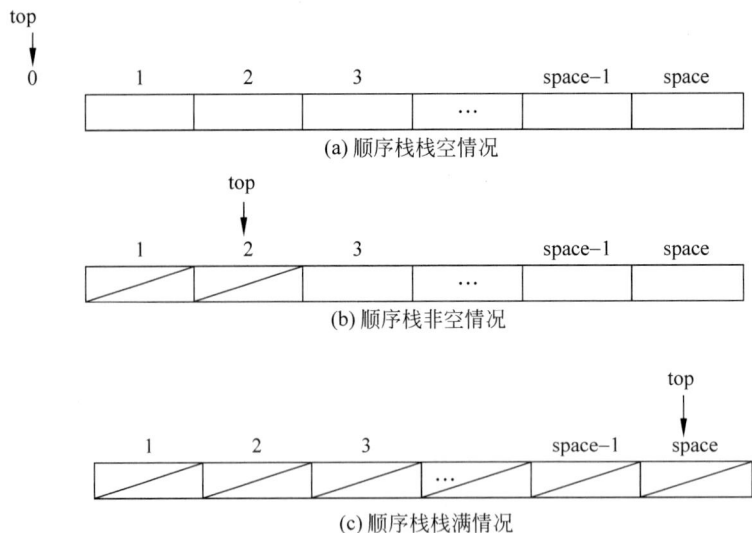

图 3-2 顺序栈存储情况

```java
public class SqStack implements Stack {
    private Object[] stackElement;
    private int space;
    private int top;
    public SqStack(int space) {              //构造一个空栈
        this.space＝space;
        top＝0;
        stackElement ＝new Object[space];
    }
    public boolean StackEmpty() {            //判断一个栈是否为空
        return top＝＝0;
    }
    public boolean StackFull () {            //判断一个栈是否为满
        return top＝＝space;
    }
    public void Clear() {                    //清除栈中全部元素
        top＝0;
    }
    public int getSize() {                   //返回栈的数据元素个数
        return top;
    }
    public Object Top() {                    //返回栈顶元素
        if (!StackEmpty())                   //栈非空
            return stackElement[top － 1];    //栈顶元素
        else                                 //栈为空
            return null;
    }
    public void Push(Object e) throws Exception {      //入栈,入栈不成功,提示栈满;成功,返回1
        ... }
    //从栈中删除栈顶元素(出栈)。若操作成功,则返回1;否则返回0
    public void Pop() throws Exception {
        ... }

    public void display() {
        ... }
}
```

顺序栈中的构造空栈、入栈、出栈、输出操作的实现过程分析与程序见算法3.1～算法3.4。

【算法 3.1】 构造一个空栈。

使用带一个参数的构造函数构造一个空栈,为该栈分配 space 个存储空间,给 top 赋初始值,值为 0。

```
public SqStack(int space) {            //构造一个空栈
    top=0;                             //top 赋初始值
    stackElement = new Object[space];  //为栈分配存储单元
}
```

【算法 3.2】 顺序栈的入栈操作算法。

```
public void Push(Object e) throws Exception {   //入栈
        if (top==stackElement.length)           //栈满
            {throw new Exception("栈满");        //提示栈满
            }
        else                                    //栈不满
            {stackElement[top++]=e;             //e 入栈
            }
}
```

【算法 3.3】 顺序栈的出栈操作算法。

```
public void Pop() throws Exception {//从栈中删除栈顶元素(出栈)
    if (top ==0)                       //栈为空
        throw new Exception("栈空");
    else {                             //栈非空
        --top;                         //top 后移
        System.out.println("出栈操作成功! ");
    }
}
```

【算法 3.4】 顺序栈的输出。

```
public void display() {
        for (int i = top - 1; i>=0; i--)
                System.out.print(stackElement[i].toString() + " ");      //输出
}
```

【例 3.1】 顺序栈的测试,测试数据:1,4,5,8,10。

```
import java.util.Scanner;
public class Example3_1 {
public static void main(String[] args) throws Exception{
        SqStack sq=new SqStack(5);
        Scanner sc=new Scanner(System.in);
        System.out.println("请依次输入栈中的元素(从栈底到栈顶): ");
        for(int i=0;i<5;i++) {
            String s=sc.next();
            sq.Push(s);
        }
        System.out.print("输出栈中各元素为(栈顶到栈底): ");
        sq.display();            //打印栈中元素(栈底到栈顶)

        System.out.println(" ");
        System.out.println("栈满: "+sq.StackFull());
```

```
        sq.Pop();                    //从栈中删除栈顶元素(出栈)。若操作成功,则返回1,否则返回0
        System.out.print("重新输出栈中各元素为(栈顶到栈底): ");
        sq.display();                //重新打印栈中元素(栈底到栈顶)
        System.out.println(" ");
        System.out.println("输出栈顶元素: "+sq.Top());        //返回栈顶元素
        System.out.println("输出栈的元素个数: "+sq.getSize());
    }
}
```

运行结果如图 3-3 所示。

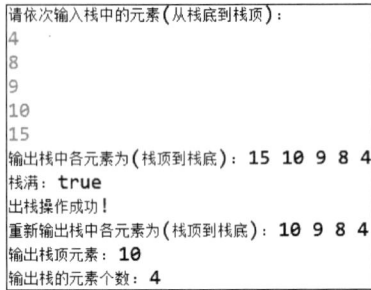

```
请依次输入栈中的元素(从栈底到栈顶):
4
8
9
10
15
输出栈中各元素为(栈顶到栈底): 15 10 9 8 4
栈满: true
出栈操作成功!
重新输出栈中各元素为(栈顶到栈底): 10 9 8 4
输出栈顶元素: 10
输出栈的元素个数: 4
```

图 3-3　例 3.1 运行结果

3.1.3　栈的链式存储结构

栈的链式存储结构是先把栈的数据元素存储在内存空间,然后采用链表的形式连接起来。采用链式存储结构的栈称为链栈。但是,请注意它与普通单链表不同,栈的插入、删除操作都只能在栈顶进行,因此可以不用设置头结点,但是需要设置 top 指针,使其始终指向栈顶元素所在结点。top 指针类似于单链表中的 head 指针。当 top 指针为空时,代表指针指向空结点,即栈为空栈,如图 3-4 所示。链栈不需要判断栈满情况,如果有新加入的数据元素,给该数据元素创建结点,把这个新创建的结点连到当前栈的栈顶即可。所以链栈是无法处理栈满的情况的,是根据需要申请空间存放结点,当然是在有可用的空间的前提下。

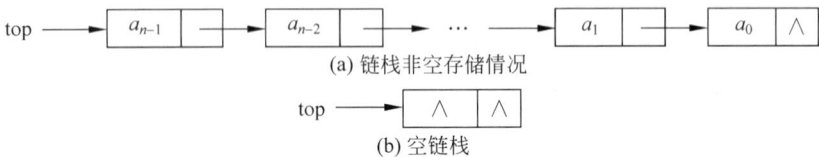

(a) 链栈非空存储情况

(b) 空链栈

图 3-4　栈的链式存储结构

1. 链栈的结点类

链栈的结点中含有两个域,一个是数据域,另一个是指针域。与单链表类似,数据域存放该结点的数据元素,指针域存放指向下一个结点的 next 指针。链栈的结点类如下。

```java
public class LinkStNode {
    public Object data;
    public LinkStNode next;
    public LinkStNode() {}
    public LinkStNode(Object data) {
        this.data=data;
    }
}
```

```
        public LinkStNode(Object data, LinkStNode next) {
            this.data=data;
            this.next=next;
        }
    }
```

2. 链栈类

建立链栈类 LinkStack 实现栈类 Stack 接口,先定义一个私有的 top 结点,此结点类似于单链表的 head 结点。因为栈的操作只能在栈顶进行,所以定义一个 top 指针就够用了,不再需要尾指针。

```
public class LinkStack implements Stack {
    private LinkStNode top;
    private Object data;
    public boolean StackEmpty() {                    //判断一个栈是否为空
        return top==null;
    }
    public void Clear() {                            //清除栈中全部元素
        top=null;
    }
    public int getSize() {                           //求栈中数据元素个数
        LinkStNode p=top;int size=0;
        while(p!=null) {
            p=p.next;
            size++;
        }
        return size;
    }
    public Object Top() {                            //返回栈顶元素
        if(!StackEmpty())
            return top.data;
        else
            return null;
    }

    public void Push(Object e) throws Exception{     //在栈顶插入元素 e(入栈)
        LinkStNode p=new LinkStNode(e);
        p.next=top;
        top=p;

    }
    public void Pop() throws Exception {             //从栈中删除栈顶元素(出栈)
        if(StackEmpty())
            {throw new Exception("栈是空栈");
            }
        else
            {top=top.next;
            System.out.println("出栈操作成功! ");
            }
    }
    public void display() {                          //输出栈
        LinkStNode p=top;
        while(p!=null) {
            System.out.print(p.data+" ");
```

```
            p=p.next;
        }
    }
}
```

3. 实现链栈的基本操作

1）链栈的入栈

链栈的入栈操作是指将新的数据元素 e 所在结点连接到链栈中。由于栈操作只能在栈顶进行,所以把 p 结点连接到当前的 top 指针所指结点即可。具体操作可以分为以下三步。

（1）给新数据元素建立新结点 p,LinkStNode p＝new LinkStNode(e)。

（2）新数据元素结点 p 的 next 指针指向当前 top 所指结点,即 p. next＝top。

（3）移动 top 指针,使其指向 p 结点。

【算法 3.5】 链栈的入栈。

```
public void Push(Object e) throws Exception{        //在栈顶插入元素 e(入栈)
        LinkStNode p＝new LinkStNode(e);
        p. next＝top;
        top＝p;
    }
```

2）链栈的出栈

链栈的出栈是指将栈顶结点从栈中移出。若栈是空栈则抛出异常,显示"栈是空栈"提示信息;若栈不是空栈,则将栈顶结点移出,top 指针移到下一个结点位,显示"出栈操作成功"。

【算法 3.6】 链栈的出栈。

```
public void Pop() throws Exception {        //从栈中删除栈顶元素(出栈)
        if(StackEmpty())                //栈空
            {throw new Exception("栈是空栈");
            }
        else                            //栈满
            {top＝top.next;              //top 指针后移
            System.out.println("出栈操作成功! ");
            }
    }
```

3）求链栈的元素个数

栈只能在栈顶进行操作,所以求链栈的元素个数需要从栈顶开始移动指针挨个点数直到栈底。具体步骤如下。

（1）定义一个 p 结点使其指向栈顶,即 LinkStNode p＝top。

（2）定义整型变量 size,并赋初值为 0,用来计数。

（3）size 加 1,p 指针后移。

（4）循环操作(3),直到 p 移动到指向栈底下一位置,即指向空。

【算法 3.7】 求链栈的元素个数。

```
public int getSize() {        //求栈中数据元素个数
        LinkStNode p＝top;int size＝0;
        while(p!＝null) {
                size++;
```

```
                p=p.next;
        }
        return size;
}
```

4）链栈的输出

链栈的输出操作步骤如下。

（1）定义一个 p 结点使其指向栈顶，即 LinkStNode $p=$top。

（2）输出 p 结点的数据元素，然后移动 p 指针。

（3）只要 p 没有到达栈底的下一个位置，即 $p!=$null，一直循环步骤（2）。

【算法 3.8】 链栈的输出。

```
public void display() {        //输出栈
        LinkStNode p=top;
        while(p!=null) {
            System.out.print(p.data+" ");
            p=p.next;
        }
}
```

【例 3.2】 链栈的测试。

【程序实现】

```
public class Example3_2 {
    public static void main(String[] args) throws Exception{
        LinkStack lin=new LinkStack();
        lin.Push("a");
        lin.Push("b");
        lin.Push("c");
        lin.Push("d");
        System.out.print("输出栈中各元素为(从栈顶到栈底)：");
        lin.display();                //打印栈中元素(栈底到栈顶)
        System.out.println(" ");
        System.out.println("栈的元素个数："+lin.getSize());
        System.out.println("输出栈顶元素："+lin.Top());        //返回栈顶元素
        lin.Pop();                //从栈中删除栈顶元素(出栈)
        System.out.println("再次输出栈顶元素："+lin.Top()); //返回栈顶元素
        System.out.print("重新输出栈中各元素为(从栈顶到栈底)：");
        lin.display();                //重新打印栈中元素(栈底到栈顶)
        System.out.println(" ");
    }
}
```

运行结果如图 3-5 所示。

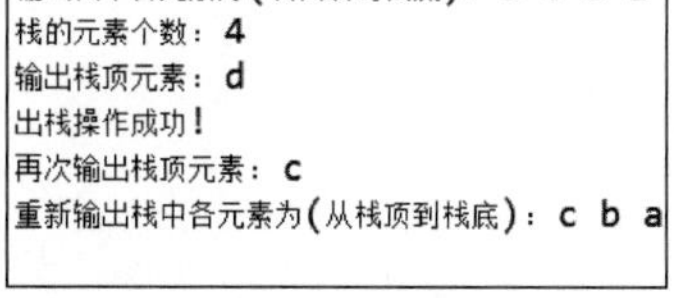

```
输出栈中各元素为(从栈顶到栈底)：d c b a
栈的元素个数：4
输出栈顶元素：d
出栈操作成功！
再次输出栈顶元素：c
重新输出栈中各元素为(从栈顶到栈底)：c b a
```

图 3-5　例 3.2 运行结果

3.2 栈 的 应 用

3.2.1 数制转换

数制转换可以通过辗转相除得到，例如，十进制数 2021 转换成相应的八进制数，用 2021 对 8 进行不断地求余运算，余数依次为 5,4,7,3，然后将其反序输出，就可以得到 2021 的八进制数是 3745。

【例 3.3】 将十进制数转换成相应的八进制数。

【程序实现】

```java
public class Example3_3 {
    public static void main(String[] args) throws Exception {
        LinkStack lin＝new LinkStack();
        Scanner sc＝new Scanner(System.in);
        System.out.print("请输入十进制数 x＝");
        System.out.println(" ");
        int x＝sc.nextInt();
        while(x＞0) {
            lin.Push(x%8);
            x＝x/8;
        }
        System.out.print("输出八进制数：");
        lin.display();
    }
}
```

运行结果如图 3-6 所示。

```
请输入十进制数X=
2021
输出八进制数：3 7 4 5
```

图 3-6 例 3.3 运行结果

3.2.2 栈在括号匹配问题中的应用

括号包括花括号"{"和"}"、方括号"["和"]"、圆括号"("和")"。括号匹配是指括号要成对出现且可以任意相互嵌套。成对出现就是指有左括号就必须有相应的右括号，有右括号也必须要有相应的左括号。下面是一些正确使用括号的例子。

```
i＝[c－(a+b)] * d;
k＝f－{2+[(a+b) * c－d]－5};
while(p!＝null){p=p.next;q=q+1;}.
```

下面是一些不正确使用括号的例子：

```
s＝c－(a+b) * d)－5;                        //右括号多余
if(stackempty(p=q())                        //左括号多余
while(p!＝2 * (a－b]){p=p.next;q=q+1;}       //左右括号不匹配
```

【例 3.4】 给出一段 Java 语句，判断此语句中的括号是否匹配。

【程序实现】

```
public class Example3_4 {                                    //符号匹配
    //判断左分隔符 str1 和右分隔符 str2 是否匹配
    public boolean matches(char str1, char str2) {
        if((str1=='('&&str2==')')||(str1=='['&&str2==']')||(str1=='{'&&str2
=='}'))//匹配
            return true;
        else//不匹配
            return false;
    }


    public boolean isRight(String str) throws Exception {
        SqStack Sq=new SqStack(100);                         //新建最大存储空间为 100 的顺序栈
        int length =str.length();                           //字符串长度
        for(int i =0; i < length;i++) {
            char c =str.charAt(i);                          //指定索引处的 char 值
            if (c=='('||c=='['||c=='{')                     //c 是左括号
                Sq.Push(c);                                 //压入栈
            else if(c==')'||c==']'||c=='}')   //c 是右括号
                {if (Sq.StackEmpty())
                    { System.out.println("缺少左括号(");return false;}
                else if (matches((char)Sq.Top(), c))
                    { Sq.Pop();}
                else
                    {System.out.println("左右括号不匹配");return false; }
                }
            else                                            //c 是其他字符
                continue;
        }
        if (Sq.StackEmpty())                                //栈中存在没有匹配的字符
            return true;
        else
            {System.out.println("缺少右括号)");return false; }
    }


    public static void main(String[] args) throws Exception {
        Example3_4 e =new Example3_4();
        System.out.println("请输入 Java 语句:");
        Scanner sc =new Scanner(System.in);
        String ss=sc.nextLine(); //输入的 Java 语句需要括号是英文状态的括号才能匹配
        System.out.println(e.isRight(ss));                  //输出
    }
}
```

运行结果如图 3-7 所示。

```
请输入Java语句:
3+(5-2
缺少右括号)
false
```

图 3-7　例 3.4 运行结果

3.2.3 汉诺塔问题

汉诺塔问题是源于印度一个古老传说的益智游戏。传说中大梵天创造世界的时候做了三根金刚石柱子,在第一根柱子上从下往上按照大小顺序摆着 64 片黄金圆盘。大梵天命令婆罗门把圆盘从下面开始按大小顺序重新摆放在另一根柱子上。并且规定,在小圆盘上不能放大圆盘,在三根柱子之间一次只能移动一个圆盘。

如图 3-8 所示,从左到右有 A、B、C 三根柱子,其中,A 柱子上面有从小叠到大的 n 个圆盘,现要求将 A 柱子上的圆盘移到 C 柱子上去,其间只有一个原则:一次只能移动一个盘子且大盘子不能在小盘子上面,求移动的步骤和移动的次数。其中,圆盘子自上而下编号为 $1,2,\cdots,n$。

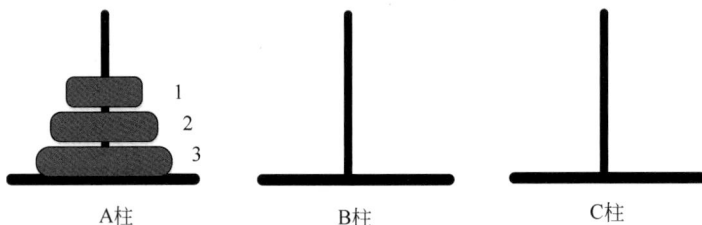

图 3-8　汉诺塔

当 $n=1$ 时,只需要移动 1 次,即直接从 A 柱移动到 C 柱。

当 $n=2$ 时,上面只有 1 号和 2 号两个圆盘,需要移动 3 次。先把 1 号盘从 A 柱移动到 B 柱,再把 2 号盘从 A 柱移动到 C 柱,最后把 1 号盘从 B 柱移动到 C 柱。

当 $n=3$ 时,需要移动 7 次,移动的具体情况如图 3-9 所示。

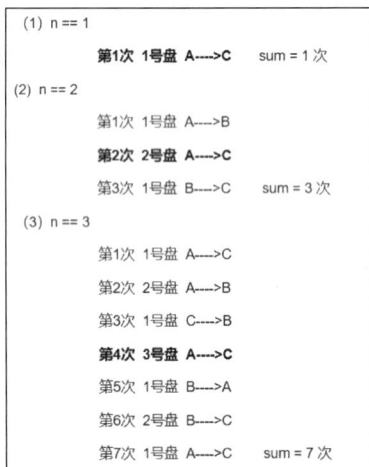

图 3-9　$n=3$ 时汉诺塔问题移动次数

【例 3.5】　汉诺塔问题-递归算法。

【程序实现】

```java
public class Example3_5 {
    private int s = 0;                          //全局变量,对搬动计数
    //将塔座 a 上圆盘按规则移到塔座 c 上,b 作为辅助塔座
```

```java
public void hanoiRecursion(int n, char a, char b, char c) {
    if (n ==1) {
        move(a, 1, c);                    //将最上面(编号为1)的圆盘从 a 移到 c
else {
        hanoiRecursion(n - 1, a, c, b);//将 a 上编号为 1~n-1 的圆盘移到 b,c 作辅助塔
        move(a, n, c);                    //将编号为 n 的圆盘从 a 移到 c
        hanoiRecursion(n - 1, b, a, c);//将 b 上编号为 1~n-1 的圆盘移到 c,a 作辅助塔
        }
    }

    //移动操作,将编号为 n 的圆盘从 a 移到 c
    public void move(char a, int n, char c) {
        System.out.println("第"+ ++s +"次移动:把 "+n+"号圆盘从"+a+"柱->移动到
"+c+"柱");
    }

    public static void main(String[] args) {
        Example3_5 x =new Example3_5();
        System.out.println("--------汉诺塔问题--------");
        x.hanoiRecursion(3, 'a', 'b', 'c');    //对于圆盘数量为 3 时进行移动
    }
}
```

运行结果如图 3-10 所示。

```
--------汉诺塔问题--------
第1次移动: 把1号圆盘从a柱->移动到c柱
第2次移动: 把2号圆盘从a柱->移动到b柱
第3次移动: 把1号圆盘从c柱->移动到b柱
第4次移动: 把3号圆盘从a柱->移动到c柱
第5次移动: 把1号圆盘从b柱->移动到a柱
第6次移动: 把2号圆盘从b柱->移动到c柱
第7次移动: 把1号圆盘从a柱->移动到c柱
```

图 3-10　例 3.5 运行结果

3.3　队　　列

3.3.1　队列的基本概念

队列是一种特殊的线性表,与栈类似,队列的数据元素的插入、删除操作也有限制,限定在表的一端只能插入,另一端只能删除。

队列的基本操作如下。

(1) queueEmpty():判断一个队列是否为空。返回值是布尔型,若为空,则返回 1;否则返回 0。

(2) clear():清除队列中全部元素。

(3) getSize():求队列中数据元素个数。

(4) frontElem():取队首元素。

(5) inQueue(Object e):入队,返回值是布尔型,若入队成功,则返回 1;否则返回 0。

(6) outQueue() throws Exception:出队,返回值是出队元素。

(7) display():输出。

队列基本操作的接口描述如下。

```
public interface Queue {
    public boolean queueEmpty();  //判断一个队列是否为空。若为空,则返回1,否则返回0
    public void clear();                          //清除队列中全部元素
    public int getSize();                         //求队列中数据元素个数
    public Object frontElem();                    //取队首元素
    public void inQueue(Object e) throws Exception;   //入队
    public Object outQueue();                     //出队
    public void display();                        //输出
}
```

3.3.2 队列的顺序存储

1. 顺序队列

顺序队列就是采用顺序存储方式存储队列数据元素的队列。由于队列的操作在队尾与队首进行,设置两个变量指向队首和队尾位置。front 变量指向队首数据元素所在位置,rear 变量指向队尾数据元素所在位置的下一位置。顺序存储采用数组形式存储,数组下标从 0 开始计数,队列中数据元素个数可以用 rear-front 表示。入队时,front 代表队首位置,所以值不变;rear 代表队尾的下一位置,每入队一个数据元素,值增加 1。出队时,rear值不变;每出队一个数据元素,front 值增加 1。

图 3-11 展示了一队列采用顺序存储方式,从空队列开始,数据元素依次入队、出队、入队的情况。具体过程分析如下。

(1) 初始化队列,令 front=rear=0。此时,队列为空队列,如图 3-11(a)所示。

(2) 让数据元素 a、b、c、d 依次入队。有 4 个数据元素入队,rear 值增加 4,此时 rear=4,front 值不变,如图 3-11(b)所示。

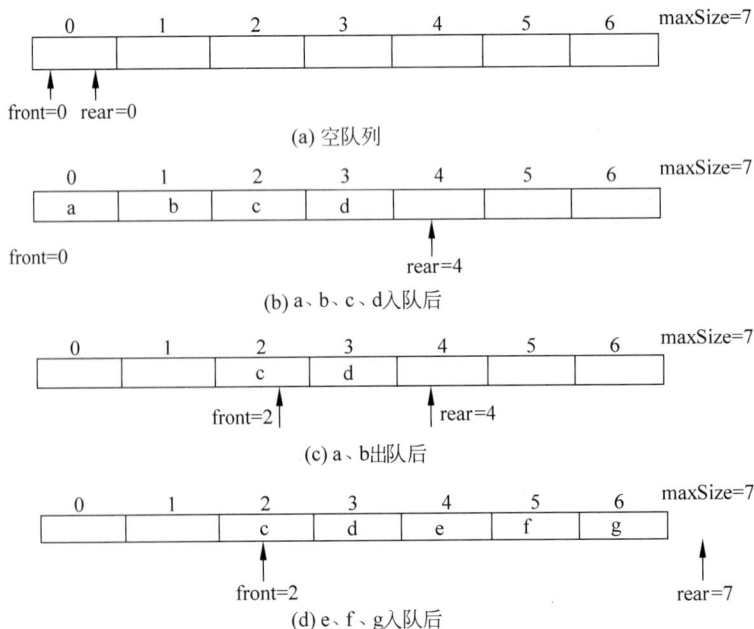

(a) 空队列

(b) a、b、c、d 入队后

(c) a、b 出队后

(d) e、f、g 入队后

图 3-11 顺序队列

（3）再让数据元素 a、b 依次出队。此时，front 值增加 2，front＝2，rear 值不变，rear＝4，如图 3-11(c)所示。

（4）再让数据元素 e、f、g 入队。又有 3 个数据元素入队，rear 值增加 3，此时 rear＝7，front 值不变，front＝2，如图 3-11(d)所示。

如果还有数据元素 h 没有入队，需要入队，h 应该存放于 rear＝7 的位置，但是这时已经越界，超出了顺序存储的最大存储空间 maxSize，引起了"溢出"现象，使人误以为存储空间已满，实际上在顺序队列的前面还有两个空间可以存储数据元素。因此，把这种溢出现象称为假溢出。要解决这种假溢出现象，就需要把顺序队列的存储空间看成一个能够首尾相连的循环队列。当 rear 值到达表尾后，再增加 1 时，自动跳到 0 位置，如图 3-11(d)所示，e、f、g 入队后，rear 不再指向 7 位置，而是指向 0 位置，即 rear＝0。

2．循环顺序队列

循环顺序队列是将顺序队列看成一个逻辑上首尾相连的队列。这里以实际例子来具体说明循环顺序队列的不同状态。循环顺序队列的最大可存储空间为 maxSize，假设 maxSize＝7，那么队列的变化情况及其不同状态展示如图 3-12 所示。

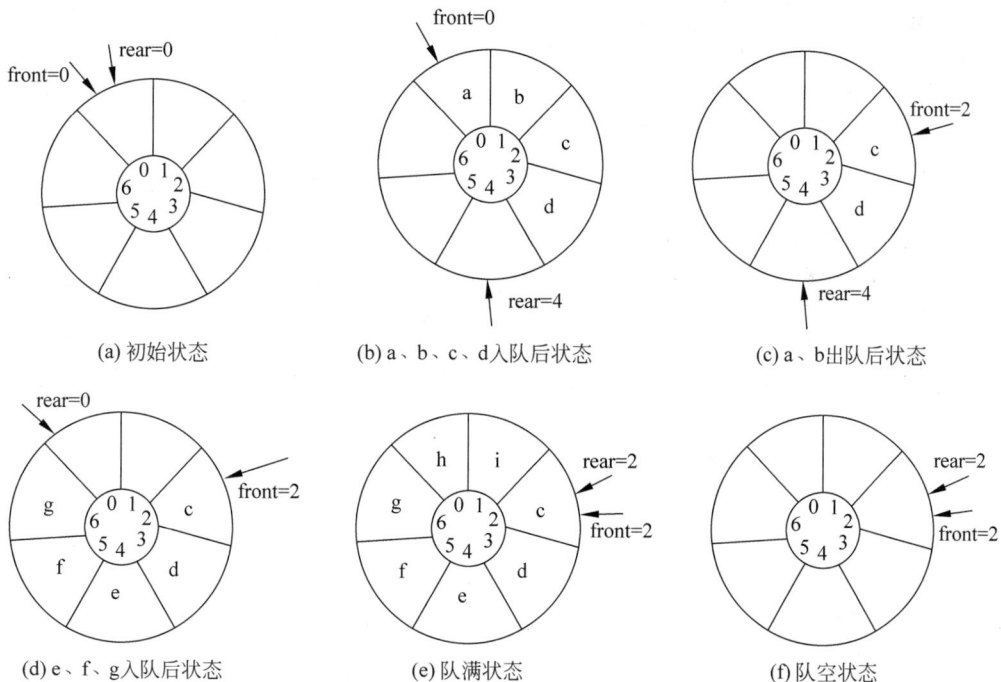

图 3-12　循环队列变化及其不同状态

（1）队列的初始状态为空队列，如图 3-12(a)所示。

（2）数据元素 a、b、c、d 依次入队，分别存储在 0、1、2、3 位置，此时 front＝0，rear 值随着入队的数据元素个数改变，每次加 1，变为 4，如图 3-12(b)所示。

（3）数据元素 a、b 依次出队，0、1 位置空置，没有数据元素，front 值随着改变，变为 2，如图 3-12(c)所示。

（4）数据元素 e、f 入队，当 rear 值随着改变，从原来的 4 每次加 1，变为 5，再变到 6。数据元素 g 入队，rear 值从 6 位置跳到下一位置，是 0 位置，所以此时 rear＝0，front 值不变，如图 3-12(d)所示。

(5) 数据元素 h,i 入队后,此时 rear＝2,front＝2,如图 3-12(e)所示。

(6) 所有数据元素依次出队,rear 值不变,rear＝2,front 值随着数据元素出队发生变化,由原来的 2 变为 3、4、5、6,再循环回到 0、1、2,即 front＝2,此时 front＝rear＝2,如图 3-12(f)所示。

图 3-12(e)为队满状态、图 3-12(f)为队空状态,当队列是队满状态时 front＝rear＝2,当队列是队空状态时,front 与 rear 值还是 2,这表示不能仅根据 front 与 rear 值是否相等来判断队列是队满状态还是队空状态。如何判断队列的队满与队空状态,有几种解决方法,本书采用增加一个标识变量的方式来解决。设标识变量 flag 的初始值为 0,每一次入队成功,flag 值置为 1;每一次出队成功,flag 值置为 0。这时判断队列队满状态的条件是 front＝rear && flag＝1;判断队列队空状态的条件是 front＝rear && flag＝0。

下面分析循环队列的基本操作算法。

1) 循环顺序队列入队操作

入队操作是将新的数据元素插到队尾,使其变为新的队尾,分为两步实现。当队列是队满状态时,输出异常。当队列不是队满状态时,将新数据元素值 e 插到队尾 rear 位置,然后 rear 值后移一位,若 rear 值已经指向存储空间的末尾位置,则循环移动到存储空间的 0 位,即 rear＝(rear ＋ 1) % queueSpace.length。

【算法 3.9】 循环顺序队列入队操作。

```
public void inQueue(Object e) throws Exception {
            if (queueFull())                              //队列满
            throw new Exception("队列已满");              //输出异常
            else {                                        //队列未满
                queueSpace[rear] ＝e;                     //e 赋给队尾元素
                rear ＝(rear ＋ 1) % queueSpace.length;   //修改队尾指针
                flag＝1;
            }
}
```

2) 循环顺序队列出队操作

循环顺序队列出队操作是将队首元素从队列中移出,此元素不再是队列中的数据元素,将 front 下移一位,使用 front＝(front ＋ 1) % queueSpace.length 语句,循环顺序队列出队操作如算法 3.10 所示。

【算法 3.10】 循环顺序队列出队操作。

```
public Object outQueue() {
            if (queueEmpty())                             //队列为空
                return null;
            else {
                Object x ＝queueSpace[front];             //取出队首元素
                front ＝(front ＋ 1) % queueSpace.length; //更改队首的位置
                flag＝0;
                return x;                                 //返回队首元素
            }
}
```

3) 循环顺序队列输出数据元素

【算法 3.11】 循环顺序队列输出数据元素操作。

```java
public void display() {
        System.out.print("从队首到队尾队列数据元素分别为:");
        if (queueEmpty())
            System.out.print("此队列为空");
        else if(queueFull()) {//队满
            for (int i =0; i＜queueSpace.length; i＋＋)//输出队列中所有数据元素
                System.out.print(queueSpace[i].toString() + " ");
        }
        else//队列非满非空状态
            for (int i =front; i!=rear; i=(i + 1) ％ queueSpace.length)
                    //从队首到队尾输出数据元素
                System.out.print(queueSpace[i].toString() + " ");

        System.out.println("");
}
```

4）求循环顺序队列数据元素个数

【算法 3.12】 求循环顺序队列数据元素个数操作。

```java
public int getSize() {
        if(rear－front＞0)
            return rear－front ;
        else
            return (rear－front ＋queueSpace.length);
}
```

3. 循环顺序队列类

```java
public class SqQueue implements Queue {
        private Object[] queueSpace;                    //队列存储空间
        int maxSize;
        private int front;                              //队首元素位置
        private int rear;                               //队尾元素的下一个位置
        private int flag;
        //顺序循环队列类的构造函数

        public SqQueue(int maxSize) {
            front =rear =0;                             //队首、队尾初始化为 0
            queueSpace =new Object[maxSize];            //为队列分配 maxSize 个存储单元
            flag=0;
        }

        //将一个已经存在的队列置成空
        public void clear() {
            front =rear =0;
            flag=0;
        }

        //测试队列是否为空
        public boolean queueEmpty() {
            return front ==rear&&flag==0;
        }
        //测试队列是否为满
        public boolean queueFull() {
            return front==rear&&flag==1;
```

```
    }
    public int getSize() {                              //求队列中的数据元素个数
        ...
    }
    public void inQueue(Object e) throws Exception {    //入队
        ...
    }
    //返回队首元素,如果此队列为空,则返回 null
    public Object frontElem() {
        if (queueEmpty())                               //队列为空
            return null;
        else
            return queueSpace[front];                   //返回队首元素
    }

    public Object outQueue() {                          //出队操作
        ...
    }

    public void display() {                             //输出队列
        System.out.print("从队首到队尾队列数据元素分别为:");
        if (queueEmpty())
            System.out.print("此队列为空");
        else if(queueFull()) {                          //队满
            for (int i =0; i < queueSpace.length; i++)  //输出队列中所有数据元素
                System.out.print(queueSpace[i].toString() + " ");
        }
        else                                            //队列非满非空状态
            for (int i =front; i != rear; i =(i + 1) % queueSpace.length)
                    //从队首到队尾输出数据元素
                System.out.print(queueSpace[i].toString() + " ");

        System.out.println("");
    }
}
```

3.3.3 链队列

由于队列的插入、删除操作只允许在队首位置插入,队尾位置删除,因此在进行队列的链式存储时可以采用不带头结点的单链表来实现。在实现时一般设置两个指针,一个指针是 front 指针,指向队首元素结点;另一个是队尾 rear 指针,指向队尾元素结点,如图 3-13 所示。

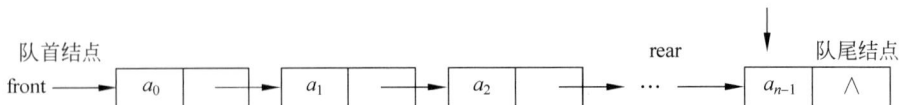

图 3-13 非循环链队列

1. 链队列的基本操作

1) 链队列入队操作

链队列入队操作算法如算法 3.13 所示,具体步骤如下。

（1）将待入队的数据元素 e 进行初始化，生成新的结点 p，程序语句为：LinkStNode $p=$ new LinkStNode(e)。

（2）如果队列非空，队尾指针指向 p，然后队尾指针移动到 p 结点位置；如果队列为空，则队首、队尾指针都指向 p 结点。

【算法 3.13】 链队列入队操作。

```
public void inQueue(Object e) {
        LinkStNode p = new LinkStNode(e);          //初始化新入队的结点
        if (front != null) {                       //队列非空
            rear.next=p;                           //队尾指针指向 p
            rear = p;                              //队尾指针移动到 p
        } else                                     //队列为空
            front = rear = p;                      //队首队尾指针相等
}
```

2）链队列出队操作

如果队列为空，则返回空值；如果队列非空，则按以下步骤进行操作，具体如算法 3.14 所示。

（1）定义 p 结点，且使 p 结点指向队首结点，即 LinkStNode $p=$ front。

（2）如果队首结点也是队尾结点，即 p 指向的也是队尾结点，则队尾指针为空。

（3）front 指针后移，即 front=front. next。

（4）返回 p 的数据域，即 return p. data。

【算法 3.14】 链队列出队操作。

```
public Object outQueue() {
        if (front != null) {                       //队列非空
            LinkStNode p = front;                  //定义 p 结点，且指向队首结点
            if (p == rear)                         //被删的结点是队尾结点
                rear=null;                         //rear 值为空
            front = front.next;                    //front 后移
            return p.data;                         //返回队首结点数据
        } else                                     //队列空
            return null;                           //返回空
}
```

3）取队首元素操作

如果队列为空，则返回空值；如果队列非空，输出队首元素 front. data，具体如算法 3.15 所示。

【算法 3.15】 取队首元素。

```
public Object frontElem() {
        if (front != null)                         //队列非空
            return front.data;                     //返回队首结点数据元素
        else                                       //队列为空
            return null;                           //返回空
}
```

4）求队列数据元素个数操作

求队列数据元素个数操作的算法如算法 3.16 所示，具体步骤如下。

（1）定义 p 结点，且使 p 结点指向队首结点，即 LinkStNode $p=$ front。

（2）定义变量 size 且赋初值为 0。

（3）只有 p 非空,则 p 指针后移,size 自增。

（4）返回 size 值。

【算法 3.16】 求队列数据元素个数算法。

```
public int getSize() {
        LinkStNode p = front;                    //p 指向队首结点 front
        int size = 0;                            //对变量 size 赋初值为 0
        while (p != null) {                      //循环查找,一直查找到队尾
            p = p.next;                          //p 后移
            ++size;                              //长度增 1
        }
        return size;
}
```

2. 链队列类描述

```
public class LinkQueue implements Queue{
        private LinkStNode front;                 //队首指针
        private LinkStNode rear;                  //队尾指针
        //链队列类的无参构造函数
        public LinkQueue() {
            front = rear = null;
        }
        //将一个已经存在的队列置成空队列
        public void clear() {
            front = rear = null;
        }
        //判断一个队列是否为空
        public boolean queueEmpty() {
            return front == null;
        }
        //求队列中的数据元素个数
        public int getSize() {
            LinkStNode p = front;                 //p 指向队首结点 front
            int size = 0;                         //对变量 size 赋初值为 0
            while (p != null) {                   //循环查找,一直查找到队尾
                p = p.next;                       //p 后移
                ++size;                           //长度增 1
            }
            return size;
        }
        //入队操作
        public void inQueue(Object e) {
            LinkStNode p = new LinkStNode(e);     //初始化新入队的结点
            if (front != null) {                  //队列非空
                rear.next = p;                    //队尾指针指向 p
                rear = p;                         //队尾指针移动到 p
            } else                                //队列为空
                front = rear = p;                 //队首队尾指针相等
        }
        public Object frontElem() {               //取队首元素
            if (front != null)                    //队列非空
                return front.data;                //返回队列元素
```

```
            else                                      //队列为空
                return null;                          //返回空
        }
        public Object outQueue() {                    //出队操作
            if (front !=null) {                       //队列非空
                LinkStNode p =front;                  //定义 p 结点,且指向队列首结点
                if (p==rear)                          //被删的结点是队尾结点
                    rear=null;                        //rear 值为空
                front =front.next;                    //front 后移
                return p.data;                        //返回队首结点数据
            } else                                    //队列空
                return null;                          //返回空
        }
        //输出函数,输出所有队列中的元素(从队首到队尾)
        public void display() {
            if (!queueEmpty()) {                      //队列非空
                LinkStNode p =front;                  //定义 p 结点,且指向队列首结点
                while (p !=rear.next) {               //从队首到队尾
                    System.out.print(p.data.toString() + " ");
                    p =p.next;                        //p 后移
                }
            } else {                                  //队列空
                System.out.println("此队列为空");
            }
        }
    }
```

3.4   队列的应用

3.4.1   回文判定

回文是汉语中的一种回文语法,即把相同的词汇或句子,在文中调换位置或颠倒过来,产生首尾回环的情况,也叫作回环。

判定字符串是否是回文的基本思想就是从左至右读字符串和从右至左读字符串是一样的。例如,ABCDCBA 是回文,ABCEBA 不是回文。如何判断字符串是否是回文? 这里使用队列和栈的特性来设计算法。由于队列是先进先出,栈是先进后出,只需要将字符串中的字符依次存放在一个队列和一个栈内,然后出队和出栈,依次比较出队和出栈字符是否相等,若全部都相等,则字符串是回文,否则不是回文。

【例 3.6】   从键盘输入任意字符串,判断字符串是否是回文。
【程序实现】

```
import java.util.Scanner;
public class Example3_6 {
    public static boolean paCheck(String str) throws Exception{
        int n=str.length();                           //字符串 str 的长度
        SqStack Sq=new SqStack(1000);                 //建立一个顺序栈
        SqQueue SQ=new SqQueue(1000);                 //建立一个顺序队列
        for(int i=0;i<n;i++) {
            Sq.Push(str.charAt(i));                   //字符串第 i 个字符入栈
```

```
            SQ.inQueue(str.charAt(i));            //字符串第 i 个字符入队
        }
        while (!Sq.StackEmpty()&&!SQ.queueEmpty()) {//栈 Sq 非空并且队列 SQ 非空时,依
                                                    //次判断栈顶与队元素是否相等
            if( Sq.Top()!=SQ.frontElem()) //栈顶与队首元素不相等
            {return false;}
            Sq.Pop();                              //栈顶元素出栈
            SQ.outQueue();                         //队首元素出队
        }
        return true;
    }
    public static void main(String[] args)throws Exception {
        System.out.println("请输入字符串:");
        Scanner sc = new Scanner(System.in);
        String ss= sc.next();
        if(Example3_6.paCheck(ss))
            System.out.println(ss+"是回文");
        else
            System.out.println(ss+"不是回文");
    }
}
```

运行结果如图 3-14 所示。

```
请输入字符串:
abcdcba
abcdcba是回文
```

图 3-14　例 3.6 运行结果

3.4.2　打印杨辉三角

杨辉三角是形如图 3-15 所示的有规律排列的数字。它实际上就是牛顿二项式的系数。除第一、第二行外,其他行数字的特点是,除第一个和最后一个数字是 1 之外,其余各数字都是上一行中位于其左、右方的两个数之和。

```
              1
            1   1
          1   2   1
        1   3   3   1
      1   4   6   4   1
    1   5   10   10   5   1
              ......
```

图 3-15　杨辉三角

【例 3.7】　从键盘输入杨辉三角的行数,输出杨辉三角。

【程序实现】

```
import java.util.Scanner;
public class Example3_7 {
    public static void YangHuiTriangle(int n) {
        LinkQueue q=new LinkQueue();               //建立链队列 q
        q.inQueue(1);                              //1 入队
        for(int rowIndex=2;rowIndex<=n+1;rowIndex++) {  //从对 2 行开始循环操作
         q.inQueue(1);                              //每行的第一个数字 1,入队
```

```
            for(int j=1;j<rowIndex-1;j++) {              //用第 rowIndex-1 行计算第 rowIndex 的值
                System.out.printf("%4d",q.frontElem());    //输出队首
                int x=(int)q.outQueue();                    //队首出队并把值赋给 x
                x=x+(int)q.frontElem();                     //x 等于原队首加上现在队首的值
                q.inQueue(x);                               //x 入队
            }
            System.out.printf("%4d",q.outQueue());
            System.out.println("");                         //换行
            q.inQueue(1);                                   //每行的最后一个数字 1,入队
        }
        while (!q.queueEmpty()) {
            System.out.printf("%4d",q.outQueue());
        }
    }

    public static void main(String[] args) {
        System.out.println("请输入杨辉三角的行数:");      //输出
        Scanner sc =new Scanner(System.in);
        int row= sc.nextInt();
        YangHuiTriangle(row);
    }
}
```

习　　题

一、选择题

1. 栈是一种特殊的线性表,其特殊性体现在其插入和删除操作都限制在栈顶进行。因此,栈具有(　　)特点。

    A. 先进后出   B. 先进先出   C. 后进后出   D. 没有限制

2. 若将数据元素 a、b、c、d 依次进栈,则不可能得到的出栈序列是(　　)。

    A. a、b、c、d B. d、c、b、a C. d、c、a、b D. a、d、c、b

3. 在链栈中,进行出栈操作时(　　)。

    A. 需要判断栈是否满   B. 需要判断栈是否为空

    C. 需要判断栈元素的类型   D. 无须对栈做任何判定

4. 队列中数据元素具有(　　)特点。

    A. 先进先出   B. 先进后出   C. 后进先出   D. 没有限制

5. 一个队列元素的进队顺序为 1234,则其出队顺序是(　　)。

    A. 1234   B. 4321   C. 3124   D. 4123

6. 向一个栈顶指针为 top 的非空链栈插入一个结点 s,则插入的程序语句是(　　)。

    A. top. next=s,top=s B. s. next=top,top=s

    C. top. next=s,s. next=top   D. top. next=s

7. 一个顺序栈的栈顶指针为 top,则它的判空条件是(　　)。

    A. top=MaxSize   B. top=MaxSize-1

    C. top=-1   D. top=0

8. 一个顺序队列(非循环)的队尾指针为 rear,队首指针为 front,则它的判空条件是(　　)。

    A. front=rear=null   B. front=null

    C. rear＝null   D. front＝rear＝－1

9. 假设一个非空链队列(非循环)的队尾指针为 rear,队首指针为 front,在队列中插入一个结点 s,则插入的程序语句是(　　　)。

    A. rear.next＝s,rear＝s B. front.next＝s,s＝front

    C. rear.next＝s,s.next＝rear   D. front.next＝s

10. 一个循环顺序队列的队尾指针为 rear,队首指针为 front,采用增加一个标识变量的方式来解决区分循环队列的判空和判满,则它的判空条件是(　　　),判满条件是(　　　)。

    A. front＝rear＝null   B. front＝rear && flag＝0

    C. front＝rear && flag＝1   D. (front＋1)％MaxSize＝＝rear

二、填空题

1. 若用大小为 6 的数组来实现循环队列,且当前 front 和 rear 的值分别为 0 和 4,当从队列中删除两个元素,再加一个元素后,front 和 rear 的值分别为_____和_____。

2. 引入循环队列的目的是防止_____现象。

3. 顺序队列在插入数据元素时必须先进行_____判断,删除元素时必须先进行_____判断;而在链队列的插入操作时无须进行队列是否为满的判断,只要在删除元素时先进行_____判断。

4. 循环顺序队列的 rear 指针后移一位对应的 Java 语句是_____。

5. 链队列的数据元素 e 入队,生成新的结点 p 的 Java 程序语句是_____。

6. 链队列进行判空的 Java 程序语句是_____。

三、判断题

1. 队列中数据元素具有后进后出的特点。(　　　)

2. 栈共有三个数据元素,分别是 a、b、c,假设进栈顺序是 abc,则最先出栈的数据元素一定是 a。(　　　)

3. 队列是一种特殊的线性表。(　　　)

4. 循环队列在插入数据元素时必须先进行判空操作。(　　　)

5. 顺序队列在删除数据元素时必须先进行判空操作。(　　　)

6. 数据元素 b,c,d 依次入队,则出队顺序也是 b,c,d。(　　　)

7. 栈只有一个出入口,即栈的出口与入口相同。(　　　)

8. 栈和队列都可以采用链式存储方式存储数据元素。(　　　)

四、算法设计题

1. 设计一个算法,使用一个整数栈把数组中的所有数据元素逆置过来,并进行测试。

2. 设计一个程序,利用一个栈模拟汽车停车场,停车场只有一个出口,未入场汽车在外排队等候。

3. 假设采用少用一个元素空间的方法解决循环顺序队列的判满和判空问题,试着编写入队操作和出队操作函数。

4. 约瑟夫问题:设有 n 个人站成一圈,其编号为 1～n,编号由入圈的顺序决定,第一个入圈的人编号为 1,最后一个为 n,从第 1 个人开始报数,数到 m($1 \leqslant m \leqslant N$)的人将出圈,然后下一个人继续从 1 开始报数,直至所有人全部出圈,求依次出圈的编号。请采用循环队列的方法解决约瑟夫问题。

第4章 串

串是人们生活中最常见的数据结构,它是由若干字符组成的有限序列,是字符串的简称。大部分软件系统都会频繁使用串,它的应用非常广泛。串也是一种线性结构,和线性表不同的是,串的操作特点是一次操作若干数据元素,即一次操作一个字符串。

本章学习目标:

(1) 掌握串的相关概念及其操作。

(2) 熟悉串的顺序存储结构和链式存储结构。

(3) 熟悉 Brute-Force 模式匹配算法。

(4) 熟悉 KMP 字符串模式匹配算法。

(5) 掌握并会使用 String 字符串的方法。

4.1 串类型的基本概念

4.1.1 串的基本定义

串(也称字符串)是由零个或多个字符组成的有限序列,一般记为 $s = "c_1, c_2, \cdots, c_n"$,其中,$s$ 为串名,n 为**串的长度**,双引号括起来的字符序列是串值。字符 $c_i (0 < i \leqslant n)$ 是一个任意的字符,可以是字母、数字、标点符号等屏幕可显示的任意字符,它是串的数据元素,是构成串的基本单位。按照串的定义,它的特殊性在于每个数据元素是一个字符,所以,数据元素的类型一定是字符型,不能是其他类型。

长度为 0 的串为**空串**,即不包含任何字符的串,表示为 $s = ""$。由一个或多个空白字符组成的串称为**空白串**(也称空格串),如 $s = " "$(含一个空格),它的长度是 1。注意空串和空白串不同,空串的长度为零,空白串的长度为所包含空格数目。在统计字符串的长度时需要包含其中的空格,如字符串 $s = "st\ ing"$,s 的长度为 6。

一个串中任意连续字符组成的子序列称为该串的**子串**。例如,$s = "abc"$,"a","ab","bc","abc"都是它的子串。包含子串的串称为该子串的**主串**。例如,串 $s = "student"$,$t = "stu"$,串 t 为 s 的子串,s 为 t 的主串。注意:空串是任意串的子串,任意串是其自身的子串。

子串在主串中的位置是指子串在主串中首次出现时第一个字符在主串中的位序号值。例如,主串 $s = "abcaca"$,子串 $t = "ca"$,子串 t 在 s 中出现了两次,子串 t 在主串 s 中的位置是 2。字符在串中的位置是指字符在串中第一次出现时的位序号。例如,串 $s_1 = "student"$,字符 t 在串 s_1 中的位序号是 1。两个**串相等**是指串长度相等并且各个位序号的字符对应相等。

4.1.2 串的抽象数据类型

根据上面串的定义,串的抽象数据类型描述如下。

ADT String{
数据对象:$D = \{s_i \,|\, 0 \leqslant i \leqslant n-1, n \geqslant 0, s_i$ 为 char 类型$\}$
数据关系:$R = \{r \,|\, r$ 表示 s_i 是 s_{i+1} 的前驱$\}$
基本运算:
int length( ):返回字符串的长度。
char charAt(int index):返回串中序号为 index 的字符。
String substring(int begin, int end):返回串中字符序号从 begin 至 end−1 的子串。
String insert(int k, String str):在当前串的第 k 个字符之前插入串 str。
String delete(int begin, int end):删除当前串中从序号 begin 开始到序号 end−1 为止的子串。
String concat(String str):添加指定串 str 到当前串尾。
int compareTo(String str):将当前串与目标串 str 进行比较,若当前串大于 str,则返回一个正整数;若当前串等于 str,则返回 0;若当前串小于 str,则返回一个负整数。
int indexOf(String str, int start):若当前串中存在和 str 相同的子串,则返回模式串 str 在主串中从第 start 字符开始的第一次出现位置;否则返回−1。
}

4.2 串的存储结构与定义

串的逻辑结构和线性表极为相似,区别仅在于串的数据对象约束为字符集。串的基本操作和线性表有很大差别:在线性表的基本操作中,大多以"单个元素"作为操作对象;在串的基本操作中,通常以"串的整体"作为操作对象。

4.2.1 串的顺序存储结构

串的顺序存储结构与线性表的顺序存储结构类似,将串中的字符依次存放到一组地址连续的存储单元里,采用顺序存储进行存储的串称为顺序串。用字符数组 data 存储串,用 datalen 表示字符数组中字符的个数。为了方便,data 数组的容量空间设置为 MaxSize。如图 4-1 所示为一个串的顺序存储,用字符数组存储串,数组名为 data,数组容量空间 MaxSize 是 12,该数组中存放字符串"He is tall",此串的实际长度是 10,实际长度包含空格。

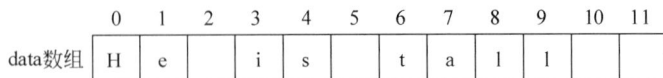

	0	1	2	3	4	5	6	7	8	9	10	11
data数组	H	e		i	s		t	a	l	l		

图 4-1　串的顺序存储

假设顺序串类的类名为 SeqString,容量空间初始值设置为 100,私有变量 data 存放顺序串值,datalen 表示字符数组中字符的个数,即为串的长度。在类中设置三个构造方法,构造方法 1,构造了一个空串;构造方法 2,以字符串常量构造串对象;构造方法 3,以字符数组构造串对象。顺序串的类型描述如下。

```
public class SeqString {
    final int MaxSize=100;
    private char[] data;            //存放串值
    private int datalen;            //存放串的长度
```

```
//构造方法 1,构造一个空串
public SeqString() {
    data = new char[0];
    datalen = 0;
}
//构造方法 2,以字符串常量构造串对象
public SeqString(String str) {
if (str != null) {
char[] tempchararray = str.toCharArray();
data = tempchararray;
datalen = tempchararray.length;
}
}
//构造方法 3,以字符数组构造串对象
public SeqString(char[] data, int datalen) {
    this.data = data;
    this.datalen = datalen;
}
...//其他方法
}
```

【算法 4.1】 返回字符串中序号为 index 的字符。

```
public char charAt(int index) {
        if ((index < 0) || (index >= datalen))
        throw new StringIndexOutOfBoundsException(index);
        return data[index];
}
```

【算法 4.2】 将字符串中序号为 index 的字符设置为 h。

```
public void setCharAt(int index, char h) {
    if ((index < 0) || (index >= datalen))
      throw new StringIndexOutOfBoundsException(index);
    data[index] = h;
    }
```

【算法 4.3】 求子串:返回串中序号从 begin 至 end−1 的子串。

```
public String substring(int begin, int end) {
    if (begin < 0||end > datalen)
        throw new StringIndexOutOfBoundsException("子串的起始位置或结束位置错误");
    if (begin > end)
        throw new StringIndexOutOfBoundsException("子串的开始位置不能大于结束位置");
    else {
        char[] newdata = new char[end−begin];
        for (int i = 0; i < newdata.length; i++) //复制子串
            newdata[i] = this.data[i + begin];
    return new String(newdata);
    }
}
```

【算法 4.4】 在当前串的第 k 个字符之前插入串 str,$0 \leqslant k \leqslant$ datalen。

```
public String insert(int k, String str) {
        if ((k < 0) || (k > datalen)) {
            throw new StringIndexOutOfBoundsException("插入位置不合法");
```

```
        }
    int len = str.length();
    int newlen = datalen + len;
    char newdata[] = new char[newlen];
    for (int i = datalen - 1; i >= k; i--) {
        newdata[len + i] = data[i];              //从 k 开始向后移动 len 个字符
        }
    for (int i = 0; i < len; i++)                //复制字符串 str
        {
        newdata[k + i] = str.charAt(i);
        }
    for (int i = 0; i < k; i++)                  //复制字符串 str
        {
        newdata[i] = data[i];
        }
    return new String(newdata);
    }
```

【算法 4.5】 删除从 begin 到 end-1 的子串，$0 \leqslant begin \leqslant length()-1, 1 \leqslant end \leqslant length()$。

```
public String delete(int begin, int end) {
    if ((begin < 0) || (end > datalen)) {
        throw new StringIndexOutOfBoundsException("删除位置不合法");
        }
    int newlen = datalen - (end - begin)+1;
    char newdata[] = new char[newlen];
    for (int i = 0; i < begin; i++) //
        newdata[i] = data[i];
    for (int i = begin; i < newlen-1; i++) //
        newdata[i] = data[begin+i];
    //当前串长度减去 end-begin
    return new String(newdata);
    }
```

【算法 4.6】 添加指定串 str 到当前串尾。

```
public String concat(String str) {
    return insert(datalen, str);
    }
```

【算法 4.7】 比较两个串的大小。

```
public void compareTo(SeqString str) { //比较串
        int len1 = datalen;
        int len2 = str.datalen;
        int n = Math.min(len1, len2);
        char s1[] = data;
        char s2[] = str.data;
        int k = 0;
        while (k < n) {
            char ch1 = s1[k];
            char ch2 = s2[k];
            if (ch1 != ch2) {
                System.out.println("第一个不相等字符的数值差为:"+(ch1-ch2)); //返回第一个
                                                            //不相等字符的数值差
            break;
```

```
            }
            k++;
        } if(k==n&&len1==len2)
            System.out.println("字符串相等");
        if(len1!=len2)
            System.out.println("字符串长度相差:"+(len1-len2)); //返回两个字符串长度的数
                                                              //值差
}
```

【例 4.1】 使用字符数组 $a=\{'1','2','3','4','5'\}$ 建立顺序串 m,或者直接使用字符串建立顺序串 t,对 length( )方法、charAt( )方法、substring( )方法、insert( )方法、delete( )方法等进行测试。

程序代码如下。

```
public class SeqStringTest {
    public static void main(String[] args) {
        char a[]={'1','2','3','4','5'};
        SeqString m=new SeqString(a,5);
        System.out.println(m.length());
        System.out.println(m.charAt(2));
        m.setCharAt(2, 'a');
        System.out.println(m.charAt(2));
        System.out.println(m.substring(2, 4));
        System.out.println();

        SeqString s=new SeqString("abcd");
        System.out.println(s.insert(1, "kkk"));
        SeqString t=new SeqString("012345678");
        System.out.println(t.delete(3, 6));

        SeqString s1=new SeqString("brcde");
        SeqString s2=new SeqString("abcde");
        s1.compareTo(s2);
    }
}
```

运行结果如图 4-2 所示。

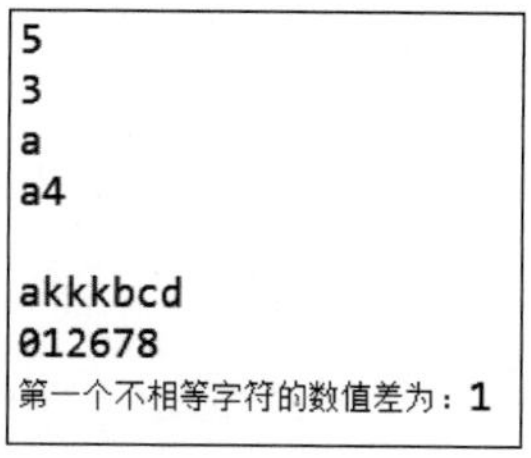

```
5
3
a
a4

akkkbcd
012678
第一个不相等字符的数值差为:1
```

图 4-2　例 4.1 运行结果

4.2.2　串的链式存储结构

串的链式存储结构和线性表的链式存储结构类似,可以采用单链表来存储串值,串的这种链式存储结构称为链串。假设现有字符串"student",可以采用结点大小为 1 的链式存储结构,也可以采用结点大小为 3 的链式存储结构,如图 4-3 和图 4-4 所示。

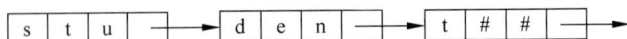

图 4-3　结点大小为 3 的链式存储

图 4-4　结点大小为 1 的链式存储

结点大小越大,则存储密度越大,但是,当链串的结点大小大于 1 的时候,在进行插入、删除等操作时,会引起大量字符的移动,方便起见,本章规定链串的结点大小都为 1。

下面是链串的结点类描述。

```
public class LinkNode {
    char cdata;                      //定义数据域为字符变量 cdata
    LinkNode next;                   //指向下一个结点的指针
    public LinkNode()                //无参构造方法
    { next=null;
    }
    public LinkNode(char ch)         //有参构造方法
    {   cdata=ch;
        next=null;
    }
}
```

链串类描述如下。

```
public class LinkString {
    LinkNode head;
    int len;                         //串的长度
    public LinkString()              //构造方法
    {   head=new LinkNode();         //建立头结点
        len=0;
    }
        …//此处是链串的其他方法
}
```

【算法 4.8】 创建一个串。

```
public void creatString(char [] c)                //创建一个串
{
        LinkNode q=head,p;                         //q 始终指向 head
        for (int i=0;i<c.length;i++)               //循环
        {p=new LinkNode(c[i]);                     //建立字符结点
            q.next=p;                              //将 p 结点连接到当前结点尾部
            q=p;                                   //当前结点下移一位,指到 p 结点位
            len++;
        }
        q.next=null;                               //将尾结点的 next 域置空
}
```

【算法 4.9】 取位序号为 i 的字符。

```
public char get(int i)            //取位序号 i 的字符
{
        if (i<0 || i>len−1)
            System.out.println("此为空串。");
```

```
        LinkNode p=head;            //p 指向 head
        int j=-1;
        while (j<i)                 //遍历
        {
            j++;
            p=p.next;
        }
        return p.cdata;
}
```

【算法 4.10】 求链串的串连接。

```
public LinkString concat(LinkString t)              //串连接
{
        LinkString s=new LinkString();              //新建一个空串
        LinkNode p=head.next,q,r;
        r=s.head;
        while (p!=null)                             //当 p 非空时
        {q=new LinkNode(p.cdata);                   //建立新结点 q
            r.next=q;                               //将 q 结点插到尾部
            r=q;                                    //r 后移
            p=p.next;
        }
        p=t.head.next;
        while (p!=null)                             //将链串 t 的所有结点复制到 s
        {q=new LinkNode(p.cdata);
            r.next=q; r=q;                          //将 q 结点插到尾部
            p=p.next;
        }
        s.len=len+t.len;
        r.next=null;                                //尾结点的 next 置为空
        return s;                                   //返回新串 s
}
```

【算法 4.11】 求链串的子串。

```
public LinkString subStr(int i,int j)               //求子串
{
        LinkString s=new LinkString();              //新建一个空串
        LinkNode p=head.next,q,t;                   //p 为当前串的首结点
        t=s.head;                                   //t 指向新建链表的尾结点
        if (i<0 || i>=len || j<0 || i+j>len)
            return s;                               //参数不正确时返回空串
        for (int k=0;k<i;k++)                       //让 p 循环移动直到移到 i 位
            p=p.next;
        for (int k=i;k<=j;k++)                      //循环建立新链表 s
        {
            t.next=p;                               //将 s 的尾结点 t 指向 p
            p=p.next;
            t=t.next;
        }
        t.next=null;                                //尾结点的 next 置为空
        return s;                                   //返回新建的链串 s
}
```

【算法 4.12】 链串的插入算法。

```java
public LinkString insert(int i,LinkString t)          //串插入
{
        LinkString s=new LinkString();                //新建一个空串 s
        if (i<0 || i>len)                             //参数不正确
        { System.out.println("插入位置错误");
                }
        LinkNode p=head.next;                         //p 指向当前串的首结点
        LinkNode p1=t.head.next;                       //p1 指向待插入串 t 的首结点
        LinkNode q,r;
        r=s.head;                                     //r 指向新建串 s 的头结点
        for (int k=0; k<i; k++)                       //将当前串插入位置前 i 个结点复制到串 s
        {
            r.next=p;                                 //r 代表尾结点,将 r 指向 p 结点
            p=p.next;
            r=r.next;
        }
        while (p1!=null)                              //将 t 中所有结点连接到串 s
        {
            r.next=p1;                                //将 r 结点连接到 p1
            p1=p1.next;                               //p1 指针后移一位
            r=r.next;
        }
        while (p!=null)                               //将 p 及其后的结点连接到 s
        {
            r.next=p;                                 //将 r 结点指向 p
            p=p.next;
            r=r.next;
        }
        s.len=len+t.len;
        r.next=null;                                  //尾结点的 next 置为空
        return s;
}
```

【算法 4.13】 链串的删除算法。

```java
public LinkString delete(int i,int j)                 //串删除
{
        LinkString s=new LinkString();                //新建一个空串
        if (i<0 || i>len || i+j>len)                  //参数不正确时返回空串
            return s;
        LinkNode p=head.next,q,t;                      //p 指向当前串的首结点
        t=s.head;                                     //t 指向新建链串 s 的头结点
        for (int k=0; k<i;k++)                        //将当前串的前 i 个结点连接到 s
        {
            t.next=p;                                 //将尾结点 t 指向 p
            p=p.next;                                 //p 后移一位
            t=t.next;                                 //t 后移一位
        }
        for (int k=i; k<=j;k++)                       //当前串 p 指针后移,直到 j 位
        {
            p=p.next;
        }
        for (int k=j+1; k<len;k++)                    //将当前串的 j+1 开始的结点连接到 s 串
        {
            t.next=p;                                 //将尾结点 t 指向 p
```

```
            p=p.next;                        //p 后移一位
            t=t.next;                        //t 后移一位
        }
        t.next=null;                         //尾结点的 next 置为空
        return s;                            //返回新建的链串
    }
```

【例 4.2】 使用字符数组 c1={'s','t','u','d','e','n','t'},c2={'1','6','8'}建立两个子链串 s1、s2,把 s2 连接到 s1 后面,再测试插入、删除算法以及求子串算法。

【程序代码】

```java
public class LinkStringTest {
    public static void main(String[] args) {
        char [] c1={'s','t','u','d','e','n','t'};
        char [] c2={'1','6','8'};
        LinkString s1=new LinkString();
        LinkString s2=new LinkString();
        s1.creatString(c1);
        s2.creatString(c2);
        System.out.println("请输出串 s1:"+s1.toString());
        System.out.println("串 s1 的长度:"+s1.len);
        System.out.println("请输出串 s2:"+s2.toString());
        System.out.println("串 s2 的长度:"+s2.len);
        System.out.println("s1 中的位序号为 2 的字符:"+s1.get(2));

        LinkString s3=s1.concat(s2);
        System.out.println("s2 连接到 s1 后面,得到串 s3: "+s3.toString());

        LinkString s4=s1.subStr(2,4);
        System.out.println("取 s1 的 2~4 位字符,得到子串 s4: "+s4.toString());

        LinkString s5;
        System.out.print("字符串 s4 插入 s2 中,得到新串 s5:");
        s5=s2.insert(2,s4);
        System.out.println(s5.toString());

        char [] c3={'m','y','b','o','o','k'};
        LinkString s6=new LinkString();
        s6.creatString(c3);
        System.out.println("请输出串 s10:"+s6.toString());
        LinkString s7;
        System.out.print("在字符串 s10 中删除 2~4 的字符,得到新串 s7:");
        s7=s6.delete(2,4);
        System.out.println(s7.toString());
    }
}
```

4.3　Java 字符串

4.3.1　String 字符串

Java 中的 String 字符串类在 java.lang 命名空间中,平时可以直接使用。String 类还包

第 4 章

串

含多个方法,可以用于查找单个字符、提取子串、比较字符串大小、进行字符串大小写转换等。下面介绍几种 String 类的方法。

1. compareTo()方法

compareTo(String str)方法的参数为目标字符串,返回值为整数。此方法是按字典顺序将当前串与目标串 str 进行比较,若:

(1)当前串>str,则返回值>0。

(2)当前串=str,则返回值=0。

(3)当前串<str,则返回值<0。

【例 4.3】 Java 中的 String()字符串的 compareTo()方法应用。

```java
public class StringTest01 {
    public static void main(String[] args) {
        String s="abcd";
        int i1=s.compareTo("abc");
        int i2=s.compareTo("abcd");
        int i3=s.compareTo("abcdef");
        System.out.println(s+"与 abc 的比较结果为"+i1);
        System.out.println(s+"与 abcd 的比较结果为"+i2);
        System.out.println(s+"与 abcdef 的比较结果为"+i3);
    }
}
```

```
abcd与abc的比较结果为1
abcd与abcd的比较结果为0
abcd与abcdef的比较结果为-2
```

图 4-5　例 4.3 运行结果

例 4.3 运行结果如图 4-5 所示。

2. concat()方法

concat(String str)方法的参数为目标字符串,返回值也是字符串,此方法是将目标字符串 str 连接到当前串的结尾,返回连接后的整个字符串。

3. charAt()方法

char charAt(int i)方法为求指定索引位置的字符,返回值为一个字符,参数为位序号。

4. indexOf(char c)方法

indexOf()方法为返回指定字符在当前字符串中第一次出现的位序号。

【例 4.4】 Java 中的 String 字符串的 concat()方法、charAt()方法、indexOf(char c)方法的应用。

```java
public class StringTest02 {
    public static void main(String[] args) {
        String s="abed";
        String str="efe";
        System.out.println("连接后的整个字符串为:"+s.concat(str));
        System.out.println("指定位置的字符为:"+s.charAt(3));
        System.out.println("指定字符的位序号为:"+s.indexOf('e'));
    }
}
```

运行结果如图 4-6 所示。

5. indexOf(String str)方法

求指定字符串在当前串中的起始位置,返回值数据类型

```
连接后的整个字符串为: abedefe
指定位置的字符为: d
指定字符的位序号为: 2
```

图 4-6　例 4.4 运行结果

为整型,参数为字符串。

6. equals(String str)方法

判断字符串 str 与当前串是否相等。若相等,则返回值为 TRUE;若不相等,则返回值为 FALSE。参数为指定字符串,返回值为布尔型。

7. startsWith()方法和 endsWith()方法

startsWith()方法用来判断当前字符串是否以指定的字符串开始;endsWith()方法是判断当前字符串是否以指定的字符串结束。

8. toLowerCase()方法和 toUpperCase()方法

toLowerCase()方法是将当前字符串中的所有字符转为小写;toUpperCase()方法是将当前字符串中的所有字符转为大写。

【例 4.5】 Java 中的 String 字符串的 indexOf(String str)方法、equals(String str)方法、startsWith()方法、endsWith()方法、toLowerCase()方法、toUpperCase()方法的应用。

```
public class Test3 {
    public static void main(String[] args) {
        String s="abedcedf";
        String t="ed";
        System.out.println("1.查找子串 t 在主串的起始位置是:"+s.indexOf(t));
        System.out.println("2.串 t 与串 s 是否相等:"+t.equals(s));
        System.out.println("3.串 t 与串"ed"是否相等:"+t.equals("ed"));
        System.out.println("4.串 s 以字符串 ed 开始:"+s.startsWith("ed"));
        System.out.println("5.串 s 以字符串 ab 开始:"+s.startsWith("ab"));
        System.out.println("6.串 s 以字符串 a 结束:"+s.endsWith("a"));
        System.out.println("7.串 s 以字符串 df 结束:"+s.endsWith("df"));
        System.out.println("8.将串 s 转为大写:"+s.toUpperCase());
    }
}
```

运行结果如图 4-7 所示。

```
1.查找子串t在主串的起始位置是:2
2.串t与串s是否相等:false
3.串t与串"ed"是否相等:true
4.串s以字符串ed开始:false
5.串s以字符串ab开始:true
6.串s以字符串a结束:false
7.串s以字符串df结束:true
8.将串s转为大写:ABEDCEDF
```

图 4-7 例 4.5 运行结果

4.3.2 StringBuffer 字符串

String 是字符串常量,创建之后不能改变其值,而 StringBuffer 字符串是支持可变的字符串,StringBuffer 字符串是对对象本身进行操作,不生成新的对象。StringBuffer 类的常用方法如下。

1. delete(int start,int end)方法

delete(int start,int end)方法是删除字符串中的子串,从 start 位开始删除 end−start 个字符,返回值为删除后的字符串。假设字符串为"abcdefg",则 delete(2,4)后的结果是"abefg"。

2. insert(int *k*, String str)方法

insert(int *k*,String str)方法是从序号位为 *k* 的位置开始插入字符串 str,返回插入后的字符串。

3. replace(int start,int end,String str)方法

replace(int start,int end,String str)方法是用字符串 str 代替字符串的从 start 位开始到 end 位前结束的子字符串。假设字符串 *s*="abcdefg",则 replace(2,4,"8888")后的结果是"ab8888efg"。

4. reverse( )方法

reverse()方法是将字符串以倒序方式输出。

5. append( )方法

append()方法能够将指定的字符串 *t* 添加到当前字符串 *s* 的末尾。

【例 4.6】 StringBuffer 字符串常用方法的应用。

```
public class StringBufferTest {
    public static void main(String[] args) {
        //StringBuffer st="abcdefg";错误定义
        StringBuffer st=new StringBuffer("abcdefg");
        System.out.println("当前字符串为:"+st);
        System.out.println("删除串中从第 2 位开始到第 4 位前结束的子字符串,\n 删除后为:"+
st.delete(2,4));
        System.out.println("从第 2 字符开始插入字符串 mn,插入后为:"+st.insert(2,"mn"));
        System.out.println("用 xy 代替从第 2 位开始到第 4 位前结束的子字符串,\n 代替后为:
"+st.replace(2,4,"xy"));
        System.out.println("字符串倒序输出:"+st.reverse());
    }
}
```

运行结果如图 4-8 所示。

```
当前字符串为：abcdefg
删除串中从第2位开始到第4位前结束的子字符串，
删除后为：abefg
从第2字符开始插入字符串mn，插入后为：abmnefg
用xy代替从第2位开始到第4位前结束的子字符串，
代替后为：abxyefg
字符串倒序输出：gfeyxba
```

图 4-8 例 4.6 运行结果

4.4 字符串模式匹配算法

字符串模式匹配是常见的算法之一,在实际生活中有较高的使用频率,也是计算机科学中最古老、研究最广泛的问题之一。设有两个字符串 *s* 和 *t*,在字符串 *s* 中找出与字符串 *t* 相等的所有子串,这就是**模式匹配**。字符串 *t* 称为**模式串**,字符串 *s* 称为**目标串**。字符串的模式匹配,也称子串的定位操作。若字符串 *t* 是字符串 *s* 的子串,则说明匹配成功,返回模式串在目标串中的起始位置的位序号。例如,

(1) 假设目标串 *s*="abcdef",模式串 *t*="cd",显然,串 *t* 是串 *s* 的子串,表示匹配成功,且返回的索引号为 2。

（2）假设目标串 $s=$"abcdef"，模式串 $t=$"ch"，显然，串 t 不是串 s 的子串，说明匹配失败，不返回任何值，显示匹配失败。

4.4.1　Brute-Force 模式匹配算法

串的朴素模式匹配算法也称为 **BF（Brute-Force）算法**，其基本思想是：从目标串的第一个字符起与模式串的第一个字符进行比较，若相等，则继续逐个字符进行比较；若不相等，则从目标串第二个字符起与模式串的第一个字符重新比较。以此类推，直到模式串中每个字符依次和目标串中的一个连续的字符序列相等为止，此时称为匹配成功。如果不能在目标串中找到与模式串相同的字符序列，则匹配失败。

BF 算法是最原始、最暴力的求解过程，但也是其他匹配算法的基础。假设目标串用 S 表示，模式串用 T 表示，用整型变量 i 遍历目标串，整型变量 j 遍历模式串。BF 算法描述如下。

（1）初始，$i=0$，从 S_0 和 T_0 开始逐个比较字符是否相同，若相同，继续比较下一个字符，直到遍历完模式串 T，表示匹配成功；若不同，则表示这趟匹配失败。若失败，i 需要从当前位置退回到第 1 位，等待下一趟的匹配，i 的退回位置为 $i-j+1$。

（2）第二趟匹配，$i=1$，$j=0$，目标串从第二个字符开始与模式串比较，即从 S_1 和 T_0 开始逐个比较字符是否相同。若相同，继续比较下一个字符，直到遍历完模式串 T，表示匹配成功；若不同，则表示这趟匹配失败。

（3）以此类推，继续下一趟匹配。如果 i 越界，都没有匹配成功，说明 T 不是目标串 S 的子串。

例如，设目标串 $S=$"cacancacna"，长度为 10；模式串 $T=$"cacn"，长度为 4，S_i 表示串 S 中的第 i 个字符，T_i 表示串 T 中的第 i 个字符，BF 算法的匹配过程如图 4-9 所示，基本思路及过程如下。

（1）第一趟匹配，$i=0$，$j=0$，从 S_0 和 T_0 开始逐个比较字符是否相同，S_0 和 T_0 相同，比较 S_1 和 T_1；S_1 和 T_1 相同，比较 S_2 和 T_2；S_2 和 T_2 相同，比较 S_3 和 T_3，S_3 和 T_3 不相同。第一趟匹配失败，修改 i、j 值，准备第二趟匹配。

（2）第二趟匹配，$i=1$，$j=0$，从 S_1 和 T_0 开始逐个比较字符是否相同，S_1 和 T_0 不相同，不用再比较后面的字符，此次匹配失败，修改 i、j 值，准备第三趟匹配。

（3）第三趟匹配，$i=2$，$j=0$，从 S_2 和 T_0 开始逐个比较字符是否相同，S_2 和 T_0 相同，继续比较 S_3 和 T_1；S_3 和 T_1 相同，继续比较 S_4 和 T_2；S_4 和 T_2 不相同，此次匹配失败，修改 i、j 值，准备第四趟匹配。

（4）第四趟匹配，$i=3$，$j=0$，从 S_3 和 T_0 开始逐个比较字符是否相同，S_3 和 T_0 不相同，不用再比较后面的字符，此次匹配失败，修改 i、j 值，准备第五趟匹配。

（5）第五趟匹配，$i=4$，$j=0$，从 S_4 和 T_0 开始逐个比较字符是否相同，S_4 和 T_0 不相同，不用再比较后面的字符，此次匹配失败，修改 i、j 值，准备第六趟匹配。

（6）第六趟匹配，$i=5$，$j=0$，从 S_5 和 T_0 开始逐个比较字符是否相同，S_5 和 T_0 相同，继续比较 S_6 和 T_2，若相同，继续下一对字符比较，遍历完模式串 T，对应字符都相同，匹配成功，返回本趟比较时 i 的初始值 5。匹配过程如图 4-9 所示。

Brute-Force 匹配算法的代码实现如下。

第 4 章

串

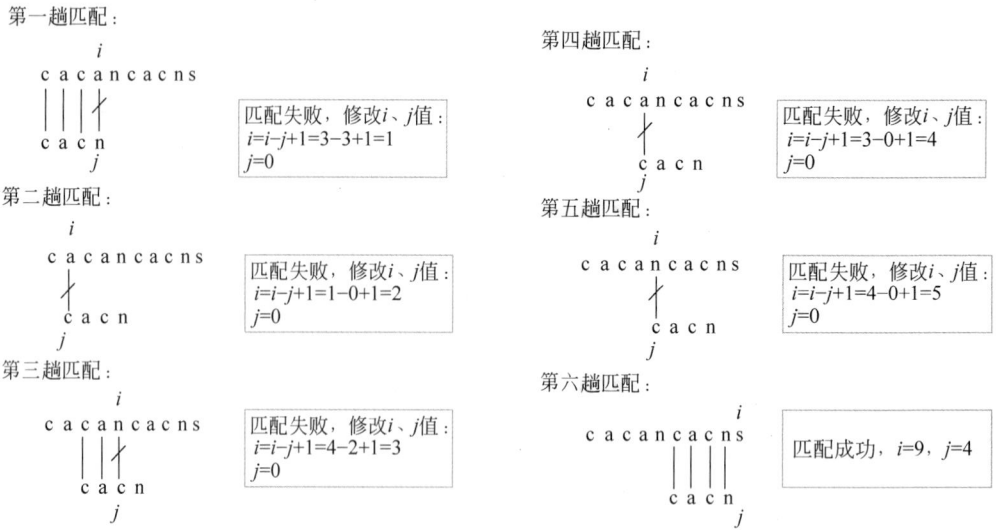

图 4-9　Brute-Force 匹配算法

```java
public int index_BF(SeqString t, int start) {
    if (this != null && t != null && t.length() > 0 && this.length() >= t.length()) {  //当主串
                                                                //比模式串长时进行比较
        int slen, tlen, i = start, j = 0;          //i表示主串中某个子串的序号
        slen = this.length();
        tlen = t.length();
        while ((i < slen) && (j < tlen)) {
            if (this.charAt(i) == t.charAt(j))  //j为模式串当前字符的下标
            {
                i++;
                j++;
            } //继续比较后续字符
            else {
                i = i - j + 1;                    //继续比较主串中的下一个子串
                j = 0;                            //模式串下标退回到0
            }
        }
        if (j >= t.length())                      //一次匹配结束,匹配成功
            return i - tlen;                      //返回子串序号
        else
            return -1;
    }
    return -1;                                    //匹配失败时返回-1
}
```

4.4.2　KMP 字符串模式匹配算法

　　KMP 模式匹配算法是一个效率非常高的字符串匹配算法,其全称是 Knuth-Morris-Pratt string searching algorithm,是由 D. E. Knuth、J. H. Morris 和 V. R. Pratt 三个人于 1977 年共同发表的。该算法相较于 Brute-Force 算法有比较大的改进,主要是消除了主串指针的回溯,从而使算法效率有了某种程度的提高。

　　KMP 算法主要是通过消除主串指针的回溯来提高匹配效率的,那么,它是怎样消除回溯的呢？接下来将进行分析。

对于模式串 t 的每个元素 t_j，都存在一个实数 k，使得模式串 t 开头的 k 个字符（t_0，$t_1,\cdots,t_{k-1}$）依次与 t_j 前面的 k（t_{j-k}，t_{j-k+1}，$\cdots$，t_{j-1}，这里第一个字符 t_{j-k} 最多从 t_1 开始，所以 $k<j$）个字符相同。如果这样的 k 有多个，则取最大的一个。模式串 t 中每个位置 j 的字符都有这种信息，采用 next 数组表示，即 $\text{next}[j]=\text{MAX}\{k\}$。

在学习 KMP 算法之前需要弄懂什么是字符串的前缀、后缀。字符串的前缀是指字符串中除了最后一个字符以外，其余字符的全部头部组合。字符串的后缀是指字符串中除了第一个字符以外，其余字符的全部尾部组合。注意：所有字符顺序不可改变。

例如，字符串 $S=\texttt{"stud"}$，它的前缀有 s，st，stu，它的后缀有 tud，ud，d。

相同前后缀是指字符串的前缀字符串和它的后缀字符串相等的字符串。假设最长相同前后缀为 M 串，则 $\text{next}[j]$ 的值为 M 串的长度。

例如，字符串 $S=\texttt{"abcdab"}$，它的前缀有 a，ab，abc，abcd，abcda，它的后缀有 bcdab，cdab，dab，ab，b。前后缀相同的有 ab。

KMP 算法是对传统 BF 算法的改进，怎么改进的呢？在 BF 算法中，每当主串与子串对应位置的字符匹配失败时，主串的位置指针就往前回溯，子串位置指针从头开始，然后重新匹配。实质上，每当匹配失败时可以得出以下两个结论。

（1）本趟匹配失败。

（2）当前匹配失败的字符之前的所有字符是匹配成功的。

BF 算法是每次退一个位，显然没有利用上面第二条结论的信息，所以效率低。而 KMP 算法充分利用了第二条结论的信息，从而避免一些明显不合法的移位，加快了匹配过程。

假设字符串 $T=\texttt{"abcdabd"}$，求 $\text{next}[6]$ 的过程是，$t_6=\texttt{'d'}$，它前面的串是 $S=\texttt{"abcdab"}$，S 的前后缀相同的有 ab，只有两个字符，所以 $\text{next}[6]=2$。

求模式串 T 的 next 数组公式如下。

$$\text{next}[j]=\begin{cases}-1, & j=0\\0, & \text{其他}\\\text{MAX}\{k\mid 0<k<j \text{ 且 } t_0t_1\cdots t_{k-1}=k_{j-k}k_{j-k+1}\cdots k_{j-1}\}, & M \text{ 串非空}\end{cases}$$

1. 模式串 T 的 next 数组代码实现

```java
public static int[] next(String t) {
    int[] next = new int[t.length()];
    next[0] = -1;                        //j=0,next[0]为-1
    next[1] = 0;                         //j=1,next[1]为 0
    int j = 2;                           //从 j=2 开始计算 next[j]数值
    int k = -1;
    while (j < t.length()-1) {           //从 j=2 开始逐次求解对应的 next[]值
        if (k==-1 || t.charAt(j) ==t.charAt(k)) {
            j++;k++;
            next[j] = k;
        }
        else k = next[k];
    }
    return next;
}
```

2. KMP 算法代码实现

```java
public static void kmp(String s, String t) {
    int[] next = next(t);                //调用 next(String t)方法
    int index = 0;                       //成功匹配的位置
    int len1 = s.length();               //主串长度
    int len2 = t.length();               //子串长度
    if (len1 < len2) {
        System.out.println("错误,主串长度小于子串长度。");
        return;
    }
    int i = 0;
    int j = 0;
    while (i < len1 && j < len2) {
        if (j == -1 || s.charAt(i) == t.charAt(j)) {  //如果 j = -1,或者当前字符匹配成功
            i++;
            j++;
        } else {                         //j != -1,且当前字符匹配失败
            j = next[j];
        }
    }
    if (j < len2) {                      //匹配失败
        System.out.println("匹配失败");
    } else {                             //匹配成功
        index = i - len2;
        System.out.println("匹配成功,匹配起始位:" + index);
    }
}
```

【例 4.7】 KMP 算法的测试。

```java
public static void main(String[] args) {
    Scanner scanner = new Scanner(System.in);
    System.out.println("请输入主串:");
    String S = scanner.nextLine();       //主串
    System.out.println("请输入模式串:");
    String T = scanner.nextLine();       //子串
    scanner.close();
    KMP.kmp(S, T);
}
```

运行结果如图 4-10 所示。

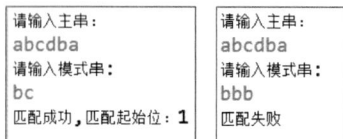

```
请输入主串:                 请输入主串:
abcdba                     abcdba
请输入模式串:               请输入模式串:
bc                         bbb
匹配成功,匹配起始位:1       匹配失败
```

图 4-10　KMP 算法测试结果

习　　题

一、选择题

1. 串是一种特殊的线性表,其特殊性体现在(　　)。

A. 可以是顺序存储   B. 数据元素是一个字符

C. 可以是链式存储   D. 数据元素可以是多个字符

2. 设有两个串 p 和 q,求 q 在 p 中首次出现的位置的运算称为(　　)。

   A. 连接   B. 模式匹配   C. 求子串   D. 求串长

3. 在下面的串中,(　　)是字符串"abc123de4"的子串。

   A. abcde   B. 1234   C. defg   D. 123d

4. 对于一个链串 s,查找第一个值为 x 的元素的算法的时间复杂度为(　　)。

   A. $O(1)$ B. $O(n)$ C. $O(n^2)$ D. 以上都不对

5. 设主串的长度为 m,模式串的长度为 n,则 BF 算法的时间复杂度为(　　)。

   A. $O(n)$ B. $O(m)$ C. $O(n+m)$ D. $O(n \times m)$

二、填空题

1. 由空格构成的串称为_____,长度为零的串称为_____。

2. 设有两个串 s 和 t,求 t 在 s 中首次出现的位置的运算称作_____。

3. 两个串相等则它们的长度_____,对应位置的字符也_____。

4. 已知串 $S=$'aaab',则 next 数组值为_____。

5. 串是一种特殊的线性表,其特殊性体现在_____。

6. 设主串的长度为 m,模式串的长度为 n,则 KMP 算法的时间复杂度为_____。

7. 对于一个顺序串 s,查找第 i 个元素最多比较次数为_____。

8. 对于一个顺序串 s,在位置 i 插入新元素,引起数据元素的移动次数为_____。

9. 对于一个链串 s,查找第 i 个元素的算法的时间复杂度为_____。

10. 对于一个链串 s,在位置 i 插入新元素,引起数据元素的移动次数为_____。

三、判断题

1. 空串是长度为零的串。(　　)

2. 串是一种特殊的线性表,其特殊性体现在可以顺序存储。(　　)

3. 对于一个链串 s,查找第一个值为 x 的元素的算法的时间复杂度为 $O(1)$。(　　)

4. 字符串"a168"是字符串"abc12351a68"的子串。(　　)

5. 空串是由空格构成的串。(　　)

6. 串长是指字符串中含非空格字符的数目(　　)。

7. 串的存储方式有顺序存储和链式存储。(　　)

四、算法设计题

1. 编写基于顺序串类的成员函数 count( ),统计当前字符串中的字母个数。可用测试字符串为"too-d * "。

2. 设计一个算法,计算链串中最小字符出现的次数。

3. 设计一个算法,在偶数位插入子串" cdf"。例如,原串为" 0123456",插入后为"01cdf23cdf45cdf6"。

第 5 章　　　　　　数　　　组

本章将学习数组、矩阵和广义表的相关概念。首先,本章将探讨数组的基本概念、存储方式以及 Java 语言中数组的特点,帮助读者建立对数组的深刻理解。随后,本章将详细介绍矩阵的定义和操作、特殊矩阵的压缩存储方法,以及如何高效地处理稀疏矩阵,从而在实际应用中优化存储空间。然后,本章将引入广义表,探讨其基本概念以及在计算机内存中的存储结构。最后,通过一系列具体的数组应用实例,巩固读者对数组概念的理解,并展示数组在实际问题中的应用。

本章学习目标:

(1) 了解广义表的概念和存储方式。

(2) 掌握数组的基本概念和抽象数据类型描述。

(3) 重点掌握数组的顺序存储方式和数组元素的存储地址表示。

(4) 重点掌握特殊矩阵的压缩存储方式。

5.1　数　组　概　述

5.1.1　数组的基本概念

数组是线性表的一种实现,它由相同类型的元素组成,按照一定的顺序排列在内存中。数组提供了对一组相关数据的有序访问和存储,每个元素都可以通过索引或下标来唯一标识。

数组包括元素、长度、索引等基本概念。数组中的每个数据项称为元素。元素可以是任何数据类型,如整数、浮点数、字符等。数组的长度指数组中包含的元素数量。它是数组的一个固定属性,一旦数组被声明,其大小通常不能改变。数组中的元素通过索引来访问,索引是一个非负整数,用于唯一标识数组中的元素。通常,第一个元素的索引是 0,第二个是 1,以此类推。图 5-1 通过一个例子描述了数组的基本概念。

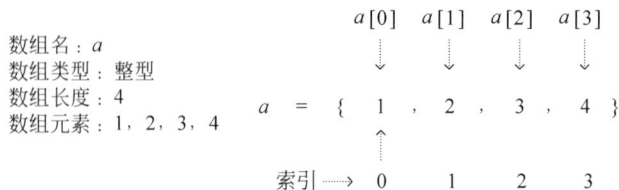

图 5-1　数组的基本概念

根据数组维度的不同,可以分为一维数组和多维数组(二维及以上)。一维数组的元素按照顺序排列,通过单一索引访问。二维数组的数组元素是一维数组,可以理解为"数组的数组"。二维数组包含行和列,每个元素由两个索引确定。例如,图 5-2 展示了一个简单的二维数组,其中,$a[0][1]$ 表示数组中第一行第二列的元素 2。

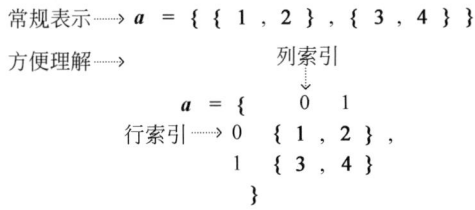

常规表示 ⟶ a = { { 1 , 2 } , { 3 , 4 } }

方便理解 ⟶   列索引
                                          ↓
                        a = {   0   1
              行索引 ⟶ 0   { 1 , 2 } ,
                              1   { 3 , 4 }
                        }

图 5-2 简单的二维数组

多维数组扩展了数组的概念,可以更灵活地表示复杂的数据结构,如立方体、多维表格等。

5.1.2 数组的存储

一维数组的元素在内存中是连续存储的,这使得通过索引高效访问数据,可以直接计算出元素的内存地址。假设数组 $a=\{1,2,3\}$ 的起始地址为 0x1000,并且整型占 4B,则它在内存中的存储方式如图 5-3 所示。

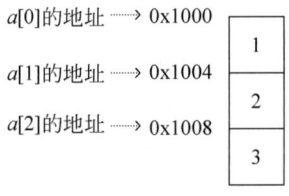

二维数组在内存中的存储方式与一维数组类似,它的顺序存储分为行优先和列优先两种方式。图 5-4 展示了一个二维数组 $a=\{\{1,2,3\},\{4,5,6\}\}$ 的行优先和列优先存储方式。在大多数编程语言中,二维数组的元素是按行存储的,即每一行的元素是连续存储的。

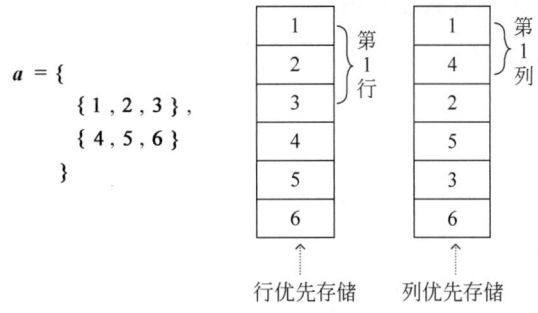

$a[0]$ 的地址 ⟶ 0x1000

$a[1]$ 的地址 ⟶ 0x1004

$a[2]$ 的地址 ⟶ 0x1008

a = {
  {1 , 2 , 3},
  {4 , 5 , 6}
}

图 5-3 一维数组的存储方式   图 5-4 二维数组的顺序存储方式

二维数组需要注意索引映射到内存地址的计算。对于 m 行 n 列的二维数组,假设数组起始地址为 $\mathrm{Loc}(a[0][0])$,每个数组元素占 c 字节,则数组元素 $a[i][j]$ 的地址分别如式(5.1)(行优先)和式(5.2)(列优先)所示。

$$\mathrm{Loc}(a[i][j]) = \mathrm{Loc}(a[0][0]) + (i \times n + j) \times c \tag{5.1}$$

$$\mathrm{Loc}(a[i][j]) = \mathrm{Loc}(a[0][0]) + (j \times m + i) \times c \tag{5.2}$$

在一些编程语言中,二维数组的大小可能在运行时确定,这时就需要采用动态存储方式。动态存储的关键在于使用指针和堆内存,以便在运行时分配所需的内存空间。作为了解,图 5-5 给出了二维数组的动态存储方式示意图。

三维及以上数组的存储方式请读者自行思考,尝试举一反三。

$$a = \{ \quad \{1, 2, 3\}, \quad \{4, 5, 6\} \quad \}$$

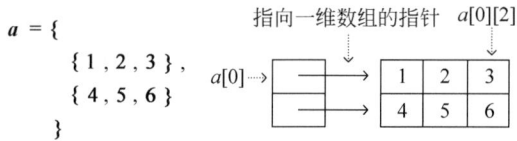

图 5-5　二维数组的动态存储方式

5.1.3　Java 语言的二维数组

在 Java 中,二维数组采用的是动态存储方式,它的每个元素都是一个一维数组。Java 不支持静态存储二维数组。

1. 二维数组的声明和使用方法

先声明,然后动态申请二维数组的存储空间的语句如下。

```
int array[][];                    //声明二维数组变量
array = new int[2][4];            //动态申请二维数组的存储空间
```

也可以在声明的同时赋值,例如:

```
int array[][] = {{1,2,3},{4,5,6}};    //声明的同时赋值
```

可使用 length 属性返回数组的长度,例如:

```
array.length                      //返回二维数组的长度
array[0].length                   //返回第一个一维数组的长度
```

2. 不规则的二维数组

在内存中,Java 的二维数组是按行主序存储的。这意味着每一行的元素在内存中是连续存储的,而不同行的元素可能在内存中不是紧邻的。这种存储方式有助于提高访问效率,特别是在对整行进行操作时。

创建一个只给定第一维数据的二维数组:

```
int[][] arr = new int[2][];
```

为每一行创建不同长度的数组:

```
arr[0] = new int[]{1,2,3};
arr[1] = new int[]{4,5};
```

该数组的存储方式如图 5-6 所示。

$$a = \{ \quad \{1, 2, 3\}, \quad \{4, 5\} \quad \}$$

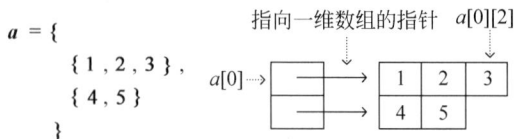

图 5-6　Java 中每行长度不同的二维数组

5.2　矩　　阵

5.2.1　矩阵的定义和操作

1. 矩阵的定义

矩阵是一个二维的数学结构,其中的数据以行和列的形式排列。通常,一个矩阵被表示

为一个矩形的数组,其中每个元素通过两个索引(行和列)来唯一标识。例如,一个 $m\times n$ 矩阵 A 可以表示为式(5.3):

$$A_{m\times n}=\begin{bmatrix} a_{11} & a_{12} & \cdots & a_{1n} \\ a_{21} & a_{22} & \cdots & a_{2n} \\ \vdots & \vdots & & \vdots \\ a_{m1} & a_{m2} & \cdots & a_{mn} \end{bmatrix} \tag{5.3}$$

矩阵中的每个数值被称为元素。在矩阵 A 中,a_{ij} 表示第 i 行第 j 列的元素。矩阵的行是水平方向的一组元素,而列是垂直方向的一组元素。一个矩阵的维度由其行数和列数确定。例如,一个 $m\times n$ 矩阵的维度为 m 行 n 列,若矩阵的行数和列数相等,则称矩阵为方阵。主对角线是从矩阵的左上角到右下角的对角线,主对角线上的元素 a_{ii} 称为主对角线元素。所有元素都是零的矩阵,称为零矩阵。主对角线上的元素全为1,其他元素全为零的矩阵称为单位矩阵。

2. 矩阵的操作

矩阵加法和减法的规则是对应位置的元素相加或相减。两个矩阵相加或相减的前提是它们的维度相同。例如,矩阵 A 和矩阵 B 的和 C 可表示为式(5.4):

$$C_{ij}=A_{ij}+B_{ij} \tag{5.4}$$

其中,C_{ij} 是结果矩阵 C 中第 i 行第 j 列的元素。

两个矩阵仅当第一个矩阵的列数和另一个矩阵的行数相等时才能相乘,矩阵乘法的规则涉及行列的相乘和累加操作。两个矩阵 $A(m\times p)$ 和 $B(p\times n)$ 的乘积 $C(m\times n)$ 定义为式(5.5):

$$C_{ij}=\sum_{k=1}^{p}A_{ik}\cdot B_{kj} \tag{5.5}$$

矩阵的转置是将矩阵的行和列进行交换,得到一个新的矩阵。如果 A 是一个 $m\times n$ 矩阵,其转置记作 A^{T},它可表示为式(5.6):

$$(A^{\mathrm{T}})_{ij}=A_{ji} \tag{5.6}$$

Java 中矩阵可以用二维数组存储(注意数组索引从 0 开始),矩阵类(Matrix)的简单定义如下,可以自定义属性和方法以扩展矩阵的功能。

```
public class Matrix {                          //矩阵类
    private int rows, columns;                 //矩阵行数和列数
    private int[][] data;                       //二维数组,用于存储矩阵数据

    public Matrix(int m, int n) {              //有参构造函数,新建对象时给出行数和列数
        this.rows = m;
        this.columns = n;
        this.data = new int[m][n];
    }

    public Matrix(int n) {                     //构造 n×n 的方阵
        this(n, n);
    }

    public Matrix(int m, int n, int[][] values) {   //构造矩阵时提供数据
        this(m, n);
```

```
        for (int i = 0; i < values.length && i < m; i++) {          //忽略多余元素
            for (int j = 0; j < values[i].length && j < n; j++) {
                this.data[i][j] = values[i][j];
            }
        }
    }

    public int getRows() {                          //返回矩阵的行数
        return rows;
    }

    public int getColumns() {                       //返回矩阵的列数
        return columns;
    }
    public int getValue(int i, int j) {             //获取指定位置的元素值
        if (i >= 0 && i < this.rows && j >= 0 && j < this.columns) {   //确保 i,j 合法
            return this.data[i][j];
        } else throw new IndexOutOfBoundsException();
    }

    public void setValue(int i, int j, int value) {     //设置指定位置的元素值
        if (i >= 0 && i < this.rows && j >= 0 && j < this.columns) {   //确保 i,j 合法
            this.data[i][j] = value;
        } else throw new IndexOutOfBoundsException();
    }
}
```

5.2.2 特殊矩阵的压缩存储

对于 $m \times n$ 的矩阵 A，如果使用常规方法存储，则至少需要 $m \times n$ 个存储单元。如果 m 和 n 的值很大，则矩阵会占用较多存储空间。若矩阵 A 是特殊矩阵，则可以根据其类型进行压缩存储。

特殊矩阵是指具有特殊结构或性质的矩阵，这些结构或性质使得它们在存储和计算时具有一些优势。常见的特殊矩阵有三角矩阵、对称矩阵和对角矩阵等。

1. 三角矩阵及其压缩存储方法

三角矩阵是一种具有特殊结构的方阵，它可以分为上三角矩阵和下三角矩阵两种类型。在下三角矩阵中，主对角线及其以下的元素都非零，而其上方的元素都是零；在上三角矩阵中，主对角线及其以上的元素都非零，而其下方的元素都是零。上三角矩阵 A 的例子如式(5.7)所示，下三角矩阵 B 的例子如式(5.8)所示。

$$A = \begin{bmatrix} a_{11} & a_{12} & \cdots & a_{1(n-1)} & a_{1n} \\ 0 & a_{22} & \cdots & a_{2(n-1)} & a_{2n} \\ \vdots & \vdots & & \vdots & \vdots \\ 0 & 0 & \cdots & a_{n(n-1)} & a_{nn} \end{bmatrix} \tag{5.7}$$

$$B = \begin{bmatrix} b_{11} & 0 & 0 & 0 \\ b_{21} & b_{22} & \cdots & 0 \\ \vdots & \vdots & & \vdots \\ b_{n1} & b_{n2} & \cdots & b_{nn} \end{bmatrix} \tag{5.8}$$

由于三角矩阵接近一半的元素为 0,因此可以采用仅存储非零元素的方法来节省存储空间。常见的压缩存储方法有以下两种。

1) 按行/列顺序存储

以下三角矩阵为例,使用行优先进行存储时,可以将矩阵所有非零元素存储到一个一维数组中。图 5-7 展示了矩阵元素索引与数组元素索引之间的关系。

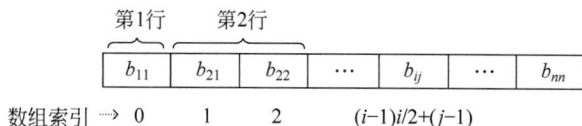

图 5-7　一维数组存储下三角矩阵

若数组的起始地址为 $\mathrm{Loc}(b_{11})$,每个数组元素占 c 字节,则读取矩阵元素 b_{ij} 时,应读取的地址如式(5.9)所示。

$$\mathrm{Loc}(b_{ij}) = \begin{cases} \mathrm{Loc}(b_{11}) + \left(\dfrac{i(i-1)}{2} + (j-1) \right)c, & 0 \leqslant j \leqslant i \leqslant n \\ 0, & 0 \leqslant i \leqslant j \leqslant n \end{cases} \tag{5.9}$$

2) 使用动态二维数组存储

利用 Java 中二维数组包含的数组长度可以不同的特点存储(上)下三角矩阵,这里以下三角矩阵为例(如图 5-8 所示)。

若动态数组名为 a,则读取矩阵元素 b_{ij} 时应读取 $a[i-1][j-1]$。

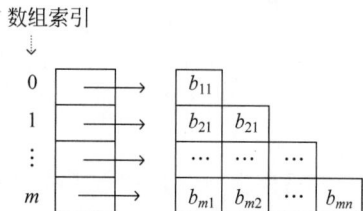

图 5-8　动态数组存储下三角矩阵

2. 对称矩阵及其压缩存储方法

对称矩阵是一种特殊的矩阵,其矩阵元素关于主对角线对称,即对于所有的 i 和 j 都有 $A_{ij} = A_{ji}$。对称矩阵一定是方阵,它具有式(5.10)的形式。

$$A_{n \times n} = \begin{bmatrix} a_{11} & a_{12} & \cdots & a_{1(n-1)} & a_{1n} \\ a_{12} & a_{22} & \cdots & a_{2(n-1)} & a_{2n} \\ \vdots & \vdots & & \vdots & \vdots \\ a_{1n} & a_{2n} & \cdots & a_{n(n-1)} & a_{nn} \end{bmatrix} \tag{5.10}$$

由于对称矩阵有接近一半的元素是重复的,因此可以像存储三角矩阵那样只存储上/下半部分。但在读取数据时,应注意矩阵索引与数组索引的关系。例如,当采用按行存储下半部分矩阵时,若数组的起始地址为 $\mathrm{Loc}(a_{11})$,每个数组元素占 c 字节,则读取矩阵元素 a_{ij} 的地址 $\mathrm{Loc}(a_{ij})$ 如式(5.11)所示。

$$\mathrm{Loc}(a_{ij}) = \begin{cases} \mathrm{Loc}(a_{11}) + \left(\dfrac{i(i-1)}{2} + (j-1) \right)c, & 0 \leqslant j \leqslant i \leqslant n \\ \mathrm{Loc}(a_{11}) + \left(\dfrac{j(j-1)}{2} + (i-1) \right)c, & 0 \leqslant i \leqslant j \leqslant n \end{cases} \tag{5.11}$$

3. 对角矩阵及其压缩存储方法

在对角矩阵中,除了主对角线上的元素,其他位置上的元素都是零。对角矩阵通常形式如式(5.12)所示。

$$\boldsymbol{A}_{n\times n} = \begin{bmatrix} a_{11} & 0 & \cdots & 0 \\ 0 & a_{22} & \cdots & 0 \\ \vdots & \vdots & & \vdots \\ 0 & 0 & \cdots & a_{nn} \end{bmatrix} \tag{5.12}$$

由于矩阵中有效数据只有矩阵对角线上的元素,因此可以使用数组存储对角线上的元素。若数组起始地址为 $\mathrm{Loc}(a_{11})$,每个数组元素占 c 字节,则矩阵元素 a_{ij} 的地址 $\mathrm{Loc}(a_{ij})$ 如式(5.13)所示。

$$\mathrm{Loc}(a_{ij}) = \begin{cases} \mathrm{Loc}(a_{11}) + (i-1)c, & i = j \\ 0, & i \neq j \end{cases} \tag{5.13}$$

5.2.3　稀疏矩阵的压缩存储

稀疏矩阵是一种特殊矩阵。若一个 $m \times n$ 的矩阵 $\boldsymbol{A}$ 中非零元素数量远小于 $m \times n$,则称矩阵 $\boldsymbol{A}$ 为稀疏矩阵。一个简单的稀疏矩阵例子如式(5.14)所示

$$\boldsymbol{A}_{5\times 5} = \begin{bmatrix} 1 & 0 & 0 & 0 & 0 \\ 0 & 0 & 0 & 0 & 0 \\ 0 & 2 & 0 & 0 & 3 \\ 0 & 4 & 0 & 0 & 0 \\ 0 & 0 & 0 & 0 & 5 \end{bmatrix} \tag{5.14}$$

若采用常规方式存储稀疏矩阵则必然会造成大量空间的浪费,为了有效存储稀疏矩阵,可采用压缩存储的方法,常用的压缩存储方法有三元组表示法、十字链表表示法。

1. 三元组表示法

三元组表示法只存储非零元素的信息,对于每个非零元素,需要存储非零矩阵元素的行索引(rowIndex)、列索引(columnIndex)和元素值(value)三部分,其结构如图 5-9 所示。

rowIndex	columnIndex	value

图 5-9　三元组结点结构

对于如式(5.14)所示的矩阵 $\boldsymbol{A}$ 中的 a_{11},其三元组表示法为(1,1,1)。其中前两个数字 1 表示 a_{11} 位于第 1 行第 1 列,最后一个数字 1 表示它的值为 1。因此对于整个矩阵 $\boldsymbol{A}$ 可以用一个三元组结点组成的线性表表示为{(1,1,1),(3,2,2),(3,5,3),(4,2,4),(5,5,5)}。该线性表可使用顺序存储或链式存储。

Java 中,三元组表示法中的结点结构可定义为如下类。

```java
public class TripleNode {
    private int rowIndex, columnIndex, value;          //三个变量分别表示行号、列号和元素值

    public TripleNode(int rowIndex, int columnIndex, int value) {    //有参构造器
        if (row >= 0 && column >= 0) {                  //行号和列号不能为负数
            this.rowIndex = rowIndex;
            this.columnIndex = columnIndex;
            this.value = value;
        } else throw new IllegalArgumentException("行/列号不能为负数");
    }
    public TripleNode() {
        this(0,0,0);                                    //无参构造器
    }
}
```

三元组表示法的稀疏矩阵类的定义如下。

```java
public class SparseMatrix {
    private TripleNode[] data;              //三元组数组
    private int rows, columns, nums;        //矩阵的行数、列数和非零元素个数

public SparseMatrix(int maxSize) {          //初始化稀疏矩阵
        data = new TripleNode[maxSize];
        for (int i = 0; i < data.length; i++) {
            data[i] = new TripleNode();
        }
        rows = columns = 0;
    }
    public SparseMatrix(int matrix[][]) {   //初始化三元组顺序表
        int count = 0;                      //临时变量用于统计矩阵中非零元素的个数
        this.rows = matrix.length;
        this.columns = matrix[0].length;
        for (int i = 0; i < rows; i++) {
            for (int j = 0; j < columns; j++) {
                if (matrix[i][j] != 0) {
                    count++;
                }
            }
        }
        this.nums = count;
        data = new TripleNode[nums];        //根据非零元素个数分配空间
        int k = 0;                          //临时变量用于控制数组下标移动
        for (int i = 0; i < rows; i++) {
            for (int j = 0; j < columns; j++) {
                if (matrix[i][j] != 0) {
                    data[k] = new TripleNode(i,j,matrix[i][j]);
                    k++;
                }
            }
        }
    }
}
```

2. 十字链表表示法

以上三元组表示法在处理查询时比较高效,但是在处理插入和删除时相对复杂。十字链表表示法采用链表的形式,同时维护行和列的链表,使得对于每个非零元素,可以在行和列上进行快速定位。

稀疏矩阵的十字链表表示法的结点结构除了包含三元组的信息外,还存储指向行后继(right)和列后继(down)的引用。其结构如图 5-10 所示。

rowIndex	columnIndex	value	down	right

图 5-10   十字链表结点结构

其中,rowIndex、columnIndex 和 value 为三元组结构信息,down 为指向列后继的引用,right 为指向行后继的引用。如式(5.14)所示的矩阵 **A** 的十字链表示意图如图 5-11 所示。

Java 中,结点结构可定义为如下类。

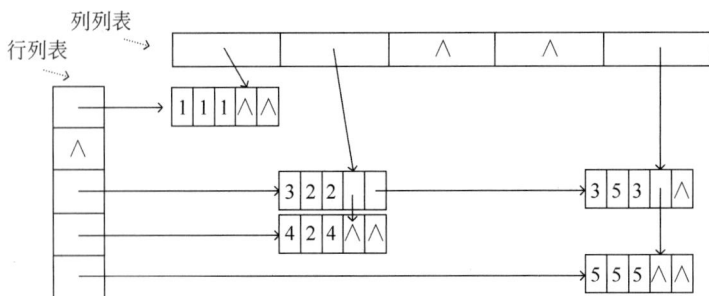

图 5-11　十字链表表示示意图

```java
public class CrossNode {
    private TripleNode data;
    private CrossNode down;                        //指向同一列的下一个元素
    private CrossNode right;                        //指向同一行的下一个元素

    public CrossNode() {
        this(null, null, null);
    }

    public CrossNode(TripleNode data, CrossNode down, CrossNode right) {
        this.data = data;
        this.down = down;
        this.right = right;
    }
}
```

十字链表类可定义为如下类。

```java
public class CrossSparseMatrix {
    private int rows, columns, nums;               //矩阵的行数、列数和非零元素个数
    private CrossNode[] rowHead, columnHead;
    public CrossSparseMatrix(int rows, int columns) {    //矩阵的初始化
        this.rows = rows;
        this.columns = columns;
        rowHead = new CrossNode[rows];
        columnHead = new CrossNode[columns];
        nums = 0;
        for (int i = 0; i < rows; i++) {
            rowHead[i] = new CrossNode();
        }
        for (int i = 0; i < columns; i++) {
            columnHead[i] = new CrossNode();
        }
    }
}
```

5.3　广　义　表

5.3.1　基本概念

　　广义表是一种扩展了线性表概念的数据结构,可以包含其他广义表作为其元素。在广

义表中,每个元素可以是一个单独的元素(原子元素)或是另一个广义表,这使得广义表具有递归的结构。广义表的灵活性和多样性使其在人工智能、自然语言处理等领域有着广泛的应用,例如,用于表示语法结构、树状结构等。广义表的表达能力很强,可以自然地表示复杂的数据结构和层次关系,是一种非常便捷的数据表示方式。

1. 广义表的定义

广义表是 n 个数据元素组成的有限序列,广义表的一般形式如式(5.15)所示,其中,a_i 为原子元素,$(b_1,b_2,\cdots,b_n)$ 为子广义表,c_k 是原子元素。

$$GL = (a_1,a_2,\cdots,a_m,(b_1,b_2,\cdots,b_n),c_1,c_2,\cdots,c_q) \tag{5.15}$$

广义表的结构可以根据需求变化,使其成为一种非常灵活的数据结构。下面这些例子展示了广义表的灵活性,可以包含原子元素、子表,甚至可以混合不同类型的元素。

$GL_1 = (a,b,c)$　　　　　//此表包含三个原子元素

$GL_2 = (a,(b,c),d)$　　　　//此表包含原子元素 a、子表(b,c)和原子元素 d

$GL_3 = (a,(b,(c,d),e),f)$　　//此表包含原子元素 a、嵌套子表(b,(c,d),e)和原子元素 f

$GL_4 = (a,(),d)$　　　　　//此表包含原子元素 a、空表和原子元素 d

$GL_5 = ((),0,GL_1,d)$　　　//此表混合了不同类型的元素:空表、原子元素 0、子表 GL_1 和原子元素 d

2. 广义表的图形表示

依据广义表的特性,可以将一些典型的广义表表示为如图 5-12 所示图形。

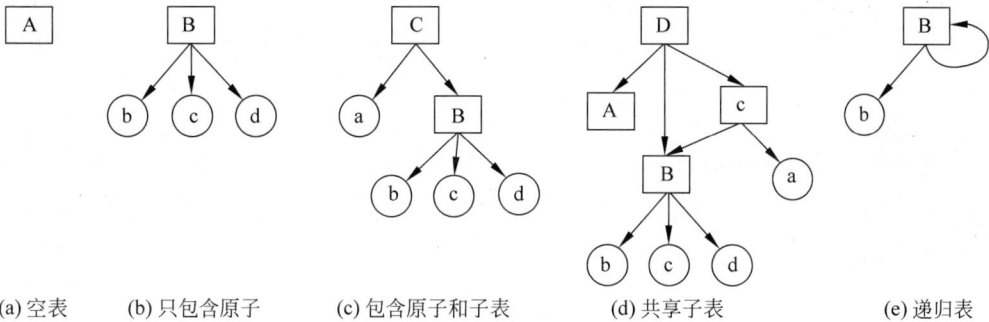

(a)空表　　(b)只包含原子　　(c)包含原子和子表　　　　(d)共享子表　　　　(e)递归表

图 5-12　广义表的图形表示

3. 广义表的基本操作

广义表支持一系列操作,包括访问元素、插入元素、删除元素等。以下是广义表常见的一些具体操作。

获取表头(getHead()):返回广义表的第一个元素,即表头。

获取表尾(getTail()):返回广义表去掉第一个元素后的部分,即表尾。

判断是否为空表(isEmpty()):检查广义表是否为空,即不包含任何元素。

判断元素是否为原子元素(isAtomic(index)):检查广义表的某个元素是否为原子元素,而非子表。

插入元素(insert(index,element)):在广义表的某个位置插入新的元素。

删除元素(delete(index)):从广义表中删除指定位置的元素。

求表深度(getDepth()):计算广义表的深度,即广义表中包含子表的最大嵌套层数。

求表长度(getLength()):计算广义表中的元素个数,包括原子元素和子表。

例如,获取前文提到的广义表 GL_2 的表头 getHead()的结果为 a,获取表尾 getTail()的

结果为((b,c),d)。

值得注意的是,广义表()和(())是不同的,前者为空表,长度为 0,深度为 1;后者长度为 1,深度为 2。

5.3.2 广义表的存储结构

由于广义表中的数据元素可以是原子或子表,所以通常采用链式存储结构。

1. 广义表的双链存储结构

在双链存储结构中,每个数据元素可用一个结点表示,其结点结构为(data, child, next)。其中,data 域用于存储原子包含的值,子表结点可用该数据域存储一些额外信息(如表长);child 子表地址域用于指向子表表头,原子结点的此域为 null,可将此作为判断结点是原子还是子表;next 指向当前结点的下一个结点的地址。前文提到的广义表 GL_5 的双链存储结构如图 5-13 所示。

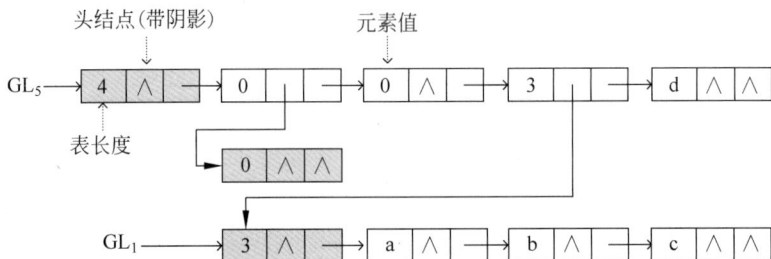

图 5-13 广义表 GL_5 的双链存储结构

广义表的双链表示必须带有头结点,否则会出现一些问题:①无法快速获取表长度;②无法区分原子和空表;③对子表进行插入和删除操作时将产生错误,例如,删除子表 GL_2 中的第一个元素 a 则会产生错误,如图 5-14 所示。

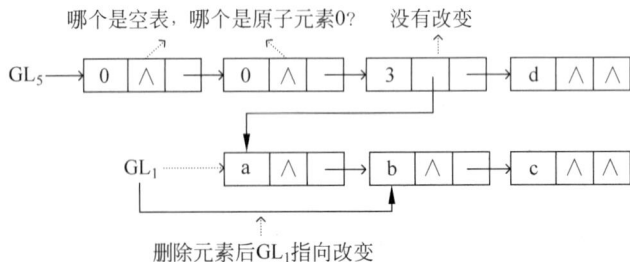

图 5-14 广义表双链存储结构无表头产生的问题

由于 GL_1 是 GL_5 的子表,这样的操作显然是错误的。类似地,对子表第一个位置做插入操作也会导致错误。当使用带头结点的表示方法时就不会出现类似的错误。

2. 广义表双链表示的结点类

声明广义表双链表示的结点类 GLNode<T>如下。其中,child 指向 GList<T>子表,GList<T>是双链表示的广义表类;next 指向后继结点,类型是 GLNode<T>结点。

```
public class GLNode<T>{            //双链表示结点类,T 表示数据域的类型
    public T data;                 //数据域
    public GList<T> child;         //指向子表的地址域
    public GLNode<T> next;         //指向下一个结点的地址域
```

```
    public GLNode(T data, GList<T> child, GLNode<T> next){}    //构造方法(省略方法体)
    public GLNode(T data){}
    public GLNode(){}
}
```

3. 双链表表示广义表类

广义表类表示如下,其中,head 是头结点变量,指向头结点。

```
public class GList<T> {                        //双链表表示的广义表类
    public GLNode<T> head;                     //头结点变量,指向头结点
    public GList() {                           //构造空广义表
        this.head = new GLNode<>();            //创建头结点
    }
    //以下方法体省略
    public int getDepth(){}                    //返回广义表的深度
    public GList(T[] data){}                    //构造广义表,由 data 提供原子初值
    public boolean isEmpty(){}                  //判断广义表是否为空
    public int getLength(){}                    //返回广义表的长度
    public GLNode<T> insert(int index, T element){}    //插入原子 element 作为第 index 个元素
    public GLNode<T> insert(T element){}        //在广义表最后添加原子 element 结点
    public GLNode<T> insert(int index, GList<T> glist){}    //插入子表,glist 作为第 index 个元素
    public GLNode<T> insert(GList<T> glist){}    //在广义表最后添加子表 glist
    public void delete(int i){}                 //删除第 i 个元素
}
```

5.4 数组应用实例

数组是程序设计中比较常用的结构。利用数组,程序设计人员可以将相同性质的数据存储起来,并且利用数组的索引值对数组内数据进行访问。因此,可以利用数组的特性简化程序设计,提高代码运行效率。

【例 5.1】 学生信息存储与查询系统。

【问题描述】

表 5-1 列出了一些学生信息,请设计一个学生信息与查询系统,使得该系统可以存储和查询学生的信息。

【问题分析】

可以定义一个学生类表示学生的信息,由于每个学生信息的类型是相同的,因此可以利用数组存储相同类型数据的特性进行存储。该系统只需要存储与查询,可以利用数组随机访问的特性做到快速查询。

表 5-1 某班级学生信息

学　　号	姓　　名	性　　别	语文成绩	数学成绩	英语成绩
8888801	张三	男	82	79	75
8888802	李四	男	86	80	79
8888803	王五	女	80	70	71
8888804	赵六	女	90	65	66
8888805	田七	女	70	82	74
8888806	周八	男	83	77	80

【程序代码】

```java
public class Student {
    public int stuNumber;            //学号
    public String name;             //姓名
    public int gender;              //性别
    public int chineseScore;        //语文成绩
    public int mathScore;           //数学成绩
    public int englishScore;        //英语成绩

    public Student(){}
    //有参构造方法
    public Student(int stuNumber, String name, int gender, int chineseScore, int mathScore, int englishScore) {
        this.stuNumber = stuNumber;
        this.name = name;
        this.gender = gender;
        this.chineseScore = chineseScore;
        this.mathScore = mathScore;
        this.englishScore = englishScore;
    }

    @Override
    public String toString() {
        String stuInfo = "姓名:" + this.name + "\n" +
                "学号:" + this.stuNumber + "\n" +
                "性别:" + (this.gender == 1 ? "男" : "女") + "\n" +
                "语文成绩:" + this.chineseScore + "\n" +
                "数学成绩:" + this.mathScore + "\n" +
                "英语成绩:" + this.englishScore + "\n";
        return stuInfo;
    }
}
public class StudentQuerySystem {
    public Student[] students = new Student[50];
    public StudentQuerySystem() {
        this.students[0] = new Student(8888801, "张三", 1, 82, 79, 75);
        this.students[1] = new Student(8888802, "李四", 1, 86, 80, 79);
        this.students[2] = new Student(8888803, "王五", 0, 80, 70, 71);
        this.students[3] = new Student(8888804, "赵六", 0, 90, 65, 66);
        this.students[4] = new Student(8888805, "田七", 0, 70, 82, 74);
        this.students[5] = new Student(8888806, "周八", 1, 83, 77, 80);
    }
    public void getStudentInfoByStuNumber(int stuNumber) {
        int index = stuNumber - 8888800 - 1;   //根据学号计算学生信息所在位置的索引
        System.out.println(students[index]);
    }

    public static void main(String[] args) {
        StudentQuerySystem studentQuerySystem = new StudentQuerySystem();
        studentQuerySystem.getStudentInfoByStuNumber(8888803);
    }
}
```

【运行结果】

运行结果如图 5-15 所示。

【例 5.2】 矩阵的存储与特性判断。

【问题描述】

一个矩阵是幂等矩阵(Idempotent Matrix)的条件是当且仅当它与自己的乘积仍然等于自己。数学上表示为:对于矩阵 A,若满足 $A * A = A$,则 A 是幂等矩阵。

【问题分析】

矩阵可以使用数组进行存储(若是数据规模较大且为特殊矩阵时,也可使用矩阵压缩存储方法),判断一个矩阵是否为幂等矩阵的方法如下。

(1) 判断矩阵是否为方阵,若是方阵则继续,若不是方阵则输出不是幂等矩阵。

(2) 求矩阵的幂。

(3) 判断矩阵与其幂是否相等。

(4) 输出结果。

【程序代码】

```java
public class IdempotentMatrixChecker {
    //判断矩阵是否为幂等矩阵
    public static boolean isIdempotentMatrix(int[][] matrix) {
        //获取矩阵的行数和列数
        int rows = matrix.length;
        int cols = matrix[0].length;

        //若矩阵不是方阵,返回 false
        if (rows != cols) return false;
        //遍历矩阵元素进行乘法验证
        for (int i = 0; i < rows; i++) {
            for (int j = 0; j < cols; j++) {
                int sum = 0;
                for (int k = 0; k < cols; k++) {
                    sum += matrix[i][k] * matrix[k][j];
                }
                //如果乘积不等于原矩阵的对应元素,则不是幂等矩阵
                if (sum != matrix[i][j]) {
                    return false;
                }
            }}}
        return true;
    }
    //输出矩阵
    public static void printMatrix(int[][] matrix) {
        for (int i = 0; i < matrix.length; i++) {
            for (int j = 0; j < matrix[0].length; j++) {
                System.out.print(matrix[i][j] + " ");
            }
            System.out.println(); //在每行结束后换行
        }
    }
    public static void main(String[] args) {
        //示例矩阵
```

```
int[][] matrix ={
    {1, 0},{0, 1}
};
//判断是否为幂等矩阵并输出结果
boolean isIdempotent =isIdempotentMatrix(matrix);
System.out.println("要判断的矩阵为:");
printMatrix(matrix);
System.out.println("该矩阵是否为方阵: " + (isIdempotent ? "是" : "不是"));
    }
}
```

【运行结果】

运行结果如图 5-16 所示。

```
要判断的矩阵为:
1 0
0 1
该矩阵是否为方阵: 是
```

图 5-16　判断矩阵是否为幂等矩阵

习　　题

一、选择题

1. 数组的长度是指(　　　)。

A. 元素的个数　　　　B. 元素的总和　　　　C. 数组的容量

2. 下列哪个操作符可以用于访问数组中的元素?(　　　)

A. *　　　　　　　　B. &　　　　　　　　C. []

3. 在 Java 中,如何获取数组的长度?(　　　)

A. length()　　　　B. size()　　　　　　C. length

4. 对于矩阵 *A* 和 *B*,它们的乘积 *C*＝*A* * *B* 成立当且仅当(　　　)。

A. *A* 和 *B* 的列数相等

B. *A* 和 *B* 的行数相等

C. *A* 和 *B* 的行数和列数相等

5. 对称矩阵是指(　　　)。

A. 主对角线上的元素都是 1

B. 矩阵关于主对角线对称

C. 所有元素都相等

6. 特殊矩阵的压缩存储主要用于(　　　)。

A. 减小矩阵的行数　　　　　　　　　　B. 减小矩阵的列数

C. 减小存储矩阵所需的空间

7. 对于对称矩阵的压缩存储,需要存储的元素个数是(　　　)。

A. 矩阵的元素总数

B. 矩阵的对角线元素

C. 矩阵的非零元素

8. 稀疏矩阵是指(　　　)。

    A. 矩阵的元素都为零　 B. 矩阵中只有一种元素

    C. 矩阵中非零元素较少

9. 稀疏矩阵的压缩存储主要关注存储(　　　)。

    A. 非零元素的值　 B. 非零元素的行列索引

    C. 矩阵的大小

10. 广义表与线性表的主要区别在于广义表可以包含(　　　)。

    A. 数字　 B. 字符串　 C. 子表

11. 在广义表的存储结构中,双链存储结构用于(　　　)。

    A. 提高遍历速度

    B. 方便插入和删除操作

    C. 减小存储空间需求

二、编程题

1. 编写一个 Java 程序,初始化一个整数数组,计算并输出数组中所有元素的平均值。

2. 设计一个方法,接收一个整数数组和一个目标值,判断目标值是否存在于数组中。

3. 实现一个 Java 方法,接收两个矩阵作为参数,计算它们的和并输出结果。

4. 编写一个程序,判断一个给定的矩阵是否是对称矩阵。

5. 设计一个程序,将对称矩阵进行压缩存储,并输出压缩后的表示形式。

6. 编写一个方法,将对称矩阵从压缩表示形式还原为常规矩阵。

第6章

树与二叉树

树(Tree)状结构是一类典型的非线性结构。树状结构是结点之间有分支,并且具有层次关系的结构。例如,族谱、行政组织机构都可用树状结构表示。树在计算机领域中也有着广泛的应用,在数据库系统中可用树来组织信息;在分析算法的行为时,可用树来描述其执行过程。

本章开始研究非线性结构,与之前的线性结构相比,非线性结构不再是一对一的逻辑关系,而是变成了树状结构中数据元素之间一对多的逻辑关系,即在树状结构中,根结点没有前驱结点,除了根结点以外的结点只有一个前驱结点,有零个或者多个后继结点。

本章学习目标:

(1) 了解树的基本概念和基本术语。

(2) 了解二叉树的基本概念,掌握二叉树的性质。

(3) 掌握二叉树的存储结构。

(4) 掌握二叉树的遍历及其应用。

(5) 熟悉树、森林与二叉树之间的相互转换。

(6) 掌握哈夫曼树的构造方法及其实现过程。

(7) 掌握利用哈夫曼树解决一些综合应用问题。

6.1 树

6.1.1 树的定义

定义:树(Tree)是 $n(n \geqslant 0)$ 个结点的有限集合 T,T 为空时称为空树,否则它满足如下两个条件。

(1) 每个元素称为结点(Node),有且仅有一个特定的称为根(Root)的结点,并且满足该根结点只有后继结点没有前驱结点,如图 6-1 所示的 A 结点。

(2) 其余的结点可分为 $m(m \geqslant 0)$ 个互不相交的子集,如图 6-1 所示 T1(B,E,F)、T2(C,G,H)、T3(D,I),其中每个子集又是一棵树,并称其为子树(Subtree),这三棵子树的根结点分别是 B、C、D。

结点个数为 0 的树称为空树,一棵树可以只有根但没有子树($m=0$),一棵单结点的树如图 6-2 所示,它只包含一个根结点。

树是一种层次性结构:子树的根看作树根的下一层元素,一棵树里的元素可以根据这种关系分为一层层的元素。一棵树(除树根外)可能有多棵子树,根据子树的排列顺序是否有意义,可以把树分为有序树和无序树两种概念。例如,普通的树一般是无序的,二叉搜索树(BST)是有序的。

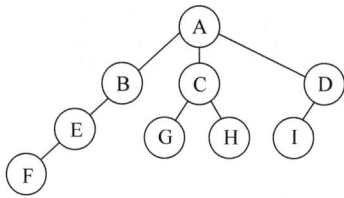

图 6-1 树　　　　　　　　　　　　　　图 6-2 单结点树

6.1.2 树的基本术语

1. 树的结点

树的结点是构成树状结构的基本单元。每个结点通常包含一个数据元素,并且可以有指向其子结点的连接。这些连接定义了树的结构,使结点之间形成层次关系。结点可以是叶子结点,没有子结点,也可以是非叶子结点,即具有至少一个子结点的结点,如图 6-2 中只有一个结点,图 6-1 中有 9 个结点。

2. 叶子结点或终端结点

叶子结点或**终端结点**是树的最低层级的结点,它们没有子结点,因此不能进一步细分。叶子结点通常包含实际的数据值或信息,并且位于树的最末端。它们在树状结构中起到了终止分支的作用。如图 6-1 所示的树的叶子结点为 F、G、H、I。

3. 非终端结点或分支结点

非终端结点或**分支结点**是具有至少一个子结点的结点。这些结点连接到其子结点,从而形成树的分支结构。分支结点可以进一步细分为多棵子树,每棵子树都代表了一种可能的路径或选择,如图 6-1 所示分支结点为 A、B、C、D、E。

4. 双亲结点或父结点

双亲结点或**父结点**是某个结点的直接上级结点。在树状结构中,每个非根结点都有一个双亲结点,除了根结点之外。双亲结点与其子结点之间通过指针相连接,构成了树的层次结构,如图 6-1 所示,A 为 B、C、D 的双亲结点或者父结点。

5. 孩子结点或子结点

孩子结点或**子结点**是某个结点的直接下级结点。每个结点可以有多个子结点,这取决于该结点的度。子结点通过指向其父结点的指针与其父结点相连接,形成了树的分支和层次关系,如图 6-1 所示 B、C、D 为 A 的孩子结点。

6. 兄弟结点

兄弟结点是具有相同父结点的结点。在树状结构中,兄弟结点之间不存在直接的连接关系,它们是通过共享同一个父结点而间接相连的。兄弟结点位于同一层级,代表了父结点的不同子分支,如图 6-1 所示,B、C、D 为兄弟结点。

7. 结点的度

结点的度是指该结点拥有的子树的数量,也就是该结点的子结点的个数。叶子结点的度为 0,因为它们没有子结点。分支结点的度大于 0,因为它们至少有一个子结点。结点的度反映了该结点在树中的分支程度,如图 6-1 所示,结点 A 的度为 3,结点 B 的度为 1,结点 C 的度为 2,结点 D 的度为 1。

8. 树的度

树的度是指树中所有结点中最大的度。它表示了树中最密集的分支程度,即树中最大的子树数量。树的度反映了树状结构的复杂性和分支能力,如图 6-1 所示,最大的结点的度为 3,则树的度为 3。

9. 路径,路径长度

在树状结构中,**路径**是指从一个结点到另一个结点的边序列。**路径长度**是指路径中边的数量,即从一个结点到另一个结点需要经过的边数。在树中,从根结点到任意结点的路径是唯一的,因此路径长度也是唯一的,如图 6-1 所示,结点 G 的路径为 A→C→G,则结点 G 的路径长度为 2。

10. 结点的层次

结点的层次是指从根结点到该结点的路径长度。根结点位于第 0 层,根结点的子结点位于第 1 层,以此类推。结点的层次反映了该结点在树中的位置深度,层次越高,表示该结点离根结点越远,如图 6-1 所示,结点 H 的层次数为 2。

11. 树的高度或深度

树的高度或深度是指树中结点的最大层次数加 1。它表示了树状结构的纵向范围,即根结点到最远叶子结点的最长路径长度。树的高度反映了树状结构的大小和复杂度,如图 6-1 所示,树的深度为 4。

12. 堂兄弟结点

堂兄弟结点是指具有相同祖父结点但不同父结点的结点。它们在树状结构中位于不同的子树中,但共享相同的祖先结点。堂兄弟结点之间没有直接的连接关系,它们是通过共同的祖父结点而相互关联的,如图 6-1 所示,E、G 结点互为堂兄弟结点。

13. 结点的祖先

结点的祖先是指从根结点到该结点路径上的所有结点。这些结点包括该结点的父结点、祖父结点等,它们都是该结点在树状结构中的上级结点。祖先结点与当前结点之间通过指针相连,形成了树的层次结构,如图 6-1 所示,B 结点的子孙结点为 E、F 结点。

14. 子孙

子孙是指以某个结点为根的子树中的所有结点。这些结点包括该结点的直接子结点、子结点的子结点等,它们都是该结点在树状结构中的下级结点。子孙结点与当前结点之间通过指针相连,形成了树的分支结构,如图 6-1 所示,G 结点的祖先结点为 A、C 结点。

15. 森林

森林是由多棵互不相交的树组成的集合。每棵树都是森林中的一个独立部分,与其他树没有直接的连接关系。森林可以看作没有根结点的树的集合,每棵树都有自己独立的根结点。森林中的树可以是不同的类型或具有不同的结构,但它们之间没有直接的层次关系,如图 6-3 所示。

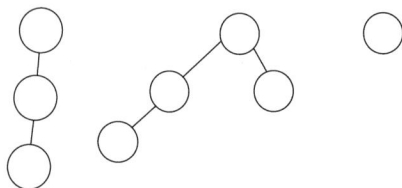

图 6-3　森林

6.2　二　叉　树

二叉树(Binary Tree)是一种最简单、最基础、最重要的树状结构,二叉树在树状结构的应用中起着非常重要的作用,支持强大的搜索算法、链式结构按照需要分配内存、有规则的存储对象。任何树都可以与二叉树相互转换且二叉树的许多操作算法简单。

6.2.1　二叉树的定义

二叉树是由 $n(n \geqslant 0)$ 个结点的有限集合构成,此集合或者为空集,或者由一个根结点及两棵互不相交的左右子树组成,并且左右子树都是二叉树。

这也是一个递归定义。二叉树可以是空集合,根可以有空的左子树或空的右子树。二叉树不是树的特殊情况,它们是两个概念。二叉树是每个结点最多有两个子树的树状结构。它有 5 种基本形态:二叉树可以是空集;根可以有空的左子树或右子树;或者左、右子树皆为空,如图 6-4 所示。

(a) 空二叉树　　(b) 只有根　　(c) 根和左子树　　(d) 根和右子树　　(e) 根和左右子树

图 6-4　二叉树的 5 种形态

如果所有的结点都只有左子树(左斜树),或者只有右子树(右斜树),如图 6-5 和图 6-6 所示,这就是斜树,应用较少。

满二叉树:所有的分支结点都存在左子树和右子树,并且所有的叶子结点都在同一层上,则称这棵树为满二叉树,如图 6-7 所示。

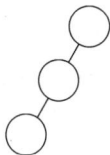
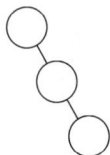
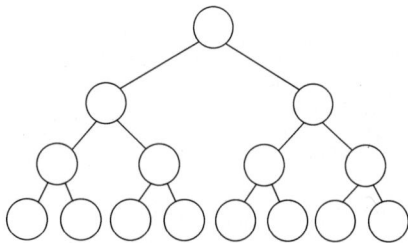

图 6-5　左子树　　　　图 6-6　右子树　　　　　　图 6-7　满二叉树

根据满二叉树的定义,得到其特点如下。

(1) 所有的叶子结点都在最底层。在任意一层上,如果有叶子结点,那么所有分支结点必然都有两个子结点。

(2) 在任意一层上,结点数目是该层最大结点数目。也就是说,如果一棵二叉树的深度为 h,那么该二叉树的第 i 层上最多有 $2^i - 1$ 个结点($0 \leqslant i \leqslant h$)。

(3) 一棵深度为 h 并且含有 $2^h - 1$ 个结点的二叉树,称为满二叉树。

(4) 满二叉树的结点的度数要么为 0(即为叶子结点),要么为 2(即分支结点),不可能存在只有一个子结点的结点。

完全二叉树：如果一棵二叉树的节点在层次遍历中的编号与同样深度的满二叉树中编号相同的节点在树中的位置完全相同，那么这棵二叉树是完全二叉树。满二叉树是完全二叉树的一种，但不是所有完全二叉树都是满二叉树。

如图 6-8 所示是三棵非完全二叉树，树 1 按层次编号结点 5 没有左子树，有右子树，结点 10 缺失；树 2 中结点 3 没有子树；树 3 中结点 5 没有子树。

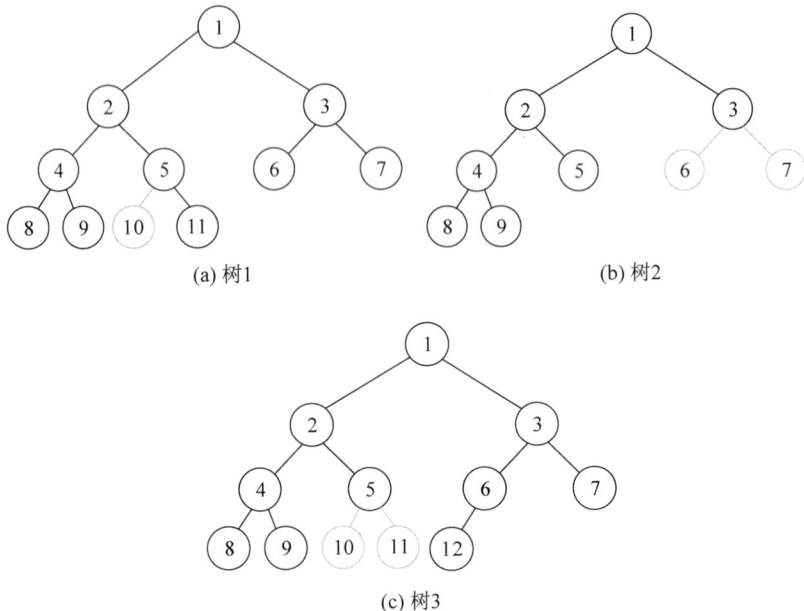

(a) 树1   (b) 树2

(c) 树3

图 6-8   非完全二叉树

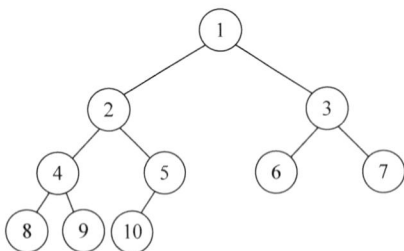

图 6-9   完全二叉树

如图 6-9 所示就是一棵完全二叉树。结合完全二叉树定义，其具有如下特点。

（1）在完全二叉树中除最后一层外，所有其他层的结点数量都达到最大。

（2）在完全二叉树最下面一层，所有结点都连续排列在左侧，按从左至右的顺序分布。

（3）在完全二叉树的结点分布中，总是遵循从上至下，再从左至右的顺序原则。

（4）由于完全二叉树的有序性和连续性，完全二叉树在诸如二叉堆和优先队列等多种数据结构和算法中有着广泛应用。

6.2.2   二叉树的性质

性质 1：在二叉树的第 i 层上至多有 2^i 个结点（$i \geqslant 0$）。

证明：可采用归纳法证明此性质。

当 $i=0$ 时，只有一个根结点，$2^i=2^0=1$，命题成立。现在假定对所有的 j（$0 \leqslant j < i$），命题成立，即第 j 层上至多有 2^j 个结点，那么可以证明 $j=i$ 时命题也成立。由归纳假设可

知,第 $i-1$ 层上至多有 2^{i-1} 个结点。由于二叉树每个结点的度最大为 2,故在第 i 层上最大结点数为第 $i-1$ 层上最大结点数的二倍,即 $2\times2^{i-1}=2^i$。命题得到证明。

性质 2:深度为 $k(k\geqslant1)$ 的二叉树上至多有 2^k-1 个结点。

证明:由性质 1 得到:第 i 层上的最大结点数为 $2^i(i\geqslant0)$,深度为 k 的二叉树的最大的结点数为二叉树中每层上的最大结点数之和,即 $2^0+2^1+2^2+\cdots+2^{K-1}=2^K-1$。

性质 3:对任何一棵二叉树,如果其叶子结点数为 n_0,度为 2 的结点数为 n_2,则 $n_0=n_2+1$。

证明:设二叉树中度为 0 的结点为 n_0,度为 1 的结点数为 n_1,度为 2 的结点为 n_2,二叉树中总结点数为 N,则有

$$N=n_0+n_1+n_2 \tag{6.1}$$

再考虑二叉树中的分支数,除根结点外,其余结点都有一个进入分支,设 B 为二叉树中的分支总数,则有

$$N=B+1 \tag{6.2}$$

由于这些分支都是由度为 1 和 2 的结点射出的,则有

$$B=n_1+2n_2 \tag{6.3}$$

由式(6.1)~式(6.3)得到

$$n_0+n_1+n_2=n_1+2n_2+1$$
$$n_0=n_2+1$$

性质 4:具有 n 个结点的完全二叉树的深度为 $[\log_2 n]+1$。

证明:假设此二叉树的深度为 K,则根据性质 2 及完全二叉树的定义得到

$$2^{K-1}-1<n\leqslant2^K-1 \quad 或 \quad 2^{K-1}\leqslant n<2^K \tag{6.4}$$

对式(6.4)各项取对数得到

$$K-1\leqslant\log_2 n<K \tag{6.5}$$

因为 K 是整数,所以有 $K=[\log_2 n]+1$。

性质 5:如果对一棵有 n 个结点的完全二叉树的结点从第 0 层开始,每层从左到右按层序编号,则对任一结点 $i(0\leqslant i\leqslant n)$,有

(1) 如果 $i=0$,则结点 i 无双亲,是二叉树的根;如果 $i>1$,则其双亲结点的编号为 $[(i-1)/2]$。

(2) 如果 $2i+1\geqslant n$,则结点 i 为叶子结点,无左孩子;否则,其左孩子结点编号为 $2i+1$。

(3) 如果 $2i+2\geqslant n$,则结点 i 无右孩子;否则,其右孩子结点的编号为 $2i+2$。

证明:在此过程中,可以从(2)和(3)推出(1),所以先证明(2)和(3)。

对于 $i=0$,由完全二叉树的定义,其左孩子是结点 $2i+1=1$,若其右孩子存在,则其右孩子的编号为 2。若满足 $2i+1>n$,即不存在结点 $2i+1$,此时,结点 i 无左孩子。同理,若满足 $2i+2>n$,则不存在 $2i+2$ 结点,即此时结点 i 无右孩子,命题成立。

设当 $i=j(j\leqslant0)$ 时命题成立,若 $2j+1<n$,则 j 的左孩子结点编号为 $2j+1$,否则 j 无左孩子;若 $2j+2<n$,则 j 的右孩子结点编号为 $2j+2$;否则 j 无右孩子,还需证明当 $i=j+1$ 时命题成立。

当 $i=j+1$ 时,根据二叉树的定义可知,若 $j+1$ 结点的左孩子存在,则编号为 j 的右孩

子结点的编号加 1 一定是 $j+1$ 结点的左孩子结点,即 $(2j+2)+1=2(j+1)+1=2i+1$,且 $2i+1<n$,若 $2i+1\geqslant n$,则左孩子不存在;若 $j+1$ 结点的右孩子存在,则 $j+1$ 结点的左孩子结点的编号加 1 一定是 $j+1$ 结点的右孩子结点,即 $2i+1+1=2i+2$,且满足 $2i+2<n$;若 $2i+2\geqslant n$,则说明 $j+1$ 结点不存在右孩子结点。

6.3 二叉树的存储方式

6.3.1 二叉树的顺序存储

二叉树的顺序存储是一种将二叉树的结点按照某种顺序依次存储在一个一维数组中的方法。在这种存储方式下,树的结点之间的父子关系通过数组中的索引位置来体现。这种存储方式通常适用于完全二叉树,因为完全二叉树的结点分布具有规律性,可以充分利用数组的特性进行紧凑存储。

对于完全二叉树的顺序存储的实现是将二叉树的根结点存储在数组的第一个位置,即索引 0 处。对于其他任意结点,若其在数组中的索引为 i,则其左孩子的索引为 $2i+1$,右孩子的索引为 $2i+2$。相应地,若一个结点的索引为 j,则其父结点的索引为 $(j-1)/2$。这种存储方式充分利用了数组的下标特性,通过简单的数学运算即可定位结点间的父子关系。如图 6-10(a)所示。若存储的是一棵非完全二叉树,顺序存储可能不是最有效的选择。因为非完全二叉树在形态上并不完全填满,会存在大量的空间浪费。当采用顺序存储时,空余位置通常以特殊值(如 null 或特定标记)进行填充,以区分不存在的结点。尽管这种存储方式不够紧凑,但它仍然具有一些优势,如方便进行结点访问和遍历。如图 6-10(b)所示需要在树中添加虚结点使其成为完全二叉树后再进行存储。

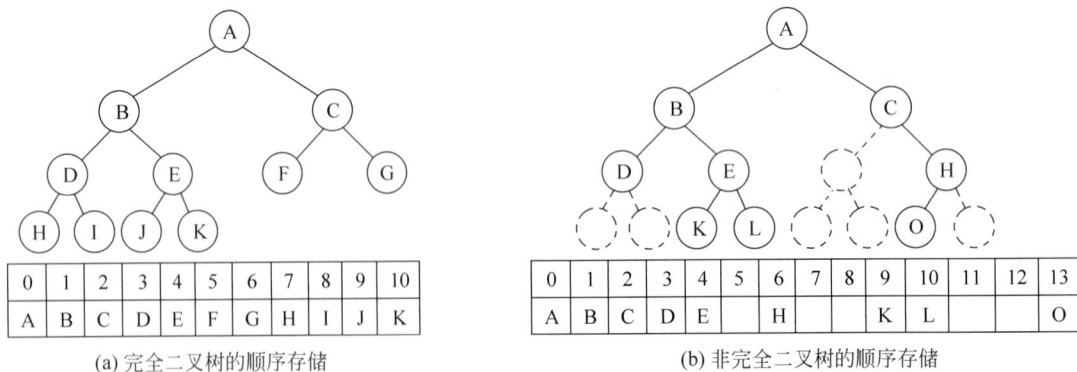

(a) 完全二叉树的顺序存储   (b) 非完全二叉树的顺序存储

图 6-10 二叉树的顺序存储结构示意图

6.3.2 二叉树的链式存储

二叉树的链式存储是一种通过结点之间的连接来表示树状结构的方法。这种存储方式的核心在于每个结点都包含指向其子结点的引用,而不是像顺序存储那样通过数组索引来定位子结点。链式存储的定义强调了结点之间的直接关系,使得树的插入、删除和遍历操作更加灵活。二叉树的链式存储主要分为两种结构:二叉链表和三叉链表。

1. 二叉链式存储结构

在二叉链表中,每个结点包含两个引用,分别指向其左子结点和右子结点。这种结构适用于标准的二叉树,其中每个结点最多有两个子结点。二叉链表的存储方式允许树在任何方向上扩展,从而形成一个层次分明的结构。在 Java 中,这种结构通常通过一个结点类来实现,该类包含数据域和两个指向子结点的引用域。二叉链表的优点在于它的简单性和直观性,但它也有一些局限性,例如,在处理特定类型的二叉树(如平衡二叉树)时可能需要额外的逻辑来维护树的平衡。其结点的结构如图 6-11(a)所示。

2. 三叉链式存储结构

三叉链表是二叉链表的扩展,每个结点设置 4 个域:三个指针域和一个数据域,数据域中存放结点的值,指针域中存放左、右孩子结点和父结点的存储地址。这种结构在某些特定的应用中非常有用,例如,在需要回溯到父结点的场景,如树的遍历、路径搜索或者在二叉树中实现图的算法。三叉链表提供了一种直接访问父结点的途径,从而简化了一些算法的实现。然而,这种结构也增加了存储的复杂性,因为每个结点需要维护三个引用。

三叉树的三叉链表存储结构中,其结点的结构图如图 6-11(b)所示。

(a) 二叉链表的结点结构   (b) 三叉链表的结点结构

图 6-11　二叉树链式存储结构的结点结构

一棵二叉树的二叉链表存储结构如图 6-12 所示,根指针 root 指向二叉树的根结点。而每个结点仅包含指向其左右孩子的指针,而不包含指向其父结点的指针。这样的设计简化了树的结构,但同时也带来了一些操作上的不便,特别是在需要引用父结点时。获取任何结点的父结点必须通过从根结点开始遍历这棵树来实现,而这一过程可能是时间消耗相对较大的操作,尤其是在树的深度较大时,每次查找都可能涉及遍历整棵树的多个路径。这一限制影响了二叉链表存储结构的效率,尤其是在那些经常需要访问父结点信息的应用中。

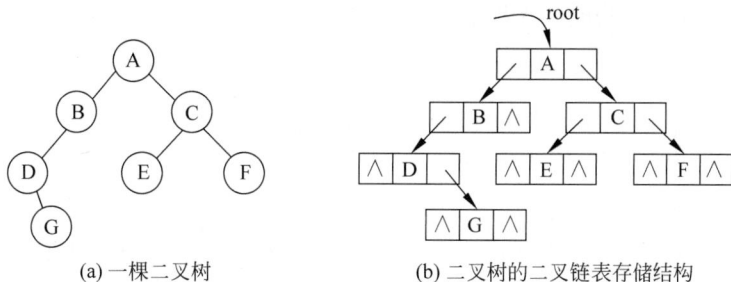

(a) 一棵二叉树   (b) 二叉树的二叉链表存储结构

图 6-12　二叉树的二叉链表存储结构

一棵二叉树的三叉链表存储结构如图 6-13 所示,根指针 root 指向二叉树的根结点。每个结点都包含数据域、左子结点指针、右子结点指针和父结点指针,每个结点通过其左右子结点指针分别指向其左子结点和右子结点,形成了一种完整的三叉链表结构。这使得在树中进行一系列操作更加方便和高效。然而,这种存储结构也意味着更多的内存消耗。对于每个结点,除了保存数据本身,还需要额外保存三个指针地址,增加了每个结点的空间开销。即便如此,三叉链表在多种操作中提供了效率上的提升,特别是在需要频繁获取父结点关系的场景中。

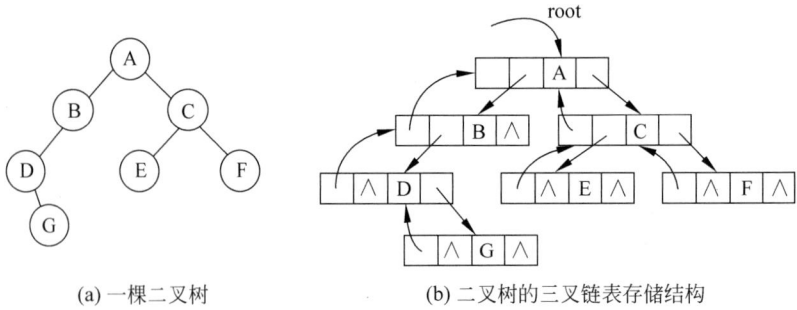

(a) 一棵二叉树   (b) 二叉树的三叉链表存储结构

图 6-13　二叉树的三叉链表存储结构

3. 二叉链式存储结构的结点类描述

```java
package chp06;
public class BiTreeNode {
    public Object data;              //存放结点的数据值
    public BiTreeNode lchild;        //存放左右孩子结点地址
    public BiTreeNode rchild;        //存放左右孩子结点地址
    public BiTreeNode() {            //构造一个空结点
        this(null);
    }
    public BiTreeNode(Object data) {//构造一棵左右孩子为空的结点
        this(data, null, null);
    }
    public BiTreeNode(Object data, BiTreeNode lchild, BiTreeNode rchild) {
        //构造一棵数据元素和左右孩子都不为空的结点
        this.data = data;
        this.lchild = lchild;
        this.rchild = rchild;
    }
}
```

4. 二叉链式存储结构的二叉树类描述

```java
package chp06;
public class BiTree {
BiTreeNode root;                     //树的根结点
    public BiTree() {                //构造一棵空树
        this.root = null;
    }
    public BiTree(BiTreeNode root) {     //构造一棵树
        this.root = root;
    }
}
```

关于二叉树的创建操作和遍历操作将会在下面的章节中进行详细介绍。

6.4　二叉树的遍历

6.4.1　二叉树遍历的定义

二叉树遍历(Binary Tree Traversal)是对二叉树中所有结点进行有序访问的过程,以便按照特定顺序获取或处理结点的信息。在遍历中,每个结点都会被访问一次且仅一次,以便执行特定的操作,如数据检索、结点状态更新或结构分析。这一过程的目标是将树的非线性的数据结构转换为一种线性序列,使得可以按照一定的顺序处理树中的信息。这种转换使得原本复杂的树状结构变得易于理解和操作,为算法的实现提供了清晰的路径。

在二叉树的结构中,每个结点由根结点 D、左子树 L 和右子树 R 组成。根据排列组合二叉树的遍历一共有 6 种基本方案,分别是前序遍历(D-L-R)、中序遍历(L-D-R)、后序遍历(L-R-D),以及这三种遍历的变种,即 D-R-L、R-D-L、R-L-D。然而,如果在遍历过程中限定必须先访问左子树 L,再访问右子树 R,那么有效的遍历方案就减少到三种,即标准的前序遍历、中序遍历和后序遍历,如图 6-14 所示。这些遍历方法在不同的应用场景中有着各自的优势,例如,在表达式求值、路径搜索和树的重建等操作中。

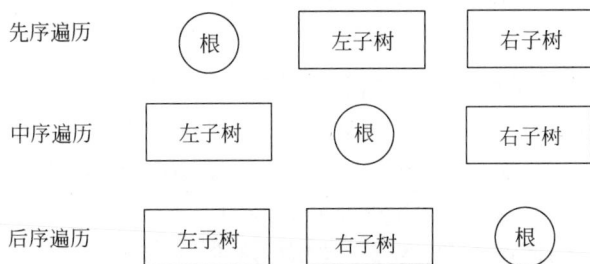

图 6-14　二叉树遍历的三种方式

6.4.2　二叉树的先序遍历

二叉树的**先序遍历**(Pre-order Traversal)是一种遍历二叉树结点的方法,也称为先根遍历。遍历的顺序是首先访问树的根结点,然后递归地先序遍历左子树,最后递归地先序遍历右子树。先序遍历的结果是一个结点序列,该序列记录了遍历过程中访问结点的具体顺序,这种遍历顺序能够完整地反映出树的结构,特别适合于"先处理结点本身,再处理子结点"的情景。

如图 6-15 所示的二叉树根结点为 A,其左子结点为 B,右子结点为 C。B 结点的左子结点是 D,右子结点是 E。C 结点的右子结点是 F。如果对这棵树进行先序遍历,遍历过程描述如下。

(1)访问根结点 A:这是先序遍历的第一步,将结点 A 作为根结点访问。

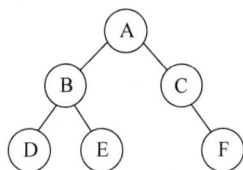

图 6-15　一棵二叉树

(2)递归遍历结点 A 的左子树,也就是以结点 B 为根结点的子树:访问结点 B,接着,再次递归遍历结点 B 的左子树→访问结点 D。结点 D 是叶子结点,没有子结点,所以遍历到此处结束。

(3)回溯到结点 B,递归遍历结点 B 的右子树→访问结点 E。结点 E 也是叶子结点,没有子结点,所以遍历到此处也结束。

(4)由于结点 B 的子结点都已经访问完毕,这一部分的递归遍历结束。

(5)回溯到根结点 A,现在开始递归遍历结点 A 的右子树,也就是以结点 C 为根结点的子树:访问结点 C。结点 C 的左子结点不存在,跳过。递归遍历结点 C 的右子树→访问结点 F。结点 F 是叶子结点,没有子结点,所以遍历到此处结束。

（6）结点 C 的子结点都已经访问完毕,这一部分的递归遍历结束。

此时,所有结点的遍历都已经完成。按照这个递归遍历过程,在先序遍历中会得到这样一个结点序列:A,B,D,E,C,F。

根据二叉树的先序遍历的递归定义,可以得到二叉树的先序递归算法如下。

```java
public void preorderTraversal(BiTreeNode root) {
    if (root != null) {
        //访问根结点
        System.out.print(root.data + " ");
        //递归遍历左子树
        preorderTraversal(root.lchild);
        //递归遍历右子树
        preorderTraversal(root.rchild);
    }
}
```

先序遍历的递归算法虽然在逻辑上简洁明了,但它在实际应用中可能会遇到一些局限性。首先,递归算法依赖系统调用栈来实现,这在处理深度很大的二叉树时可能导致栈空间不足,从而引发栈溢出。其次,递归调用本身涉及额外的开销,如函数调用的开销和局部变量的存储,这在性能敏感的应用中可能是不可接受的。此外,递归算法在调试时可能更加复杂,因为需要追踪多层的调用栈,这增加了调试的难度。

鉴于这些潜在的问题,非递归算法提供了一种替代方案。非递归算法通过使用栈数据结构来模拟递归过程,从而避免了递归调用的开销。这种方法使得算法在内存使用上更加高效,因为它不需要为每次递归调用分配新的栈帧。同时,非递归算法的执行流程更加线性,这使得调试过程更加直观,便于开发者理解和维护代码。

先序遍历的非递归算法通常依赖一个栈来跟踪接下来要访问的结点。主要思想是使用一个循环来处理栈中的结点,并遵循"先访问结点,然后右孩子入栈,接着左孩子入栈"(这样可以保证左孩子先被处理)的原则。因为栈是后进先出(LIFO)的数据结构,所以希望左孩子先于右孩子处理,这样符合先序遍历的顺序。先序遍历非递归算法的实现步骤通常如下。

（1）创建一个空栈,用于暂存将要访问的树结点。

（2）将根结点压入栈中。

（3）当栈不为空的时候,执行以下步骤。

① 弹出栈顶元素,并访问(例如打印)该结点的值。

② 如果弹出的结点有右孩子,将右孩子压入栈中。

③ 如果弹出的结点有左孩子,将左孩子压入栈中。

④ 重复步骤(3)直到栈为空,此时遍历完成。

根据上面的先序遍历非递归算法的实现步骤,可以得到二叉树的先序遍历的非递归算法如下。

```java
public void iterativePreorderTraversal(BiTreeNode root) {
    //如果根结点为空,直接返回
    if (root == null) {
        return;
    }
    //创建一个栈对象来存储待访问的结点
    Stack < BiTreeNode > stack = new Stack <> ();
```

```
        //将根结点压入栈中
        stack.push(root);
        //循环,直到栈为空
        while (!stack.isEmpty()) {
            //弹出栈顶元素,即当前要处理的结点
            BiTreeNode currentNode = stack.pop();
            //访问当前结点,这里是输出结点的值
            System.out.print(currentNode.data + " ");
            //如果当前结点的右孩子不为空,则将右孩子压入栈中
            //注意:由于栈是后进先出的结构,为了保证左孩子先于右孩子被访问,
            //需要先将右孩子压入栈
            if (currentNode.rchild != null) {
                stack.push(currentNode.rchild);
            }
            //如果当前结点的左孩子不为空,则将左孩子压入栈中
            if (currentNode.lchild != null) {
                stack.push(currentNode.lchild);
            }
        }
        //循环结束,此时所有的结点都已按照先序遍历的顺序被访问
    }
```

6.4.3 二叉树的中序遍历

二叉树的**中序遍历**(In-order Traversal)是另一种结点访问方式,也被称作中根遍历。在这种遍历顺序中,首先递归地遍历左子树,然后访问树的根结点,最后递归地遍历右子树。中序遍历的结果同样是一个结点序列,它也能反映树的结构,对于二叉搜索树来说,中序遍历可以得到一个按关键字排序的升序序列。

同样以图 6-15 的二叉树为例进行中序遍历,遍历过程描述如下。

(1)递归遍历结点 A 的左子树,也就是以结点 B 为根结点的子树:递归遍历结点 B 的左子树,即以结点 D 为根结点的子树。

(2)访问结点 D,结点 D 为叶子结点,递归结束。

(3)回溯到结点 B,访问结点 B,再次递归遍历结点 B 的右子树,即以结点 E 为根结点的子树。

(4)访问结点 E,结点 E 为叶子结点,递归结束。

(5)回溯到结点 A,访问结点 A。

(6)递归遍历结点 A 的右子树,也就是以结点 C 为根结点的子树:跳过结点 C 的左子结点,访问结点 C,再递归遍历结点 C 的右子树,即以结点 F 为根结点的子树。

(7)访问结点 F,结点 F 为叶子结点,递归结束。

此时,所有结点的遍历都已经完成。按照这个递归遍历过程,在中序遍历中会得到这样一个结点序列:D,B,E,A,C,F。

根据二叉树的中序遍历的递归定义,可以得到二叉树的中序递归算法如下。

```
public void inorderTraversal(BiTreeNode root) {
    if (root != null) {
        //递归遍历左子树
        inorderTraversal(root.lchild);
```

```
        //访问根结点
        System.out.print(root.data + " ");
        //递归遍历右子树
        inorderTraversal(root.rchild);
    }
}
```

中序遍历的非递归算法则采用稍有不同的策略,因为需要保证在访问根结点之前已经处理了左子树。在中序遍历中,要按照"左-根-右"的顺序进行遍历。需要利用栈存储将要访问的结点以及从左结点向上回溯访问右结点的路径。以下是中序遍历的非递归算法实现步骤。

(1) 创建一个空栈,命名为 stack。

(2) 初始化当前结点 current 为根结点。

(3) 当 current 不为空或 stack 不为空时,完成以下操作。

① 当 current 不为空:将 current 压入 stack,然后将 current 设置为其左子结点。

② 当 current 为空且栈不为空:弹出栈顶元素到 current,访问 current 结点(如打印结点的值)。将 current 设置为其右子结点。

(4) 重复步骤(3),直至 current 为空且 stack 为空。

根据上面的中序遍历非递归算法的实现步骤,可以得到二叉树的中序遍历的非递归算法如下。

```
public void iterativeInorderTraversal(BiTreeNode root) {
    if (root == null) {
        return;
    }
    Stack < BiTreeNode > stack = new Stack < > ();
    BiTreeNode current = root;
    while (current != null || !stack.isEmpty()) {
        //尽可能地将当前结点的左子结点入栈
        while (current != null) {
            stack.push(current);
            current = current.lchild;
        }

        //当左子结点为空时,说明已到达最左,此时应当访问结点
        if (!stack.isEmpty()) {
            current = stack.pop();
            System.out.print(current.data + " ");      //访问结点
            //转向访问当前结点的右子结点
            current = current.rchild;
        }
    }
}
```

6.4.4 二叉树的后序遍历

二叉树的**后序遍历**(Post-order Traversal)是一种深度优先搜索方法,也被称为后根遍历。在后序遍历过程中,首先递归地遍历左子树,然后后递归地遍历右子树,最后访问树的根结点。后序遍历的结果是一个结点序列,该序列记录了遍历过程中访问结点的具体顺序。

这种遍历方式首先处理子结点，最后处理结点本身，是处理树状结构中结点有依赖关系的典型应用场景。

假设还是以图 6-15 的二叉树为例进行后序遍历，遍历过程描述如下。

（1）从根结点 A 开始，递归进入 A 的左子树，也就是以 B 为根结点的子树。

（2）递归进入 B 结点的左子树，访问结点 D。D 是叶子结点，没有子结点，结束该子树的访问。

（3）回到 B 结点，递归进入 B 结点的右子树，访问结点 E。E 也是叶子结点，此部分遍历完毕。

（4）回到结点 B，左右子树都遍历完成，访问结点 B 本身。

（5）回到根结点 A，递归进入 A 的右子树，即以 C 为根结点的子树。

（6）C 结点的左子结点不存在，直接递归访问 C 的右子树，访问结点 F。F 是叶子结点，此部分遍历完毕。

（7）回到结点 C，其左右子树都已遍历，访问结点 C 本身。

（8）回到根结点 A，左右子树都已遍历，最后访问根结点 A 本身。

此时，所有结点的遍历都已经完成。按照这个递归遍历过程，在后序遍历中会得到这样一个结点序列：D,E,B,F,C,A。

根据上面的二叉树后序遍历的递归定义，可以得到二叉树的后序递归算法如下。

```java
public void postorderTraversal(BiTreeNode root) {
    if (root == null) {
        return;
    }
    //先递归遍历左子树
    postorderTraversal(root.lchild);
    //再递归遍历右子树
    postorderTraversal(root.rchild);
    //最后访问根结点
    System.out.print(root.data + " ");
}
```

根据后序遍历的定义可知，后序遍历是先遍历左子树，后遍历右子树，最后访问根结点，如果采用非递归的方式进行后序遍，首先要从二叉树的根结点出发，沿着该结点的左子树向下搜索，每遇到一个结点需要判断其是否为第一次经过，若是，则使结点入栈，后序遍历该结点的左子树，完成后再遍历该结点的右子树，当左右子树都遍历完成后，最后从栈顶弹出该结点并访问。后序遍历算法的实现需要引入两个变量：一个为布尔类型的访问标记变量 flag，用于标记栈顶结点是否被访问，若 flag 等于 true 时，证明栈顶结点已被访问，其左子树和右子树已经遍历完毕，可继续弹出栈顶结点，否则需要先遍历栈顶结点的右子树；另一个为结点指针 t，指向最后一个被访问的结点，查看栈顶结点的右孩子结点，证明此结点的右子树已经遍历完毕，栈顶结点可出栈并访问。其主要步骤如下。

（1）首先构造一个栈对象，然后将二叉树的根结点入栈，t 赋初始值为 null。

（2）若栈非空，将栈顶结点的左孩子结点依次入栈，直到栈顶结点的左孩子结点为空。

（3）若栈非空，查看栈顶结点的右孩子结点，若右孩子结点为空或者与 p 相等，则弹出栈顶结点并访问，同时使 t 指向该结点，并将 flag 赋值为 true；否则将栈顶结点的右孩子结点入栈,并将 flag 赋值为 false。

（4）若 flag 为 true,重复步骤(3)；否则重复步骤(2)和(3),直到栈为空。

根据上面的后序遍历非递归算法的实现步骤,可以得到二叉树的后序遍历的非递归算法如下。

```java
public void iterativePostorderTraversal(BiTreeNode root) {
    BiTreeNode p = root;
    BiTreeNode t = null;                          //t 指向刚被访问的结点
    boolean flag = false;                         //访问标记变量
    if (p != null) {
        Stack<BiTreeNode> s = new Stack<>();      //构造栈对象
        s.push(p);                                //根结点入栈
        while (!s.isEmpty()) {
            p = s.peek();
            if (p.lchild != null && !flag) {      //将栈顶结点的左孩子结点依次入栈
                p = p.lchild;
                s.push(p);
            } else {
                if (p.rchild == null || p.rchild == t) {  //左、右子树已经遍历完毕
                    System.out.print(p.data + " ");   //访问结点
                    t = s.pop();                      //移除栈顶的元素
                    flag = true;                      //设置访问标记
                } else {
                    p = p.rchild;                     //右孩子入栈
                    s.push(p);
                    flag = false;                     //设置未被访问的标记
                }
            }
        }
    }
}
```

6.4.5 二叉树的层次遍历

层次遍历（Level-order Traversal）一般采用非递归的方式实现,也要借助一个队列来作为辅助存储结构,其算法的主要思想：从根结点出发,自上而下、从左到右依次遍历每层的结点,可以利用队列先进先出的特性进行实现。先将根结点入队,然后将队首结点出队并访问,其孩子结点依次入队。其主要步骤如下。

（1）首先构造一个队列对象,这里采用创建链队列 LinkQueue 对象,然后将二叉树的根结点入队。

（2）若队列非空,则取出队首结点并访问该结点,将队首结点的非空左、右孩子结点入队。

（3）重复执行步骤(2)直到队列为空。

根据上面的层次遍历非递归算法的实现步骤,可以得到二叉树的层次遍历的非递归算法如下。

```java
public void iterativeLevelOrderTraversal(BiTreeNode root) {
    BiTreeNode p = root;
    Queue<BiTreeNode> q = new LinkedList<>();                 //构造链队列
```

```
        q.offer(p);                                        //根结点入队
        while (!q.isEmpty()) {
            Queue < BiTreeNode > temp = new LinkedList < > ();   //临时队列保存每一层的结点
            while (!q.isEmpty()) {
                p = q.poll();
                System.out.print(p.data + " ");            //访问结点
                if (p.lchild != null)                      //左孩子结点非空,入队列
                    temp.offer(p.lchild);
                if (p.rchild != null)                      //右孩子结点非空,入队列
                    temp.offer(p.rchild);
            }
            q.addAll(temp);                                //将当前层的结点加入队列
        }
    }
```

6.4.6 二叉树遍历的应用

二叉树的遍历操作对于实现二叉树的其他操作提供了必要的基础,本节主要介绍二叉树遍历的一些常见的应用。

1. 二叉树上的查找算法

二叉树上的查找是在一棵二叉树中查找值为 i 的结点,若能找到该结点,则返回该结点,否则返回空值。查找的主要步骤如下。

(1) 若二叉树为空,则不存在值为 i 的结点并返回值;否则将根结点的值与 i 进行比较,若相等,则返回该结点。

(2) 若根结点的值与 i 的值不相等,则在其左子树中进行查找,若找到,则返回该结点。

(3) 若在(2)中的左子树中没有找到,则在根结点的右子树中进行查找,若找到,返回该结点;否则返回空值。

【例 6.1】 二叉树的查找算法实现。

```
public BiTreeNode searchNode(BiTreeNode t, Object i) {
    //如果当前结点为空,那么返回 null,表示没有找到目标结点
    if (t == null) return null;
    else {
        //如果当前结点的数据与目标对象相等,那么返回当前结点,表示找到了目标结点
        if (t.data.equals(i))
            return t;
        else {
            //如果当前结点的数据不等于目标对象,那么在当前结点的左子树中搜索目标结点
            BiTreeNode lresult = searchNode(t.lchild, i);
            //如果在左子树中没有找到目标结点(即 lresult 为 null)
            //那么在当前结点的右子树中搜索目标结点
            if (lresult == null)
                return searchNode(t.rchild, i);
            //如果在左子树中找到了目标结点,那么直接返回找到的结点
            else
                return lresult;
        }
    }
}
```

2. 统计二叉树中结点的个数

二叉树的结点个数实际上就是二叉树的根结点加上其左子树、右子树的结点的个数,可以利用二叉树的先序遍历算法,引入一个计数变量 count,将 count 的初值赋值为 0,每访问根结点一次就将 count 的值加 1,其主要操作步骤如下。

(1) 首先初始化计数变量 count 值为 0。

(2) 若二叉树为空,返回 count 初始值 0。

(3) 若二叉树非空,则 count 值加 1,统计根结点的左子树的结点个数,并将其加到 count 变量中。

(4) 统计根结点的右子树的结点个数,并将其加到 count 变量中。

(5) 返回 count 变量的值。

【例 6.2】 统计二叉树中结点个数的算法实现。

```java
public int countNode(BiTreeNode t) {
    int count = 0;
    if (t != null) {
        count++;  //根结点加 1
        count = count + countNode(t.lchild);  //左子树的结点个数
        count = count + countNode(t.rchild);  //右子树的结点个数
    }
    return count;
}
```

3. 求解二叉树的深度

要想求解一棵二叉树的深度,首先求出左子树和右子树的深度,该二叉树的深度就是左子树和右子树的深度中的最大值加 1,可以采用后序遍历的思想来解决该问题,其主要操作步骤如下。

(1) 若二叉树为空,返回 0。

(2) 若二叉树非空,分别求左、右子树的深度。

(3) 求解左右子树深度的最大值,该最大值加 1 就是二叉树的深度。

【例 6.3】 求解二叉树深度的算法实现。

```java
public int getDepth(BiTreeNode t) {
    if (t == null)
        return 0;
    else {
        int ldepth = getDepth(t.lchild);      //左子树的深度
        int rdepth = getDepth(t.rchild);      //右子树的深度
        if (ldepth < rdepth)
            return rdepth + 1;                 //二叉树最终的深度为右子树的深度加 1
        else
            return ldepth + 1;                 //二叉树最终的深度为左子树的深度加 1
    }
}
```

6.4.7 二叉树的创建

先序遍历序列或后序遍历序列主要体现了双亲结点和孩子结点之间的层级结构关系,而中序遍历序列主要体现了兄弟结点的左右次序关系。因此,已知一种二叉树的遍历序列是不能唯一确定一棵二叉树的。只有已知先序遍历序列和中序遍历序列，或中序遍历序列和后序遍历序列，才能唯一确定一棵二叉树。本节主要介绍由先序遍历序列和中序遍历序列建立一棵二叉树的实现方法。

1. 由先序遍历和中序遍历创建二叉树

二叉树遍历操作可使非线性结构的树转换成线性序列。先序遍历序列和中序遍历序列反映父结点和孩子结点间的层次关系，中序遍历序列反映兄弟结点间的左右次序关系。因为二叉树是具有层次关系的结点构成的非线性结构，并且每个结点的孩子结点具有左右次序，所以已知一种遍历序列无法唯一确定一棵二叉树，只有同时知道中序遍历序列和先序遍历序列，或者同时知道中序遍历序列和后序遍历序列，才能同时确定结点的层次关系和结点的左右次序，才能唯一确定一棵二叉树。其主要操作步骤如下。

（1）取先序遍历的第一个结点作为根结点，序列的结点数为 n。

（2）在中序遍历中查找根结点，其位置为 i，根结点之前的 i 个结点构成根结点左子树的中序遍历序列，根结点后 $n-i-1$ 个结点构成根结点右子树的中序遍历序列。

（3）在先序遍历中，根结点之后 i 个结点构成的序列为根结点左子树的先序遍历序列，先序遍历之后 $n-i-1$ 个结点构成的序列为根结点右子树的先序遍历序列。

（4）重复（1）、（2）、（3），确定左右子树的根结点和子树的左子树和右子树。

假设某一棵二叉树的先序序列为 ABDECG，中序序列为 DBEACG，由先序序列和中序序列创建二叉树的过程如图 6-16 所示。

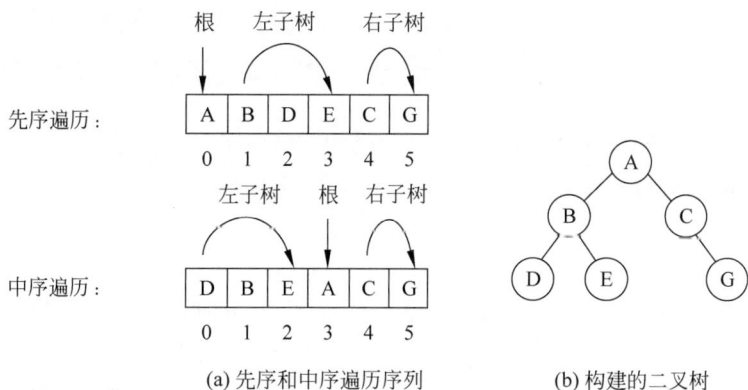

图 6-16　先序序列和中序序列创建一棵二叉树的过程

【例 6.4】　由先序遍历与中序遍历创建二叉树的算法实现。

```
public BiTree(String preOrder, String inOrder, int pre, int in , int n) {
//preOrder 是整棵树的先序遍历序列，inOrder 是整棵树的中序遍历序列，pre 是先序遍历序列在
//preOrder 中的开始位置，in 是中序遍历序列在 inOrder 中的开始位置，n 是树中结点的个数
if (n > 0) {
        char c = preOrder.charAt(pre); //在先序序列中找到根结点
        int i = 0;
        for (; i < n; i++) {
            if (inOrder.charAt(i + in) == c) { //在中序序列中找到先序序列中对应根结点的
                                               //位置 n
                break;
            }
        }
```

```
        root = new BiTreeNode(c);
        root.lchild = new BiTree(preOrder, inOrder, pre + 1, in, i).root;
        root.rchild = new BiTree(preOrder, inOrder, pre + i + 1, in+i + 1, n − i − 1).root;
    }
}
```

2. 由标明空子树的先序遍历序列创建一棵二叉树

已知二叉树的先序遍历序列是不能唯一确定一棵二叉树的,如果能够在先序遍历序列中加入每个结点的空子树信息,则可以明确二叉树中结点与双亲、孩子与兄弟间的关系,因此就可以唯一确定一棵二叉树。例如,图 6-17 为标明空子树"♯"的一棵二叉树的先序遍历序列。

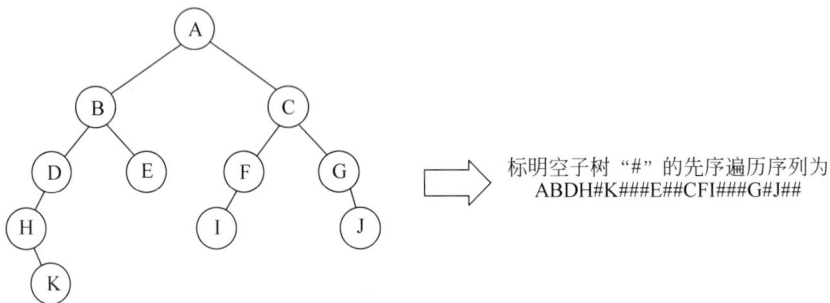

标明空子树 "#" 的先序遍历序列为
ABDH#K###E##CFI###G#J##

图 6-17   标明空子树的先序遍历序列

按标明空子树的先序遍历序列来建立一棵二叉树的主要操作步骤描述如下。

(1)首先初始化一个索引 index,这个索引用于跟踪在字符串 preOrderWithNulls 中的当前位置。

(2)构建树的根结点,在 BiTree 的构造函数中,调用了私有方法 constructTree()并传入了整个字符串以及起始和结束位置,用于构建二叉树的根结点,并从那里开始构建整棵树。

(3)递归构建树,constructTree()方法首先检查当前索引是否超出了字符串的长度,或者当前字符是不是一个空结点标记'♯'。如果是,它将索引向前移动一个位置且返回 null,表示遇到了一个空结点。

(4)创建根结点,如果当前字符不是'♯',方法读取当前字符代表的结点值,并将索引向前移动,以便于下次读取新的结点或空结点标记。

(5)构建左子树,下一步是递归调用 constructTree()函数来构建当前结点的左子树。这里的重点是该递归调用将在遇到下一个'♯'或字符串结束之前继续创建左子结点的子树。

(6)构建右子树,左子树创建成功后,方法同样递归调用 constructTree()函数来构造右子树,递归逻辑同左子树。

(7)返回树状结构,递归结束后,返回当前构造的结点,这个结点现在有了左右子结点(可能某些子结点是 null)。

【例 6.5】   标明空子树的先序遍历序列来建立一棵二叉树的算法实现。

```
private static int index = 0;                           //记录当前处理到序列中的位置
public BiTree(String preOrderWithNulls) {
```

```
        char c = preOrderWithNulls.charAt(index++);  //取出字符串索引为 index 的字符,且 index 增 1
        if (c != '#') {                               //字符不为#
            root = new BiTreeNode(c);                          //建立树的根结点
            root.lchild = new BiTree(preOrderWithNulls).root;   //建立树的左子树
            root.rchild = new BiTree(preOrderWithNulls).root;   //建立树的右子树
        } else
            root = null;
    }
```

6.5 树和森林

6.5.1 树的存储表示

一棵树包含各结点间的层次关系和兄弟关系,两种关系的存储结构不同。树的层次关系必须采用链式存储结构存储,通过链连接父结点和孩子结点。一个结点的多个孩子结点(互称兄弟结点)之间是线性关系,可以采用顺序存储结构或者链式存储结构。

1. 树的双亲表示法

双亲表示法采用顺序表(也就是数组)存储普通树,其实现的核心思想是:顺序存储各个结点的同时,给各结点附加一个记录其父结点位置的变量。双亲表示法的结点结构如图 6-18 所示,data(数据域)存储结点的数据信息,parent(指针域)存储该结点的双亲所在数组中的下标,要注意根结点没有父结点(父结点又称为双亲结点),因此根结点记录父结点位置的变量通常置为-1。

data	parent

图 6-18 双亲表示法的结点结构

当算法中需要在树状结构中频繁地查找某结点的父结点时,使用双亲表示法最合适。当频繁地访问结点的孩子结点时,双亲表示法就很麻烦,采用孩子表示法就很简单,如图 6-19 所示的是一棵树以及其双亲表示法存储结构示意图。

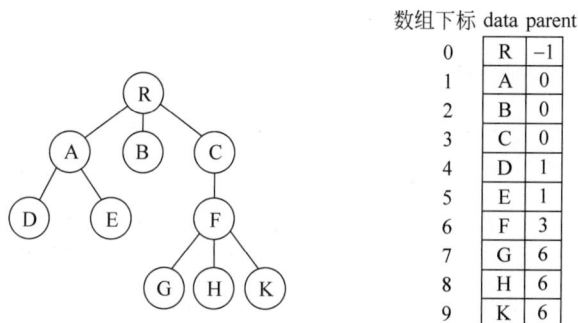

数组下标	data	parent
0	R	-1
1	A	0
2	B	0
3	C	0
4	D	1
5	E	1
6	F	3
7	G	6
8	H	6
9	K	6

图 6-19 树以及其双亲表示法存储结构示意图

【例 6.6】 树的双亲表示法的代码实现示例。

```
package chp06;
class ParentTreeNode {
        String data;              //结点数据
        int parent;               //父结点的索引

    //结点的构造方法
```

```java
        public ParentTreeNode(String data, int parent) {
            this.data = data;
            this.parent = parent;
        }
    }

class ParentTree {
    private ParentTreeNode[] nodes;              //存储所有结点
    private int n;                                //结点数量

    public int getN() {
        return n;
    }

    public void setN(int n) {
        this.n = n;
    }

    //树的构造方法
    public ParentTree(int size) {
        nodes = new ParentTreeNode[size];
        n = 0;
    }

    //添加结点
    public void addNode(String data, int parent) {
        nodes[n] = new ParentTreeNode(data, parent);
        n++;
    }

    //获取结点
    public ParentTreeNode getNode(int index) {
        if (index < 0 || index >= n) {
            throw new IndexOutOfBoundsException("结点索引超出范围");
        }
        return nodes[index];
    }

    //获取父结点
    public ParentTreeNode getParent(int index) {
        if (index < 0 || index >= n) {
            throw new IndexOutOfBoundsException("结点索引超出范围");
        }
        int parentIndex = nodes[index].parent;
        if (parentIndex == -1) {
            return null;                          //根结点
        }
        return nodes[parentIndex];
    }
}

//测试用的主方法
public class Example6_6 {
    public static void main(String[] args) {
```

```
        final int TREE_SIZE = 10;
        ParentTree tree = new ParentTree(TREE_SIZE);

        //添加结点到树中,-1 表示没有父结点,即根结点
        tree.addNode("Root", -1);
        tree.addNode("Child1", 0);
        tree.addNode("Child2", 0);
        tree.addNode("Child3", 1);
        tree.addNode("Child4", 1);
        tree.addNode("Child5", 2);
        //打印每个结点的父结点
        for (int i = 0; i < tree.getN(); i++) {
            ParentTreeNode node = tree.getNode(i);
            ParentTreeNode parent = tree.getParent(i);
            String parentData = (parent != null) ? parent.data : "没有父结点";
            System.out.println("结点:" + node.data + ",父结点:" + parentData);
        }
    }
}
```

【运行结果】

结点:Root,父结点:没有父结点

结点:Child1,父结点:Root

结点:Child2,父结点:Root

结点:Child3,父结点:Child1

结点:Child4,父结点:Child1

结点:Child5,父结点:Child2

2. 树的孩子表示法

孩子表示法存储普通树采用的是顺序表和链表的组合结构,其存储过程是:从树的根结点开始,使用顺序表依次存储树中各个结点。需要注意的是,与双亲表示法不同,孩子表示法的每个结点又会指向一个链表,用于存储各结点的孩子结点位于顺序表中的位置。如果结点没有孩子结点(叶子结点),则该结点的链表为空链表。孩子表示法有两种结点结构:孩子链表的孩子结点如图 6-20(a)所示,child(child 域)存储某个结点在表头数组中的下标,next(next 域)存储指向某结点的下一个孩子结点的指针。表头数组的表头结点如图 6-20(b)所示,data(数据域)存储某个结点的数据信息,firstchild(头指针域)存储该结点的孩子链表的头指针,如图 6-21 所示的是一棵树以及其孩子表示法存储结构示意图。

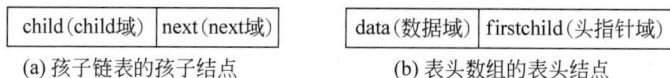

child(child域)	next(next域)		data(数据域)	firstchild(头指针域)

(a) 孩子链表的孩子结点   (b) 表头数组的表头结点

图 6-20　孩子表示法有两种结点结构

【例 6.7】　树的孩子表示法的代码实现示例。

```
package chp06;
class ChildNode {
    int child;                    //存储结点在顺序表中的索引
    ChildNode next;               //指向下一个孩子结点

    public ChildNode(int child) {
```

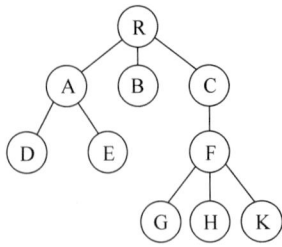

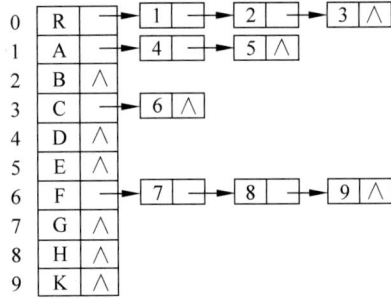

图 6-21　树以及其孩子表示法存储结构示意图

```java
            this.child = child;
            this.next = null;
        }
    }
    class TreeNode {
        String data;                            //结点的数据信息
        ChildNode firstChild;                   //头指针域,指向该结点的孩子链表的第一个孩子

        public TreeNode(String data) {
            this.data = data;
            this.firstChild = null;
        }
    }
    public class Example6_7 {
        private TreeNode[] nodes;               //顺序表存储结点信息
        private int n;                          //结点的数量
        public Example6_7(int size) {
            //初始化树状结构
            nodes = new TreeNode[size];
            for (int i = 0; i < size; i++) {
                nodes[i] = new TreeNode(null);
            }
            this.n = 0;
        }
        //添加结点,返回结点的索引
        public int addNode(String data) {
            nodes[n].data = data;
            nodes[n].firstChild = null;         //新结点暂时没有孩子
            return n++;                         //返回该结点的索引
        }
        //添加孩子结点
        public void addChild(int parentIndex, int childIndex) {
            if (parentIndex < 0 || parentIndex >= nodes.length || childIndex < 0 || childIndex >=
    nodes.length) {
                throw new IllegalArgumentException("Invalid node index.");
            }
            ChildNode newChildNode = new ChildNode(childIndex);   //创建新的孩子结点
            if (nodes[parentIndex].firstChild == null) {
                //如果当前没有孩子
                nodes[parentIndex].firstChild = newChildNode;
            } else {
                //如果已经有了孩子,把新孩子插到链表头部
```

```
            ChildNode temp = nodes[parentIndex].firstChild;
            while (temp.next != null) {
                temp = temp.next;
            }
            temp.next = newChildNode;
        }
    }
    public void printTree() {
        //从根结点开始打印,即索引为 0 的结点
        printTreeFromNode(0, "");
    }
    private void printTreeFromNode(int index, String indent) {
        TreeNode node = nodes[index];
        System.out.println(indent + node.data);    //打印当前结点
        ChildNode child = node.firstChild;
        while (child != null) {                     //遍历孩子链表,并递归打印
            printTreeFromNode(child.child, indent + " ");
            child = child.next;
        }
    }

    public static void main(String[] args) {
        final int TREE_SIZE = 10;
        Example6_7 tree = new Example6_7(TREE_SIZE);
        //构建树状结构
        int rootIndex = tree.addNode("Root");
        int child1Index = tree.addNode("Child1");
        int child2Index = tree.addNode("Child2");
        int child3Index = tree.addNode("Child3");
        tree.addChild(rootIndex, child1Index);
        tree.addChild(rootIndex, child2Index);
        tree.addChild(rootIndex, child3Index);

        //添加更多结点和孩子关系...
        int child4Index = tree.addNode("Child4");
        int child5Index = tree.addNode("Child5");
        int child6Index = tree.addNode("Child6");
        int child7Index = tree.addNode("Child7");
        int child8Index = tree.addNode("Child8");

        tree.addChild(child1Index, child4Index);
        tree.addChild(child1Index, child5Index);
        tree.addChild(child2Index, child6Index);
        tree.addChild(child3Index, child7Index);
        tree.addChild(child3Index, child8Index);
        //打印树状结构
        System.out.println("该树的树状结构为:");
        tree.printTree();
    }
}
```

【运行结果】

该树的树状结构为:

Root

```
Child1
    Child4
    Child5
Child2
    Child6
Child3
    Child7
    Child8
```

3. 树的孩子兄弟表示法

树状结构中,位于同一层的结点之间互为兄弟结点。孩子兄弟表示法采用的是链式存储结构,其存储树的实现思想是:从树的根结点开始,依次用链表存储各个结点的孩子结点和兄弟结点。所以该链表中的结点应包含三部分内容,如图 6-22 所示,Firstchild(孩子指针域)指向该结点的第一个孩子,data(数据域)存储结点的数据信息,Nextsibling(兄弟指针域)指向该结点的右邻兄弟结点,如图 6-23 所示的是一棵树以及其孩子兄弟表示法存储结构示意图。

Firstchild(孩子指针域)	data(数据域)	Nextsibling(兄弟指针域)

图 6-22　孩子兄弟表示法的结点结构

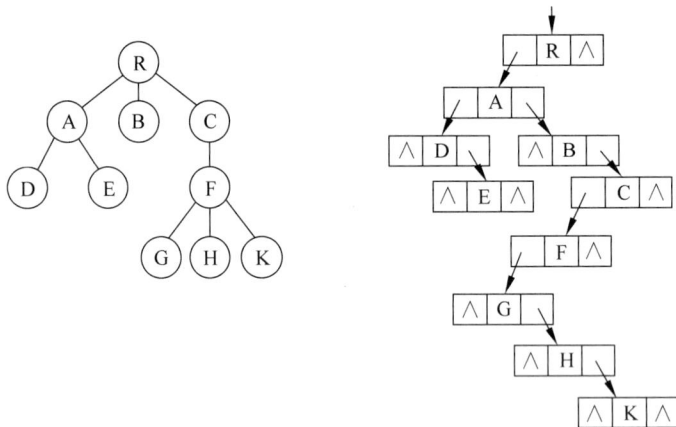

图 6-23　树以及其孩子兄弟表示法存储结构示意图

【**例 6.8**】　树的孩子兄弟表示法的代码实现示例。

```java
package chp06;
class CSNode {
    public char data;                           //数据域
    public CSNode firstChild;                   //孩子结点指针域
    public CSNode nextSibling;                  //兄弟结点指针域
    //结点构造函数
    public CSNode(char data) {
        this.data = data;
        this.firstChild = null;
        this.nextSibling = null;
    }
}
class CSTree {
    CSNode root;                                //树的根结点
```

```java
//树构造函数,初始化时创建根结点
public CSTree(char rootData) {
    this.root = new CSNode(rootData);
}
//添加孩子结点
public void addChild(CSNode parent, CSNode child) {
    if (parent.firstChild == null) {
        //如果父结点没有孩子,则直接将新结点作为其第一个孩子
        parent.firstChild = child;
    } else {
        //否则,找到父结点的最后一个孩子的兄弟结点,插入新孩子
        CSNode temp = parent.firstChild;
        while (temp.nextSibling != null) {
            temp = temp.nextSibling;
        }
        //在兄弟链表的末尾添加孩子
        temp.nextSibling = child;
    }
}
//先序遍历打印树
public void preOrderTraversal() {
    preOrderHelper(this.root);
    System.out.println();                              //换行,结束输出
}

//先序遍历的辅助方法
private void preOrderHelper(CSNode node) {
    if (node != null) {
        System.out.print(node.data + " ");             //访问结点数据
        preOrderHelper(node.firstChild);               //递归访问第一个孩子
        preOrderHelper(node.nextSibling);              //递归访问下一个兄弟
    }
}
//打印树状结构的方法
public void printTreeStructure() {
    printTreeHelper(this.root, 0);
}
//打印树状结构的辅助方法,使用深度参数确定结点的层级
private void printTreeHelper(CSNode node, int depth) {
    for (int i = 0; i < depth; i++) {
        System.out.print(" ");                         //对于每一层深度,增加两个空格
    }
    if (node != null) {
        System.out.println(node.data);                 //打印结点数据
        CSNode child = node.firstChild;
        while (child != null) {
            //递归打印每个孩子结点,并增加深度
            printTreeHelper(child, depth + 1);
            child = child.nextSibling;
        }
    }
}
}
public class Example6_8 {
```

```
        public static void main(String[] args) {
            CSTree tree = new CSTree('A');                    //创建树,根结点为 A
            //构建树的其他结点
            CSNode B = new CSNode('B');
            CSNode C = new CSNode('C');
            CSNode D = new CSNode('D');
            CSNode E = new CSNode('E');
            CSNode F = new CSNode('F');
            CSNode G = new CSNode('G');
            CSNode H = new CSNode('H');
            CSNode I = new CSNode('I');
            //添加子结点,构建树状结构
            tree.addChild(tree.root, B);
            tree.addChild(tree.root, C);
            tree.addChild(B, D);
            tree.addChild(D, G);
            tree.addChild(D, H);
            tree.addChild(C, E);
            tree.addChild(C, F);
            tree.addChild(F, I);
            //树状结构的打印输出
            System.out.println("该树的树状结构为:");
            tree.printTreeStructure();
        }
    }
```

【运行结果】

该树的树状结构为:

```
A
    B
        D
            G
            H
    C
            E
            F
                I
```

6.5.2　树和森林的遍历

1. 树的遍历

树的结构本质是由一棵树的根结点加上子树构成的森林组成,而森林又是树的集合,由此可以引出树的三种遍历方式,这两种遍历方式本身也是一种递归定义。下面介绍在孩子兄弟表示法存储结构下的算法实现。

1) 先序(先根)遍历

对于给定的一棵树,先序遍历是一种按照特定顺序访问树中所有结点的操作。其遍历顺序为:首先访问根结点,然后按照从左到的顺序,递归地对根结点的每个子树进行先序遍历。具体步骤如下。

(1) 访问根结点:访问树的根结点,执行相应的操作(如打印结点的值)。

(2) 递归遍历子树:对于根结点的每个子结点(子树),按照从左到右的顺序,递归地执行先序遍历。即对每个子结点,先将其视为当前树的根结点,然后重复步骤(1)和步骤(2),直到遍历完当前子树的所有结点。

【例 6.9】 树的先序遍历递归算法实现。

```
public void preRootTraverse(CSNode root) {
    if (root != null) {
        System.out.print(root.data);          //访问根结点
        preRootTraverse(root.firstChild);      //访问孩子结点
        preRootTraverse(root.nextSibling);     //访问兄弟结点
    }
}
```

2) 后序(后根)遍历

对于给定的一棵树,后序遍历是一种按照特定顺序访问树中所有结点的操作。其遍历顺序为:首先按照从左到右的顺序,递归地对根结点的每个子树进行后序遍历,然后访问根结点。具体步骤如下。

(1) 递归遍历子树:对于根结点的每个子结点(子树),按照从左到右的顺序,递归地执行后序遍历。即对每个子结点,先将其视为当前树的根结点,然后重复步骤(1),直到遍历完当前子树的所有结点。

(2) 访问根结点:在所有子树都被遍历完毕后,最后访问根结点,执行相应的操作(如打印结点的值)。

【例 6.10】 树的后序遍历递归算法实现。

```
public static void postRootTraverse(CSNode root) {
    if (root != null) {
        postRootTraverse(root.firstChild);     //访问孩子结点
        System.out.print(root.data);           //访问根结点
        postRootTraverse(root.nextSibling);    //访问兄弟结点
    }
}
```

3) 层次遍历

对于给定的一棵树,层次遍历是指从根结点开始,逐层遍历树中所有结点。具体地,首先访问根结点,然后依次访问根结点的所有直接子结点(即第二层),接着再访问这些子结点的所有子结点(即第三层),以此类推,直到遍历完最后一层的所有结点。

在层次遍历中,同一层的结点按照从左到右的顺序进行访问。这种遍历方式需要借助一个辅助队列来实现,利用队列先进先出的特性,存放访问过的结点,以便下一层继续按照结点的左右次序(或从左到右的顺序)访问它们的孩子。

层次遍历的基本步骤如下。

(1) 从根结点开始,访问根结点,并将根结点入队。

(2) 当队列不为空时,进行出队操作,访问出队结点。

(3) 如果出队结点有子结点,将这些子结点从左到右依次入队。

(4) 重复步骤(2)和(3),直到队列为空,即所有结点都被访问过。

【例 6.11】 树的层次遍历非递归算法实现。

```
public void levelTraverse() {
    CSNode T = root;
```

```
if (T != null) {
    Queue<CSNode> L = new LinkedList<>();        //构造队列
    L.offer(T);                                   //根结点入队列
    while (!L.isEmpty()) {
        T = L.poll();                             //访问结点及其所有兄弟结点
        System.out.print(T.data + " ");           //访问结点
        CSNode child = T.firstChild;
        while (child != null) {                   //入队结点的所有孩子
            L.offer(child);
            child = child.nextSibling;
        }
    }
}
```

2. 森林的遍历

森林主要由三部分构成,即森林中第一棵树的根结点、森林中第一棵树的根结点的子树森林和森林中除去第一棵树而由其他树构成的森林。按照森林和树的定义,可以推出森林的递归遍历方法。

1) 先序遍历森林

(1) 先访问森林中第一棵树的根结点。

(2) 先序遍历第一棵树中序结点的子树森林,相当于二叉树的左子树。

(3) 先序遍历除去第一棵树之后剩余的树构成的森林,相当于二叉树的右子树。

2) 中序遍历森林

(1) 中序遍历第一棵树中序结点的子树森林,相当于二叉树的左子树。

(2) 访问森林中第一棵树的根结点。

(3) 中序遍历除去第一棵树之后剩余的树构成的森林,相当于二叉树的右子树。

3) 层次遍历森林

若森林非空,则按照从左到右的顺序对森林中的每一棵树进行层次遍历。

6.5.3 树、森林与二叉树之间的相互转换

树、森林与二叉树之间有一个自然的一一对应关系。任何一个森林或一棵树可唯一地对应到一棵二叉树;反之,任何一棵二叉树也能唯一地对应到一个森林或一棵树。

1. 树转换成二叉树

二叉树和树都可以用二叉链表作为存储结构,因此二叉链表可以导出树与二叉树的一个对应关系,即给定一棵树,可以找到唯一的一棵二叉树与之对应。具体的操作步骤如下。

(1) 在树中所有兄弟结点之间画一条连线,所谓兄弟即拥有相同父结点的所有结点。

(2) 去掉每个结点除了第一个孩子结点外的其他连线,即只保留它与第一个孩子结点之间的连线。

(3) 最后顺时针旋转适当角度,调整为二叉树的形状。

图 6-24 给出了一棵树转换成二叉树的过程示意图。

2. 二叉树转换成树

二叉树转换为树是树转换为二叉树的逆过程,具体的操作步骤如下。

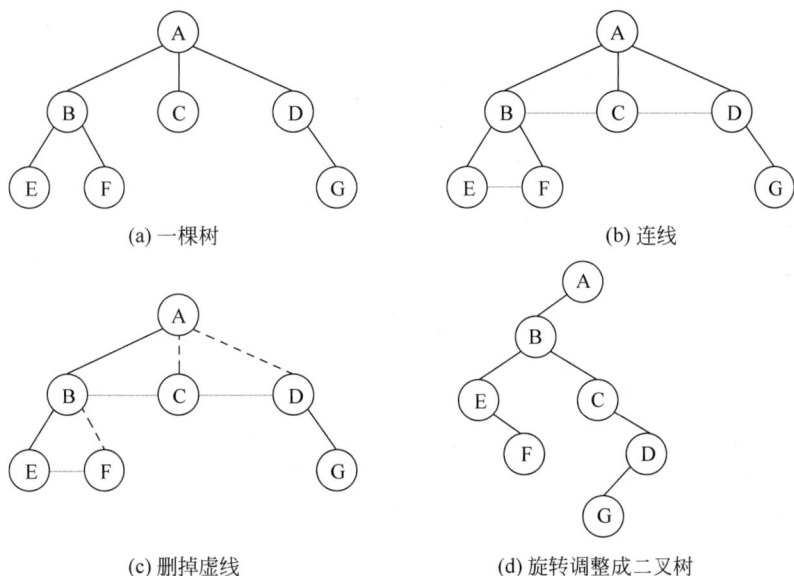

(a) 一棵树   (b) 连线

(c) 删掉虚线   (d) 旋转调整成二叉树

图 6-24　树转换成二叉树的过程示意图

（1）若某结点是其双亲结点的左孩子，则将该结点沿着右分支向下的所有结点与该结点的双亲结点用线连接。

（2）删除原二叉树中所有结点与其右孩子结点的连线。

（3）整理(1)和(2)两步得到的树，以根结点为中心逆时针旋转适当角度。

图 6-25 给出了一棵二叉树转换成树的过程示意图。

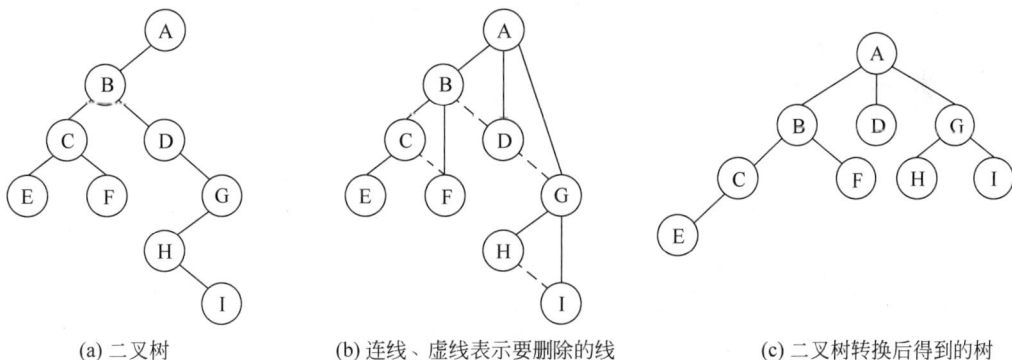

(a) 二叉树   (b) 连线、虚线表示要删除的线   (c) 二叉树转换后得到的树

图 6-25　二叉树转换成树的过程示意图

3. 森林转换成二叉树

森林是由若干棵树组成的，可以将森林中的每棵树的根结点看作兄弟，由于每棵树都可以转换为二叉树，所以森林也可以转换为二叉树。具体的操作步骤如下。

（1）先把每棵树转换为二叉树。

（2）第一棵二叉树不动，从第二棵二叉树开始，依次把后一棵二叉树的根结点作为前一棵二叉树的根结点的右孩子结点，用线连接起来。当所有的二叉树连接起来后得到的二叉树就是由森林转换得到的二叉树。

图 6-26 给出了森林转换成一棵二叉树的过程示意图。

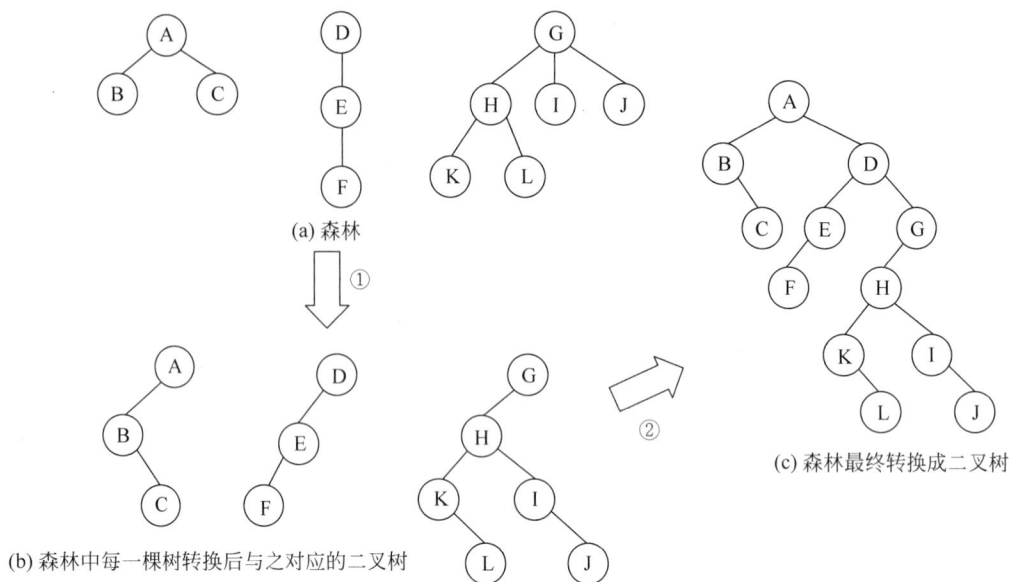

(a) 森林

①

(b) 森林中每一棵树转换后与之对应的二叉树

②

(c) 森林最终转换成二叉树

图 6-26　森林转换成二叉树的过程示意图

6.6　哈夫曼树及哈夫曼编码

6.6.1　哈夫曼树的基本概念

为了给出哈夫曼树的定义,需要首先理解下面介绍的几个基本概念。

1. 路径

在树状结构中,路径(Path)是指从一个结点到另一个结点的连续边和结点的序列。在哈夫曼树中,路径通常指的是从根结点到某个叶结点的连续边和结点的序列。

2. 路径长度

路径长度(Path Length)是指路径上边的数量。在哈夫曼树中,路径长度指的是从根结点到某个叶子结点所经过的边的数量。

3. 树的路径长度

树的路径长度(Path Length of Tree)是从树的根结点到每个结点的路径长度之和。对于哈夫曼树,这意味着将所有从根结点到各个叶子结点的路径长度相加得到的结果。

4. 结点的权

在一些应用中,为了表示树中结点的重要性或频率等特性,会给每个结点赋予一个数值,这个数值就被称为该结点的权(Weight of Node)。在哈夫曼树中,结点的权通常用于表示字符在文本中出现的频率,以便进行高效的数据压缩。

5. 树的带权路径长度

树的带权路径长度(Weighted Path Length of Tree,WPL)是指树中所有叶子结点的带权路径长度之和。带权路径长度是从一个叶子结点到根结点的路径长度与该叶子结点权的乘积。在哈夫曼树中,树的带权路径长度是一个非常重要的概念,因为哈夫曼树就是通过最小化树的带权路径长度来构建的。换句话说,哈夫曼树是一种最优二叉树,其带权路径长度在所有具有相同叶子结点权的二叉树中是最小的。计算公式如式(6.6)所示：

$$WPL = \sum_{i=1}^{n} W_i \times L_i \qquad (6.6)$$

其中，n 为叶子结点的个数；W_i 为第 i 个叶子所带的权值；L_i 为该叶子结点到根结点的路径长度。

给定 n 个权值作为 n 个叶子结点，构造一棵二叉树，若该树的带权路径长度达到最小，称这样的二叉树为最优二叉树，也称为**哈夫曼树**(Huffman Tree)。

例如，如图 6-27 所示的三棵二叉树，它们具有 4 个叶子结点，并且带有相同的权值 7、5、2、4，它们的带权路径长度不同，分别为

$$WPL = 7 \times 2 + 5 \times 2 + 2 \times 2 + 4 \times 2 = 36$$
$$WPL = 4 \times 2 + 7 \times 3 + 5 \times 3 + 2 \times 1 = 46$$
$$WPL = 7 \times 1 + 5 \times 2 + 2 \times 3 + 4 \times 3 = 35$$

其中，图 6-27(c)中二叉树的 WPL 最小，它就是一棵哈夫曼树。

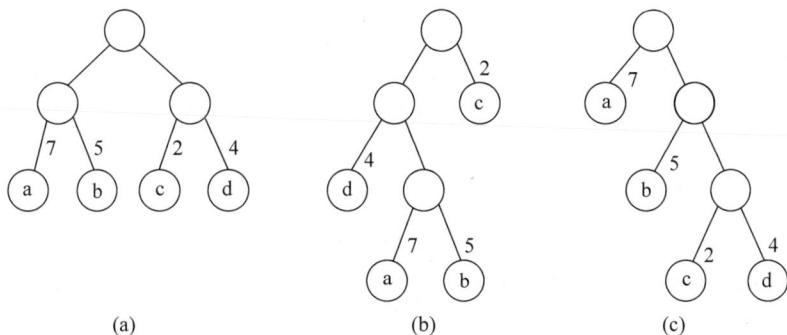

图 6-27　不同带权路径长度的二叉树

6.6.2　哈夫曼树的构造

给定 n 个权值分别为 $\{W_1, W_2, \cdots, W_n\}$ 的结点，通过 Huffman 算法构造出最优二叉树，算法描述如下。

(1) 将这 n 个结点分别作为 n 棵只含有一个结点的二叉树，构成森林 F。

(2) 构造一个新结点，从 F 中选取两棵根结点权值最小的树作为新结点的左、右子树，并且将新结点的权值置为左、右子树上根结点的权值之和。

(3) 从 F 中删除刚才选出的两棵树，同时将新得到的树加入 F 中。

(4) 重复步骤(2)和(3)，直至 F 中只剩下一棵树为止。

例如，对于一组给定权值 $\{7, 5, 2, 4\}$ 的哈夫曼树的构造过程如图 6-28 所示。

6.6.3　哈夫曼编码

哈夫曼编码(Huffman Coding)是一种字符编码方式，是可变长编码的一种，于 1952 年提出，依据字符在文件中出现的频率来建立一个用 0、1 串表示各字符，使平均每个字符的码长最短的最优表现形式。在电报通信中，电文是以二进制的 0、1 序列传送的，每个字符对应一个二进制编码，为了缩短电文的总长度，采用不等长编码方式，构造哈夫曼树，将每个字符

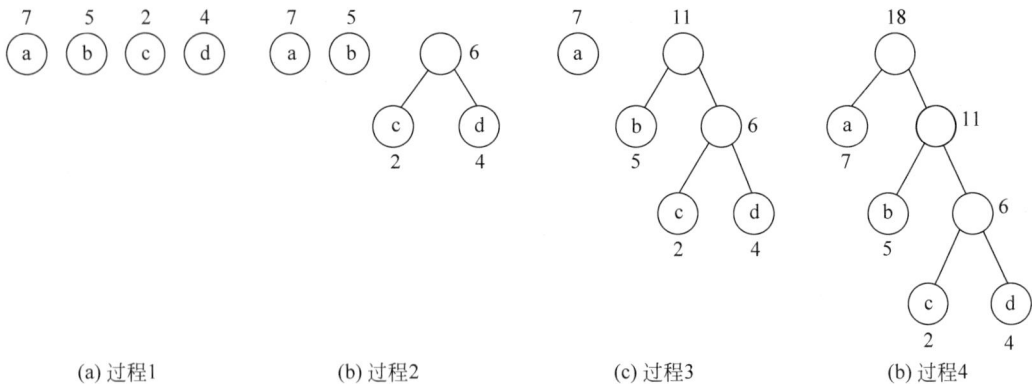

图 6-28　哈夫曼树的构造过程示意图

的出现频率作为字符结点的权值赋予叶子结点,每个分支结点的左右分支分别用 0 和 1 编码,从树根结点到每个叶子结点的路径上,所经分支的 0、1 编码序列等于该叶子结点的二进制编码。

例如,在一个通信电报中使用了 6 个字符 a、b、c、d、e 和 f,每个字符的使用频率分别为 9、12、6、3、5 和 15。则构造每个字符的哈夫曼编码的过程如下。

(1) 首先以每个字符的频度作为叶结点的权值,然后依据哈夫曼树的构造规则可构得如图 6-29(a)所示的一棵哈夫曼树。

(2) 再根据哈夫曼编码规则,将哈夫曼树中每个结点的左分支标记为 0,每个结点的右分支标记为 1,则可得到各个叶子结点的哈夫曼编码,如图 6-29(b)所示。

得到的各个字符的哈夫曼编码如下。

a 的编码为 00;b 的编码为 01 ;c 的编码为 100;d 的编码为 1010;e 的编码为 1011;f 的编码为 11。

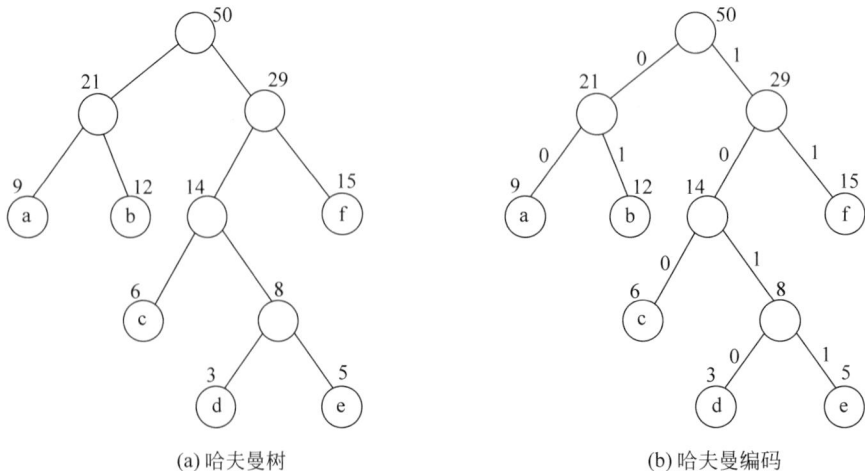

图 6-29　哈夫曼树及哈夫曼编码

6.6.4　构造哈夫曼树和哈夫曼编码的类的描述

构造哈夫曼树需要从子结点到父结点的操作,译码时需要从父结点到子结点的操作,所以为了提高算法的效率将哈夫曼树的结点设计为三叉链式存储结构。一个权值域存储结点的权值，一个 flag 域标记结点是否已经加入哈夫曼树中，当 flag＝1 时表示该结点已经加入哈夫曼树，当 flag＝0 时表示该结点未加入哈夫曼树，3 个指针域分别存储着指向父结点和左、右孩子结点。所以每个结点有 5 个域，如图 6-30 所示。

weight	flag	parent	rchild	lchild

图 6-30　哈夫曼树结点的存储结构

哈夫曼树结点类描述如下。

```java
public class HuffmanNode {
    public int weight;                    //结点的权值
    public int flag;      //加入哈夫曼树的标志,flag＝0 时表示该结点未加入哈夫曼树,flag＝1 时则
                          //表示该结点已加入哈夫曼树
    public HuffmanNode parent, lchild, rchild;    //父结点及左右孩子结点
    public HuffmanNode() {                //构造一个空结点
        this(0);
    }
    public HuffmanNode(int weight) {     //构造一个具有权值的结点
        this.weight = weight;
        flag = 0;
        parent = lchild = rchild = null;
    }
}
```

构造哈夫曼树和哈夫曼编码的类描述算法如下。

【例 6.12】　构造哈夫曼树与哈夫曼编码算法实现。

```java
public class Example6_12 {
    public int[][] huffmanCoding(int[] W){
        int n = W.length;                 //权重数组的长度
        int m = 2 * n － 1;                //哈夫曼树结点的总个数
        HuffmanNode[] HN = new HuffmanNode[m];    //哈夫曼树的结点数组
        int i;                            //哈夫曼树的结点数组的下标
        for (i = 0; i < n; i++) { //构造 n 个具有给定权值的结点,放在结点数组的前 n 个位置
            HN[i] = new HuffmanNode(W[i]);
        }
        for (i = n; i < m; i++) {         //从数组下标 n 开始,存放其他的结点
            HuffmanNode[] minNode = selectMin(HN, i － 1);    //从结点数组中的[0],[1],…,
                                                             //[i-1]中选择权值最小的一个
            HuffmanNode min1 = minNode[0];    //选出数组结点中权值最小的结点
            HuffmanNode min2 = minNode[1];    //选出数组结点中权值第二小的结点

            min1.flag = 1;                //标记已经被选中到结点数组中
            min2.flag = 1;
            HN[i] = new HuffmanNode(); //新建哈夫曼结点,放在数组下标为 i 的位置
            min1.parent = HN[i];          //权值最小结点和第二小结点的双亲为新结点
            min2.parent = HN[i];
            HN[i].lchild = min1;          //新结点的左、右孩子为权值最小的两个结点
            HN[i].rchild = min2;
            HN[i].weight = min1.weight ＋ min2.weight; //新结点的权重就是两个孩子的权值之和
        }
        int[][] Huffcode = new int[n][n]; //建立哈夫曼编码二维数组
```

```
        for (int j = 0; j < n; j++) {            //一共 n 个结点
            int start = n − 1;                   //编码开始的位置,初始化为数组的结尾
            //
            for (HuffmanNode c = HN[j], p = c.parent ; p != null ; c = p, p = p.parent) {
                if (p.lchild.equals(c)) {
                    Huffcode[j][start−−] = 0;    //左孩子编码为 0
                } else {
                    Huffcode[j][start−−] = 1;    //右孩子编码为 1
                }
            }
            Huffcode[j][start] = −1; //编码的开始标识为−1,即从−1开始后面才是编码序列
        }
        return Huffcode;
    }
    //在哈夫曼树结点数组的[0],[1],…,[end]中选择不在哈夫曼树中且 weight 最小的两个结点
    private HuffmanNode[] selectMin(HuffmanNode[] HN, int end) {
        HuffmanNode[] min = {new HuffmanNode(100), new HuffmanNode(100)};
        for (int i = 0; i <= end; i++) {
            HuffmanNode h = HN[i];
            if (h.flag == 0 && h.weight < min[0].weight) {
                min[1] = min[0];
                min[0] = h;
            } else if (h.weight < min[1].weight && h.flag == 0) {
                min[1] = h;
            }
        }
        return min;
    }
}
```

根据上述算法可构造如图 6-29(a)所示的哈夫曼树,并可得到 a、b、c、d、e、f 这 6 个字符的哈夫曼编码。对图 6-29(a)中的哈夫曼树进行编码测试代码如下。

```
public static void main(String[] args) {
    int[] w = {9,12,6,3,5,15};
    char[] c = {'a','b','c','d','e','f'};
    HuffmanTree hTree = new HuffmanTree();
    int[][] HN = hTree.huffmanCoding(w);
    for (int i = 0; i < HN.length; i++) {
        System.out.print(c[i] + "的哈夫曼编码为: ");
        for (int j = 0; j < HN[i].length; j++) {
            if (HN[i][j] == −1) {
                for (int k = j + 1; k < HN[i].length; k++) {
                    System.out.print(HN[i][k]);
                }
                break;
            }
        }
        System.out.println();
    }
}
```

最终得到的哈夫曼编码如图 6-31 所示。

```
<terminated> Example6_12 [Jav
a的哈夫曼编码为: 00
b的哈夫曼编码为: 01
c的哈夫曼编码为: 100
d的哈夫曼编码为: 1010
e的哈夫曼编码为: 1011
f的哈夫曼编码为: 11
```

图 6-31　哈夫曼编码结果

6.7　综合应用实例

【问题描述】

在电文传输中，通常需要将电文中的字符进行二进制编码。在设计编码时需要遵守两个原则：①发送方传输的二进制编码，到接收方解码后必须具有唯一性，即解码结果与发送方发送的电文完全一样；②发送的二进制编码尽可能地短。

在保证接收方解码后的唯一性的同时，还要使得二进制编码的位数尽可能地少，可以将每个字符的编码设计为不等长的，使用频率较高的字符分配一个相对比较短的编码，使用频度较低的字符分配一个比较长的编码。为了设计长短不等的编码，以便减少电文的总长，还必须考虑编码的唯一性，即在建立不等长编码时必须使任何一个字符的编码都不是另一个字符的前缀。这个问题可以采用哈夫曼编码解决。

【思政元素】

在电文传输的二进制编码设计问题中，展示了科技创新与实用性的紧密结合。通过设计二进制编码，能够将字符转换为计算机可识别的语言，从而实现信息的传输。然而，编码设计并不仅是技术上的挑战，更需要满足实用性的要求。编码必须保证解码后的唯一性，且尽可能短，以提高传输效率。这体现了科学技术应当服务于实践，解决实际问题的重要原则。

体现了效率与公平性的平衡。在编码设计中，高频字符使用较短的编码，这符合效率优先的原则。然而，低频字符虽然使用频率较低，但它们的编码也是唯一的，且没有任何字符的编码是另一个字符的前缀。这保证了信息传输的公正性，即每个字符都有平等的机会被传输。这种设计既追求了效率，又注重了公平性，体现了在资源分配中应当兼顾效率与公平的理念。

展示了系统思维与整体优化的理念。哈夫曼编码的设计涉及电文传输的整个系统，需要从整体上考虑编码的效率和唯一性。这种设计思路体现了系统思维的理念，即通过综合考虑系统中的各个因素来达到最优的效果。同时，哈夫曼编码的设计也体现了整体优化的理念，即通过合理的编码设计来减少电文的总长度，提高传输效率。这种从整体出发，综合考虑各种因素的设计理念，对于培养学生的系统思维能力和整体优化意识具有重要的启示作用。

【基本要求】

从键盘输入一系列字符进行哈夫曼编码，在编码过程中，会得到每个字符的编码，通过已知的每个字符的编码对输入的编码进行解码。

（1）输入：n 个字符/需要解码的二进制编码。

（2）输出：利用建好的哈夫曼树输出哈夫曼编码/二进制编码解码后的字符。

【算法思路】

要想将一个字符串中出现的字符进行哈夫曼编码,首先要统计出现的字符及频率,将各个字符创建为叶子结点,频率为结点的权值,用链表保存这些叶子结点,将结点队列中的结点按权值升序排列,取出权值最小的两个结点构建父结点,要从链表中删除取出的结点,将新生成的父结点添加到结点链表,并重新排序,重复上述步骤,直到只剩下一个结点,最后返回的结点即为哈夫曼树的根结点。

哈夫曼树每个结点可能存在左右孩子结点,左孩子的编码为 0,右孩子的编码为 1,通过从根结点遍历哈夫曼树,对每个叶子结点中对应的字符进行编码。解码时通过判断二进制数中的 0 或 1 查找叶子结点中的字符。

【参考源代码】

```java
public class HuffmanNode {
    public String code = "";          //结点的哈夫曼编码
    public String data = "";          //结点的数据
    public int count;                 //结点的权值
    public HuffmanNode lChild;        //左孩子结点
    public HuffmanNode rChild;        //右孩子结点
    public HuffmanNode() {}
    public HuffmanNode(String data, int count) {
        this.data = data;
        this.count = count;
    }
    public HuffmanNode(int count, HuffmanNode lChild, HuffmanNode rChild) {
        this.count = count;
        this.lChild = lChild;
        this.rChild = rChild;
    }
    public HuffmanNode(String data, int count, HuffmanNode lChild, HuffmanNode rChild) {
        this.data = data;
        this.count = count;
        this.lChild = lChild;
        this.rChild = rChild;
    }
}
public class Huffman {
    private HuffmanNode root;          //哈夫曼树的根结点
    private boolean flag;             //标记变量记录新字符是否存在
    private LinkedList < CharData > charQueue; //存储不同字符的队列,相同字符存在同一位置
    private LinkedList < HuffmanNode > NodeQueue;  //存储结点的队列
    private class CharData {          //字符数据内部类,用来统计出现的字符和个数
        int num = 1;                 //字符个数
        char c;                      //字符
        public CharData(char ch) {
            c = ch;
        }
    }
    public void creatHfmTree(String str) {
        NodeQueue = new LinkedList < HuffmanNode >();
```

```java
        charQueue = new LinkedList < CharData >();
        getCharNum(str);           //(1)统计字符串中字符以及字符的出现次数
        creatNodes();              //(2)创建相应的结点
        Sort(NodeQueue);           //(3)对结点权值升序排序
        creatTree();               //(4)取出权值最小的两个结点,生成一个新的父结点,
                                   //删除权值最小的两个结点,将父结点存放到列表中
        root = NodeQueue.get(0);   //(5)重复步骤(4),将最后的一个结点赋给根结点
    }
    private void getCharNum(String str) {
        for (int i = 0; i < str.length(); i++) {
            char ch = str.charAt(i);//从给定的字符串中取出字符
            flag = true;
            for (int j = 0; j < charQueue.size(); j++) {
                CharData data = charQueue.get(j);


                if (ch == data.c) {//字符对象链表中有相同字符则将个数加 1
                    data.num++;
                    flag = false;
                    break;
                }
            }
            if (flag) {//字符对象链表中没有相同字符则创建新对象加入链表
                charQueue.add(new CharData(ch));
            }
        }
    }
    private void creatNodes() {
        for (int i = 0; i < charQueue.size(); i++) {
            String data = charQueue.get(i).c + "";
            int count = charQueue.get(i).num;
            HuffmanNode node = new HuffmanNode(data, count);   //创建结点对象
            NodeQueue.add(node);        //加入结点链表
        }
    }
    private void creatTree() {
        while (NodeQueue.size() > 1) {   //当结点数目大于 1 时
            HuffmanNode left = NodeQueue.poll();
            HuffmanNode right = NodeQueue.poll();
            //在构建哈夫曼树时设置各个结点的哈夫曼编码
            left.code = "0";            //左孩子分支标记成 0
            right.code = "1";           //右孩子标记成 1
            setCode(left);
            setCode(right);
            int parentWeight = left.count + right.count;//左右孩子的权值和作为父结点的权值
            HuffmanNode parent = new HuffmanNode(parentWeight, left, right);
            NodeQueue.addFirst(parent);//将父结点置于首位
            Sort(NodeQueue);            //重新排序,避免新结点权值大于链表首个结点的权值
        }
    }
    private void Sort(LinkedList < HuffmanNode > nodelist) {   //对结点权值升序排序
        for (int i = 0; i < nodelist.size() - 1; i++) {
            for (int j = i + 1; j < nodelist.size(); j++) {
                HuffmanNode temp;
```

```
                    if (nodelist.get(i).count > nodelist.get(j).count) {
                        temp = nodelist.get(i);

                        nodelist.set(i, nodelist.get(j));
                        nodelist.set(j, temp);
                    }
                }
            }
        }
        private void setCode(HuffmanNode root) {   //设置结点的哈夫曼编码
            if (root.lChild != null) {
                root.lChild.code = root.code + "0";
                setCode(root.lChild);
            }
            if (root.rChild != null) {
                root.rChild.code = root.code + "1";
                setCode(root.rChild);
            }
        }
        private void output(HuffmanNode node) {
            if (node.lChild == null && node.rChild == null) {
                System.out.println(node.data + ":" + node.code);
            }
            if (node.lChild != null) {
                output(node.lChild);
            }
            if (node.rChild != null) {
                output(node.rChild);
            }
        }

        public void output() {
            output(root);
        }
        private String hfmCodeStr = "";          //哈夫曼编码连接成的字符串
        public String toHufmCode(String str) {
            for (int i = 0; i < str.length(); i++) {
                String c = str.charAt(i) + "";
                search(root, c);
            }
            return hfmCodeStr;
        }
        private void search(HuffmanNode root, String c) {
            if (root.lChild == null && root.rChild == null) {

                if (c.equals(root.data)) {
                    hfmCodeStr += root.code;       //找到字符,将其哈夫曼编码拼接到最终返回二
                                                   //进制字符串的后面
                }
            }
            if (root.lChild != null) {
                search(root.lChild, c);
            }
            if (root.rChild != null) {
```

```java
                search(root.rChild, c);
        }
    }
    String result = "";                         //保存解码的字符串
    boolean target = false;                     //解码标记
    public String CodeToString(String codeStr) {  //解码
        int start = 0;
        int end = 1;
        while (end <= codeStr.length()) {
            target = false;
            String s = codeStr.substring(start, end);
            matchCode(root, s);                 //解码
            //每解码一个字符,start 向后移
            if (target) {
                start = end;
            }
            end++;
        }
        return result;
    }
    private void matchCode(HuffmanNode root, String code) {   //匹配字符哈夫曼编码,找到对应
                                                              //的字符
        if (root.lChild == null && root.rChild == null) {
            if (code.equals(root.code)) {
                result += root.data;    //找到对应的字符,拼接到解码字符串
                target = true;
            }
        }

        if (root.lChild != null) {
            matchCode(root.lChild, code);
        }
        if (root.rChild != null) {
            matchCode(root.rChild, code);
        }
    }
    public static void main(String[] args) {
        Scanner in = new Scanner(System.in);
        Huffman huff = new Huffman();//创建哈夫曼对象
        System.out.println("*************************************");
        System.out.println("请您输入要编码的字符:");
        System.out.println("*************************************");
        String data = in.next();
        huff.creatHfmTree(data);            //构造树
        huff.output();                      //显示字符的哈夫曼编码
        String hufmCode = huff.toHufmCode(data);    //将目标字符串利用生成好的哈夫曼编码
                                                    //生成对应的二进制编码
        System.out.println("编码:" + hufmCode);    //将上述二进制编码再翻译成字符串
        System.out.println("*************************************");
        System.out.println("请您输入要解码的二进制编码:");
        String outData = in.next();
        System.out.println("解码: " + huff.CodeToString(outData));
    }
}
```

【实验结果】

实验结果如图 6-32 所示。

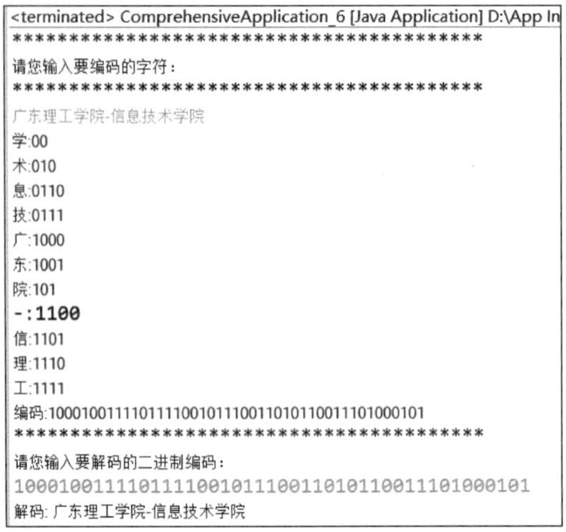

```
<terminated> ComprehensiveApplication_6 [Java Application] D:\App In
*******************************************
请您输入要编码的字符：
*******************************************
广东理工学院·信息技术学院
学:00
术:010
息:0110
技:0111
广:1000
东:1001
院:101
-:1100
信:1101
理:1110
工:1111
编码:1000100111101111001011100110101100111101000101
*******************************************
请您输入要解码的二进制编码：
1000100111101111001011100110101100111101000101
解码: 广东理工学院·信息技术学院
```

图 6-32　利用哈夫曼编码对字符进行编码与解码实验结果

习　　题

一、选择题

1. 树状结构中，每个结点最多有两个子结点，并且每个结点除了根结点以外有且仅有一个父结点的结构称为（　　）。

  A. 线性表　　　　　　B. 多叉树　　　　　　C. 二叉树　　　　　　D. 森林

2. 对于二叉树，若根结点的层数为 1，则第 i 层的最大结点数为（　　）。

  A. $2^{(i-1)}$　　　　　　B. 2^i　　　　　　C. $2^{(i+1)}$　　　　　　D. i

3. 在二叉树中，若一个结点没有左孩子，则它的左指针指向（　　）。

  A. 空结点　　　　　B. 任意结点　　　　　C. 其右孩子　　　　　D. 其父结点

4. 二叉树的前序遍历序列为 ABCDEF，中序遍历序列为 BADCEF，则后序遍历序列为（　　）。

  A. BDCAEF　　　　B. DEFCBA　　　　C. DBFECA　　　　D. DCBEFA

5. 完全二叉树采用顺序存储结构时，对于任意结点 i（i 从 1 开始计数），若其有右孩子，则右孩子的下标为（　　）。

  A. $2i$　　　　　　B. $2i+1$　　　　　　C. $i\times2$　　　　　　D. $i+1$

6. 下面关于哈夫曼树的描述中，正确的是（　　）。

  A. 哈夫曼树中每个结点的权值表示字符出现的频率

  B. 哈夫曼树一定是满二叉树

  C. 哈夫曼树的根结点的权值一定是所有叶子结点权值之和

  D. 哈夫曼树的高度一定是所有字符编码长度之和

7. 在哈夫曼树中，一般情况下权值越大的结点离根结点（　　）。

  A. 越近　　　　　　B. 越远　　　　　　C. 无关　　　　　　D. 不确定

8. 树状结构中,没有根结点,并且每个结点有且仅有一个前驱结点和后继结点的结构称为( )。

    A. 线性表   B. 二叉树   C. 树   D. 森林

9. 在森林与二叉树的转换中,森林转换为二叉树时,每个树的根结点都添加了一个指向其第一个孩子的指针,而每个结点(除根结点外)都添加了一个指向其( )。

    A. 左兄弟   B. 右兄弟   C. 父结点   D. 左孩子

10. 在二叉树的存储方式中,三叉链表存储结构相较于二叉链表存储结构增加了( )。

    A. 指向兄弟结点的指针   B. 指向子结点的额外指针

    C. 指向父结点的指针   D. 指向根结点的指针

二、简答题

1. 请简述什么是树状结构,并举例说明其在实际应用中的用途。

2. 二叉树与多叉树的主要区别是什么?

3. 请描述二叉树的三种主要存储方式,并简要分析它们的优缺点。

4. 请解释二叉树的前序遍历、中序遍历和后序遍历,并说明它们的区别。

5. 什么是森林?它与树有什么主要区别?

6. 请简述哈夫曼树(Huffman Tree)的构建过程,并解释哈夫曼编码的特点。

7. 在一棵满二叉树中,如果共有 15 个结点,那么该树的高度 h 是多少?

8. 给定一个具有 12 个结点的完全二叉树,如果它的第 4 层有 5 个结点,那么该树中至少有多少个叶子结点?

9. 若一棵二叉树中有 100 个叶子结点,且每个非叶子结点都有两个子结点,则该二叉树中总共有多少个结点?

10. 假设某棵完全二叉树中有 100 个结点,则该二叉树中有多少个叶子结点?

三、上机题

1. 编写一个程序,将给定的二叉树转换成数组形式的存储方式,并实现一个函数来进行层序遍历。输入将是一棵二叉树的根结点,输出应是数组形式的二叉树存储与遍历的结果。

2. 实现一个哈夫曼编码算法,输入为一组字符及其频率(如[(A,0.45),(B,0.13),(C,0.12),(D,0.16),(E,0.09),(F,0.05)]),输出为相应的哈夫曼编码表。

3. 编写一个程序,检查一个树是否是另一个树的子结构。给定两个非空的二叉树 s 和 t,编写函数 bool hasSubtree()来判断 t 是否为 s 的子树。

4. 设计一个 Java 方法,判断给定的二叉树是否为完全二叉树。完全二叉树指的是除最后一层外,其他层的结点数都达到最大,且最后一层的结点都集中在左侧。

5. 编写一个方法来计算给定非空二叉树的最大直径,其中二叉树的直径是二叉树中任意两个结点之间最长路径的长度。注意路径可能会或可能不会通过根结点。

6. 编写一个程序将森林(多棵树的集合)转换为二叉树,并实现先序遍历。输入是一个森林的数组表示,输出是转换后二叉树的遍历结果。

第 7 章　　　　　　　　　　　图

　　本章将探讨图的基本概念及其在计算机科学中的应用。本章首先通过"图概述"一节为读者提供整体概念,深入探讨了图的基本概念,包括图的抽象数据类型描述。随后,讨论了不同的图的存储表示方法,包括邻接矩阵和邻接表。"图的遍历"章节深入研究了图的遍历算法,具体包括广度优先搜索和深度优先搜索。这两种方法在解决不同类型的问题时都发挥着重要的作用。接下来,本章关注最小生成树问题,分别介绍了最小生成树的基本概念、Kruskal 算法以及 Prim 算法。这些算法在网络设计和优化中发挥着关键的作用。

　　在"最短路径"一节,本章研究了单源点最短路径问题和任意顶点之间的最短路径问题的算法。这对于网络通信和路径规划等应用领域具有实际意义。"拓扑排序"一节讲解了拓扑排序的基本概念及其实现方法,而"关键路径"一节则聚焦于图中的关键路径问题,强调了在项目管理和进度控制中的应用。最后,通过"应用举例"一节,将理论知识与实际问题相结合,展示图算法在各种实际场景中的应用,帮助读者更好地理解并运用所学知识。

本章学习目标:

（1）了解图的基本概念和图的抽象数据类型描述。

（2）重点掌握邻接矩阵和邻接表两种图的存储表示方法,了解它们的优劣和适用场景。

（3）重点掌握广度优先搜索和深度优先搜索两种图的遍历算法,理解它们的基本思想和实际应用。

（4）重点掌握最小生成树的基本概念,深入了解 Kruskal 算法和 Prim 算法的实现和应用。

（5）重点掌握单源点最短路径问题和任意顶点之间的最短路径问题的算法,了解它们的特性和适用场景。

（6）理解拓扑排序的基本概念,掌握拓扑排序的实现方法,了解其在有向图中的应用场景。

（7）理解关键路径的概念,了解关键路径的计算方法和在项目管理中的实际应用。

7.1　图　概　述

7.1.1　图的基本概念

1. 图的定义和术语

　　图(Graph)是一种用于表示多个对象之间关系的数学结构。它由**顶点**(Vertex)和**边**(Edge)组成,顶点代表对象,边表示对象之间的关系。一个图 G 可以表示为 $G=(V,E)$,其中，V 是顶点的有穷非空集合，E 是边的有穷集合，E 可以为空集，E 为空时，图 G 中没有边。一个简单的图如图 7-1 所示。

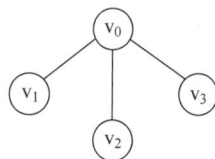

图 7-1 一个简单的图

其中，顶点集合 $V = \{v_0, v_1, v_2, v_3\}$，边集合 $E = \{(v_0, v_1), (v_0, v_2), (v_0, v_3)\}$。思考：顶点 v_0 和 v_1 之间的边是否可以表示为 (v_1, v_0)？

1) 无向图

无向图（Undirected Graph）中的边没有方向，连接两个顶点的关系是双向的。无向图用于表示无方向关系，例如，社交网络中的友谊关系。无向图的每条边用两个顶点的无序对（用圆括号括起来）表示，图 7-1 就是一个无向图，顶点 v_0 和 v_1 之间的边既可表示为 (v_0, v_1)，也可表示为 (v_1, v_0)。

2) 有向图

有向图（Directed Graph）中的边有方向，从一个顶点指向另一个顶点。有向图用于表示有向关系，如网页链接、依赖关系等。有向图的每条边用两个顶点的有序对（用尖括号括起来）表示，如图 7-2 所示的有向图中包含的边有 $<v_0, v_1>$、$<v_0, v_2>$、$<v_0, v_3>$。注意，顶点 v_0 和 v_1 之间的边是有方向的，不能写成 $<v_1, v_0>$。有向图的边又称为弧（Arc），箭头的尾部称为**弧尾**，头部称为**弧头**。

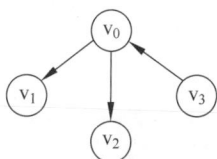

图 7-2 简单有向图

3) 完全图

完全图（Complete Graph）中任意两个顶点之间都存在一条边。具体而言，对于具有 n 个顶点的完全图，每一对顶点之间都有一条边，形成了一个高度密集的连接结构。对于一个具有 n 个顶点的完全无向图，边的数量为 $n(n-1)/2$。该图中任意两个顶点之间都有双向的边连接。对于一个具有 n 个顶点的**完全有向图**，总边数为 $n(n-1)$。该图中任意两个顶点之间都存在方向确定的边，如图 7-3 所示。

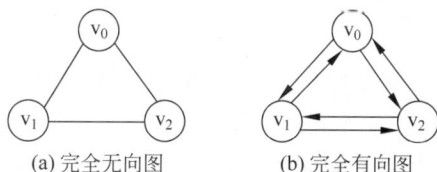

(a) 完全无向图　　　　(b) 完全有向图

图 7-3 完全无向图和完全有向图

4) 带权图

带权图（Weighted Graph）与普通图的区别在于它的边具有权值。带权图又称为**网**（Network），如图 7-4 所示。在带权图中，每条边都关联着一个数值，表示该边的权重或成本。带权图常用于模拟现实问题，其中，边的权重可能表示距离、成本、时间等（尝试把图 7-4 中的顶点看作不同城市，顶点之间的边看作它们之间的高速公路，边上的权值看作路费）。

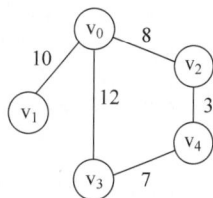

图 7-4 带权图

5) 邻接顶点

若 (v_i, v_j) 是无限图 G 的一条边，则称 v_i 和 v_j 互为**邻接顶点**（Adjacent Vertex），又称边 (v_i, v_j) 依附于顶点 v_i 和 v_j，v_i 和 v_j 依附于边 (v_i, v_j)。若 $<v_i, v_j>$ 是有向图 G 的一条

第 7 章

图

边,则称顶点 v_i 邻接到顶点 v_j,顶点 v_j 邻接自顶点 v_i,边 $<v_i,v_j>$ 与顶点 v_i 和 v_j 相关联。

2. 顶点的度

在图论中,一个**顶点的度**(Degree)是指与该顶点相连接的边的数量。顶点的度反映了该顶点的连接性或邻近程度。度分为**入度**和**出度**,具体取决于图的有向性。有向图中,以顶点 v_i 为终点的弧的数量称为 v_i 的**入度**;以顶点 v_i 为起点的弧的数量称为 v_i 的**出度**。顶点 v_i 的度是入度和出度之和。例如,图 7-2 中顶点 v_0 的入度为 1,出度为 2,度为 3。

3. 子图

设图 $G=(V,E)$,对于图 $G'=(V',E')$,若 $V' \subseteq V$ 且 $E' \subseteq E$,则称图 G' 是 G 的**子图**(Subgraph)。若 $G' \neq G$,则称 G' 是 G 的**严格子图**(Proper Subgraph)。若 G' 是 G 的子图,且 $V'=V$,称 G' 是 G 的**生成子图**(Spanning Subgraph)。图 7-5 展示了无向图 G 及其两个严格子图和一个生成子图。

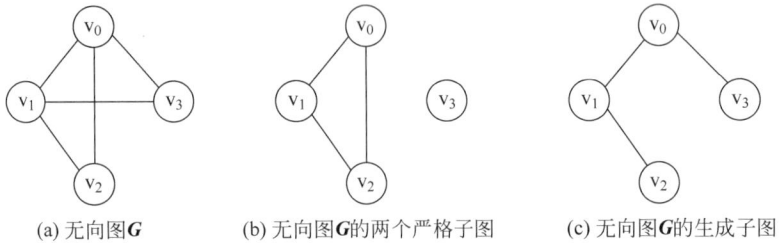

(a) 无向图 G　　　　(b) 无向图 G 的两个严格子图　　　　(c) 无向图 G 的生成子图

图 7-5　无向图 G 的严格子图与生成子图

4. 路径

路径(Path)是指图中的一系列顶点,这些顶点通过边相互连接。路径的长度通常是指路径上边的数量,即经过的边的个数。例如,图 7-5(b)中顶点 v_0 到 v_2 之间的路径有多条,如 (v_0,v_2)、(v_0,v_1,v_2) 等,顶点 v_0 和 v_3 之间没有路径。若图 G 是有向图,则路径也是有方向的。在无权图中,路径长度(Path Length)指路径上边的数量。带权图中,路径长度指路径上各边权值之和。

简单路径(Simple Path)是指路径上没有重复的顶点,例如,图 7-5(b)中顶点 v_0 到 v_2 之间的路径 (v_0,v_1,v_0,v_2) 就不是简单路径。**回路**(Cycle Path)是指起点和终点相同且长度大于 1 的路径,回路又称为环。例如,图 7-5(b)中路径 (v_0,v_1,v_2,v_0) 是一个回路。

5. 连通性

在无向图中,若顶点 v_i 到 v_j 之间有路径,则称 v_i 和 v_j 是连通的。若无向图 G 中任意两个顶点都是连通的,则称该图为**连通图**(Connected Graph)。非连通图的**极大连通子图**称为该图的一个连通分量(Connected Component)。例如,图 7-5(a)和图 7-5(c)都是连通图,如图 7-6 所示为非连通图和它的连通分量。

在有向图中,若每一对顶点之间都是连通的,则称该图为**强连通图**(Strongly Connected Graph)。非强连通图的极大强连通子图称为该图的**强连通分量**,例如,如图 7-7 所示为非强连通图(v_1 到 v_0 之间没有路径)和它的强连通分量。

6. 生成树和生成森林

在一个无向图 G 中,如果存在一个包含图中所有顶点的树,那么这棵树被称为 G 的**生成树**。生成树包含图中的所有顶点,但只包含足够的边以确保树的连通性,且不包含任何

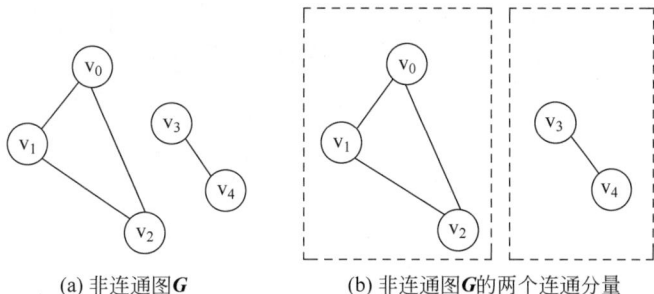

(a) 非连通图 **G**   (b) 非连通图 **G** 的两个连通分量

图 7-6   非连通图 G 和它的两个连通分量

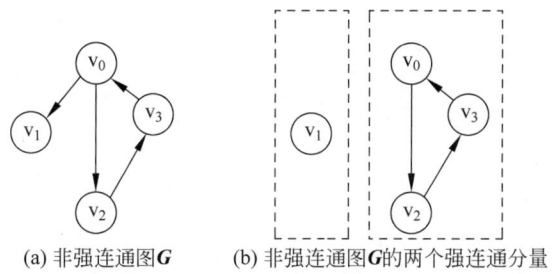

(a) 非强连通图 **G**   (b) 非强连通图 **G** 的两个强连通分量

图 7-7   非强连通图 G 和它的两个强连通分量

环。例如,图 7-5(c)是图 7-5(a)的一个生成树。对于非连通图,每个连通分量可形成一棵生成树,这些生成树组成了该图的**生成森林**。

7.1.2 图的抽象数据类型描述

图的抽象数据类型(Abstract Data Type,ADT)描述了图这种数据结构的基本操作和性质,而不涉及具体的实现细节。以下是一个简化的图的 ADT 描述。

```
ADT Graph:
    createGraph():创建一个空图
    getEdge(Object vertex1, Object vertex2):获取顶点 vertex1 和 vertex2 之间的边
    getNumVertices():获取图中顶点的数量
    getNumEdges():获取图中边的数量
    getVertex (int index):获取位置 index 的顶点
    indexOfVertex(Object vertex):获取顶点 vertex 的位置
    getFirstAdj(int index):获取第 index 个顶点的第一个邻接点
    getNextAdj(int index, int j):获取第 index 个顶点相对于第 j 个顶点的下一个邻接点
```

用 Java 接口描述如下。

```
public interface Graph {
    public void createGraph ();                  //创建一个空图
    public int getNumVertices();                 //获取图中顶点的数量
    public int getNumEdges();                    //获取图中边的数量
    public Object getVertex (int index);         //获取位置 index 的顶点
    public int indexOfVertex(Object vertex);     //获取顶点 vertex 的位置
    public int getFirstAdj(int index);           //获取第 index 个顶点的第一个邻接点
    public int getNextAdj(int index, int j);     //获取第 index 个顶点相对于第 j 个顶点的下一个邻接点
}
```

145

第 7 章

图

7.2 图的存储表示

图的逻辑结构采用顶点和边的集合表示。图的存储结构除了存储各个顶点的信息外,还要存储与顶点相关联的边的信息。图的常见存储结构有邻接矩阵、邻接表、邻接多重表、十字链表等。

7.2.1 邻接矩阵

1. 图的邻接矩阵表示

邻接矩阵(Adjacency Matrix)是一种常见的图表示方法,适用于**稠密图**(边的数量接近顶点数量的平方)。在邻接矩阵中,图的顶点用行和列表示,矩阵中的元素表示相应顶点之间的边。根据边是否带权值,邻接矩阵有不同的含义。

1) 无权图的邻接矩阵

无权图的邻接矩阵是一个二维数组,其中,数组的行和列分别表示图中的顶点,而数组元素表示顶点之间是否有边相连。对于无权图,通常使用 0 或 1 表示是否有边,其中,0 表示没有边,1 表示有边。可用如下公式表示。

$$a_{ij} = \begin{cases} 1, & \text{若 } v_i \text{ 到 } v_j \text{ 之间有边} \\ 0, & \text{若 } v_i \text{ 到 } v_j \text{ 之间没有边} \end{cases}$$

无向图 G_1 和有向图 G_2 的邻接矩阵如图 7-8 和图 7-9 所示。

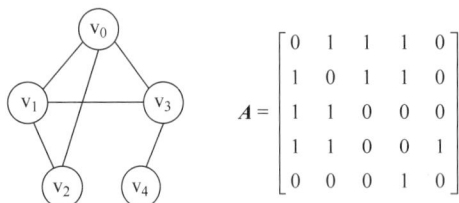

图 7-8 无向图 G_1 及它的邻接矩阵表示

$$A = \begin{bmatrix} 0 & 1 & 1 & 1 & 0 \\ 1 & 0 & 1 & 1 & 0 \\ 1 & 1 & 0 & 0 & 0 \\ 1 & 1 & 0 & 0 & 1 \\ 0 & 0 & 0 & 1 & 0 \end{bmatrix}$$

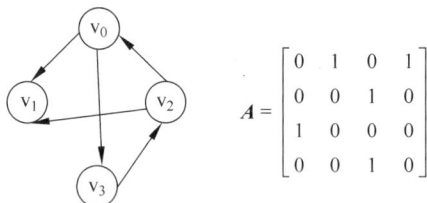

图 7-9 有向图 G_2 及它的邻接矩阵表示

$$A = \begin{bmatrix} 0 & 1 & 0 & 1 \\ 0 & 0 & 1 & 0 \\ 1 & 0 & 0 & 0 \\ 0 & 0 & 1 & 0 \end{bmatrix}$$

分析可知,无向图的邻接矩阵是对称的,有向图的邻接矩阵不一定对称。

2) 带权图的邻接矩阵

带权图的邻接矩阵与无权图的邻接矩阵类似,但每个元素不再只是 0 或 1,而是表示相应边的权重,可用如下公式表示。

$$a_{ij} = \begin{cases} w_{ij}, & \text{若 } v_i \text{ 到 } v_j \text{ 之间有边} \\ \infty, & \text{若 } v_i \text{ 到 } v_j \text{ 之间没有边} \end{cases}$$

其中,$w_{ij}(w_{ij} > 0)$ 表示 v_i 到 v_j 之间边的权值,∞ 表示 v_i 到 v_j 之间没有边。

带权有向图 G_3 的邻接矩阵如图 7-10 所示。

用邻接矩阵表示图,很容易通过直接访问矩阵元素,检查顶点之间是否有边,这对于图的快速查询操作是非常有利的。同时也很容易求出各个顶点的度。无向图的邻接矩阵第 i 行或第 i 列的非零元素的个数为顶点 v_i 的度;有向图的邻接矩阵第 i 行非零元素的个数为顶点 v_i 的出度,第 i 列非零元素的个数为顶点 v_i 的入度。

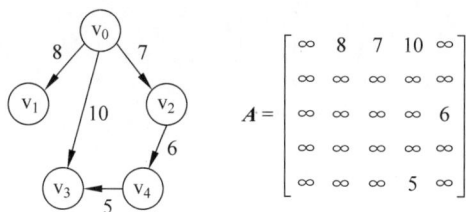

$$A = \begin{bmatrix} \infty & 8 & 7 & 10 & \infty \\ \infty & \infty & \infty & \infty & \infty \\ \infty & \infty & \infty & \infty & 6 \\ \infty & \infty & \infty & \infty & \infty \\ \infty & \infty & \infty & 5 & \infty \end{bmatrix}$$

图 7-10 带权有向图 G_3 及它的邻接矩阵表示

2. 图的邻接矩阵描述

一个具有 n 个顶点的图 G 可以存储在一个二维数组中，图的邻接矩阵类 AMGraph 的描述如下。

```java
public class AMGraph implements Graph {
    public static final int INFINITY = Integer.MAX_VALUE;    //定义无穷大常量
    private GraphKind graphKind;        //图的种类:有向图、无向图、有向网和无向网
    private int numVertices, numEdges;                  //顶点数量和边数量
    private Object[] vertices;                          //存储顶点的数组
    private int[][] adjacencyMatrix;                    //存储邻接矩阵
    //根据图的种类创建图
    @Override
    public void createGraph() {
        switch (graphKind) {
            case DG -> createDG();
            case UDG -> createUDG();
            case DN -> createDN();
            case UDN -> createUDN();
        }
    }
    //获得顶点 u 和顶点 v 之间的边
    public int getEdge(Object u, Object v) {
        return adjacencyMatrix[(int)u][(int)v];
    }
    //获取顶点数
    @Override
    public int getNumVertices() {
        return numVertices;
    }
    //获取边数
    @Override
    public int getNumEdges() {
        return numEdges;
    }
    //获得第 i 个顶点
    @Override
    public Object getVertex(int i) throws Exception{
        if (i < 0 || i >= numVertices) {
            throw new Exception("第"+i+"个顶点不存在");
        }
        return vertices[i];
    }
    //返回顶点 x 的位置,如果不存在返回-1
    @Override
```

```java
public int indexOfVertex(Object x) {
    for (int i = 0; i < numVertices; i++) {
        if (x.equals(vertices[i])) {
            return i;
        }
    }
    return -1;
}
//返回第 i 个顶点的第一个邻接点
@Override
public int getFirstAdj(int i) throws Exception{
    if (i < 0 || i >= numVertices) {
        throw new Exception("第"+i+"个顶点不存在");
    }
    for (int j = 0; j < numVertices; j++) {
        if (adjacencyMatrix[i][j] != 0 && adjacencyMatrix[i][j] < INFINITY) {
            return j;
        }
    }
    return -1;
}
//返回第 i 个顶点相对于第 j 个顶点的下一个邻接点
@Override
public int getNextAdj(int i, int j) {
    if (j == numVertices -1) {
        return -1;
    }
    for (int k = j+1; k < numVertices; k++) {
        if (adjacencyMatrix[i][k] != 0 && adjacencyMatrix[i][k] < INFINITY) {
            return k;
        }
    }
    return -1;
}
//创建无向图
private void createUDG() {
}
//创建有向图
private void createDG() {
}
//创建无向网
private void createUDN() {
}
//创建有向网
private void createDN() {
}
//打印邻接矩阵
public void printMatrix() {
    for (int[] row: adjacencyMatrix) {
        System.out.println(Arrays.toString(row));
    }
}
```

其中,创建无向图、有向图、无向网和有向网的算法如下。

【算法 7.1】 创建无向图。

```
private void createUDG() {
        Scanner sc = new Scanner(System.in);
        System.out.println("请输入顶点数和边数(用空格隔开):");
        numVertices = sc.nextInt();
        numEdges = sc.nextInt();
        System.out.println("请输入各个顶点(用空格隔开):");
        vertices = new Object[numVertices];
        for (int i = 0; i < numVertices; i++) {                    //构造顶点集
            vertices[i] = sc.next();
        }
        adjacencyMatrix = new int[numVertices][numVertices];
        System.out.println("请输入各个边(用空格隔开):");
        for (int i = 0; i < numEdges; i++) {                       //构造边集
            int m = indexOfVertex(sc.next());
            int n = indexOfVertex(sc.next());
            adjacencyMatrix[m][n] = adjacencyMatrix[n][m] = 1;
        }
}
```

【算法 7.2】 创建有向图。

```
private void createDG() {
        Scanner sc = new Scanner(System.in);
        System.out.println("请输入顶点数和边数(用空格隔开):");
        numVertices = sc.nextInt();
        numEdges = sc.nextInt();
        System.out.println("请输入各个顶点(用空格隔开):");
        for (int i = 0; i < numVertices; i++) {                    //构造顶点集
            vertices[i] = sc.next();
        }
        adjacencyMatrix = new int[numVertices][numVertices];       //构造边集
        System.out.println("请输入各个边(用空格隔开):");
        for (int i = 0; i < numEdges; i++) {
            int m = indexOfVertex(sc.next());
            int n = indexOfVertex(sc.next());
            adjacencyMatrix[m][n] = 1;
        }
}
```

【算法 7.3】 创建无向网。

```
private void createUDN() {
        Scanner sc = new Scanner(System.in);
        System.out.println("请输入顶点数和边数(用空格隔开):");
        numVertices = sc.nextInt();
        numEdges = sc.nextInt();
        System.out.println("请输入各个顶点(用空格隔开):");
        for (int i = 0; i < numVertices; i++) {                    //构造顶点集
            vertices[i] = sc.next();
        }
        adjacencyMatrix = new int[numVertices][numVertices];       //初始化边集
        System.out.println("请输入各个边(用空格隔开):");
        for (int i = 0; i < numVertices; i++) {
            for (int j = 0; j < numVertices; j++) {
```

图

```
                    adjacencyMatrix[i][j] = INFINITY;
                }
            }
            for (int i = 0; i < numEdges; i++) {                      //构造边集
                int m = indexOfVertex(sc.next());
                int n = indexOfVertex(sc.next());
                adjacencyMatrix[m][n] = adjacencyMatrix[m][n] = sc.nextInt();
            }
        }
```

【算法 7.4】 创建有向网。

```
private void createDN() {
        Scanner sc = new Scanner(System.in);
        System.out.println("请输入顶点数和边数(用空格隔开):");
        numVertices = sc.nextInt();
        numEdges = sc.nextInt();
        System.out.println("请输入各个顶点(用空格隔开):");
        for (int i = 0; i < numVertices; i++) {                      //构造顶点集
            vertices[i] = sc.next();
        }
        adjacencyMatrix = new int[numVertices][numVertices];         //初始化边集
        System.out.println("请输入各个边(用空格隔开):");
        for (int i = 0; i < numVertices; i++) {
            for (int j = 0; j < numVertices; j++) {
                adjacencyMatrix[i][j] = INFINITY;
            }
        }
        for (int i = 0; i < numEdges; i++) {                         //构造边集
            int m = indexOfVertex(sc.next());
            int n = indexOfVertex(sc.next());
            adjacencyMatrix[m][n] = sc.nextInt();
        }
    }
```

3. 邻接矩阵表示图的性能分析

邻接矩阵的性能取决于图的规模和稀疏程度。邻接矩阵的空间复杂度为 $O(V^2)$,其中,V 是顶点的数量。这使得它在稠密图上表现良好,但在稀疏图上可能浪费大量空间。查询两个顶点之间是否存在边的操作是常数时间的($O(1)$),因为只需在矩阵中查找相应的元素。获取顶点的度数是线性时间的操作($O(V)$),因为需要遍历矩阵中的一整行。添加或删除顶点的操作需要调整整个矩阵,时间复杂度为 $O(V^2)$。添加或删除边的操作则是常数时间的($O(1)$)。

邻接矩阵适用于对图的静态结构进行频繁查询的情况,特别是当图是稠密图时。在动态图或者稀疏图的情况下,其他表示方法(如邻接表)可能更加高效。

7.2.2 邻接表

1. 图的邻接表表示

图的邻接表表示特别适合表示稀疏图(即边的数量远小于顶点数量的图)。在邻接表表示中,每个顶点都有一个与之关联的列表,这个列表包含与该顶点直接相连的所有其他顶点。对于有向图,这个列表只包含出边(以顶点为起点的边);对于无向图,列表包含所有直接相连的顶点，无论方向如何。

邻接表中包含两种结点，分别是顶点结点和边结点。顶点结点位于顶点表中，顶点表是一个数组，其中的每个元素表示图中的一个结点。每个元素通常包含两部分信息：结点本身的数据（data）和指向与该顶点邻接的第一个边结点的指针（firstArc）。每个边结点由 adjVex、value、nextArc 几个域组成，其中，value 存放边的信息，如权值；adjVex 存放与该顶点邻接的顶点在顶点表中的位置；nextArc 指向下一个边结点，如图 7-11 所示为带权无向图 G_4 的邻接表表示。

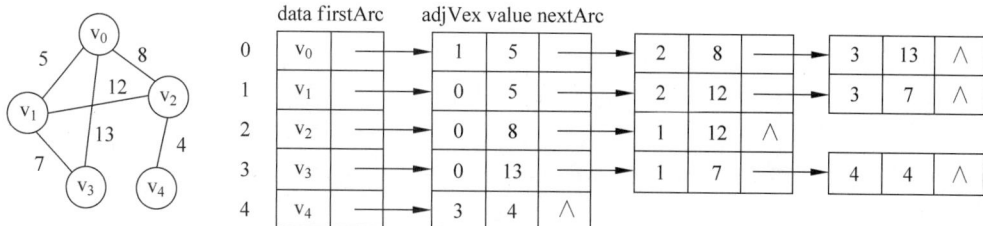

图 7-11　带权无向图 G_4 的邻接表表示

对于无向图，邻接表的表示方法也可以快速地得到每个顶点的度（只需查看顶点对应边链表中边结点的数量）。无向图的邻接表中每条边会出现两次，如图 7-12 所示为带权有向图 G_5 的邻接表表示。

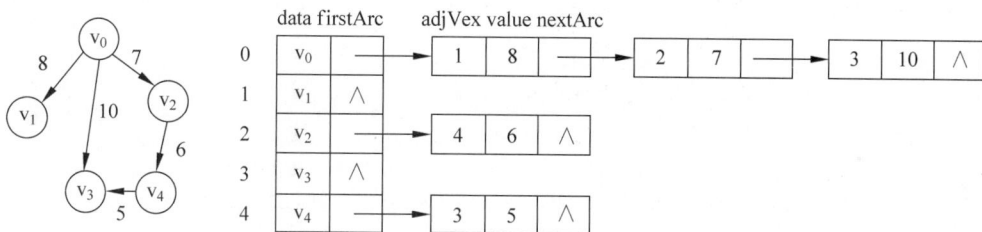

图 7-12　带权有向图 G_5 的邻接表表示

带权有向图的邻接表表示方法不会重复存储边的信息，但是比较难计算一个顶点的度。顶点对应边链表的边结点数为该顶点的出度，要想计算顶点的入度则需要查看整张表，这时可以配合逆邻接表得到顶点的入度，如图 7-13 所示。

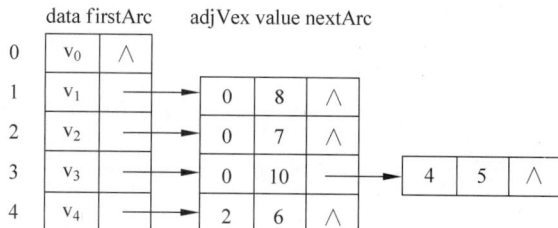

图 7-13　带权有向图 G_5 的逆邻接表表示

逆邻接表中，每个顶点对应的边链表中存储的是指向它的边，这样就可以快速计算一个顶点的入度，但是会耗费额外的存储空间。

2. 图的邻接表描述

邻接表包括顶点结点类（VertexNode）、边结点类（ArcNode）和邻接表类（ALGraph）。

顶点结点类描述如下。

```java
public class VertexNode {
    public Object data;
    public ArcNode firstArc;
    public VertexNode(){
        this(null);
    };
    public VertexNode(Object data) {
        this.data = data;
        this.firstArc = null;
    }
}
```

边结点类描述如下。

```java
public class ArcNode {
    public int adjVex;
    public int value;
    public ArcNode nextArc;
    public ArcNode(int adjVex, int value) {
        this.adjVex = adjVex;
        this.value = value;
        this.nextArc = null;
    }
}
```

邻接表类描述如下。

```java
public class ALGraph implements Graph{
    private GraphKind graphKind;                //图的种类
    private int numVertices, numEdges;          //图的顶点数量和边数量
    private VertexNode[] vertices;              //存储邻接表顶点结点
    //根据图的类型构造不同的图
    @Override
    public void createGraph() {
        switch (graphKind) {
            case DG -> createDG();
            case UDG -> createUDG();
            case DN -> createDN();
            case UDN -> createUDN();
        }
    }
    //获得顶点数量
    @Override
    public int getNumVertices() {
        return numVertices;
    }
    //获得边数量
    @Override
    public int getNumEdges() {
        return numEdges;
    }
    //返回第 i 个顶点结点
    @Override
    public VertexNode getVertex(int i) throws Exception {
```

```java
        if (i < 0 || i > numVertices) {
            throw new Exception("第"+i+"个结点不存在");
        }
        return vertices[i];
    }
    //返回顶点 x 的位置,如果不存在返回-1
    @Override
    public int indexOfVertex(Object x) {
        for (int i = 0; i < numVertices; i++) {
            if (vertices[i].data.equals(x)) {
                return i;
            }
        }
        return -1;
    }
    //返回第 i 个顶点的第一个邻接点
    @Override
    public int getFirstAdj(int i) throws Exception {
        if (i < 0 || i > numVertices) {
            throw new Exception("第"+i+"个结点不存在");
        }
        ArcNode p = vertices[i].firstArc;
        if (p != null) {
            return p.adjVex;
        }
        return -1;
    }
    //返回第 i 的顶点相对于第 j 个顶点的下一个邻接点
    @Override
    public int getNextAdj(int i, int j) {
        ArcNode p = vertices[i].firstArc;
        for (; p!=null; p=p.nextArc) {
            if (p.adjVex == j) {
                break;
            }
        }
        if (p.nextArc != null) {
            return p.nextArc.adjVex;
        }
        return -1;
    }
    //增加边结点
    public void addArc(int u, int v, int value) {
        ArcNode arc= new ArcNode(v, value);
        arc.nextArc = vertices[u].firstArc;
        vertices[u].firstArc = arc;
    }
    //打印邻接表
    public void printGraph() {
        for (VertexNode node : vertices) {
            System.out.print(node.data + "-");
            ArcNode arcNode = node.firstArc;
            while (arcNode != null) {
                if (graphKind == GraphKind.DN || graphKind == GraphKind.UDN)
```

```
System.out.print("-" +arcNode.value);
                    System.out.print("->" + vertices[arcNode.adjVex].data + ", -");
                    arcNode = arcNode.nextArc;
            }
            System.out.print("> NULL");
            System.out.println();
        }
    }

    //创建有向图
    private void createDG() {
    }
    //创建无向图
    private void createUDG() {
    }
    //创建有向网
    private void createDN() {
    }
    //创建无向网
    private void createUDN() {
    }
}
```

其中,创建有向图、无向图、有向网和无向网的算法如下。

【算法 7.5】 创建有向图。

```
private void createDG() {
        Scanner sc = new Scanner(System.in);
        System.out.println("请输入顶点数和边数(用空格隔开):");
        numVertices = sc.nextInt();
        numEdges = sc.nextInt();
        vertices = new VertexNode[numVertices];
        System.out.println("请输入各个顶点(用空格隔开):");
        for (int i = 0; i < numVertices; i++) {
            vertices[i] = new VertexNode(sc.next());
        }
        System.out.println("请输入各个边(例如(v0 v1 表示 v0 到 v1),每条边独占一行):");
        for (int i = 0; i < numEdges; i++) {
            int u = indexOfVertex(sc.next());
            int v = indexOfVertex(sc.next());
            addArc(u, v, 1);
        }
}
```

【算法 7.6】 创建无向图。

```
private void createUDG() {
        Scanner sc = new Scanner(System.in);
        System.out.println("请输入顶点数和边数(用空格隔开):");
        numVertices = sc.nextInt();
        numEdges = sc.nextInt();
        vertices = new VertexNode[numVertices];
        System.out.println("请输入各个顶点(用空格隔开):");
        for (int i = 0; i < numVertices; i++) {
            vertices[i] = new VertexNode(sc.next());
```

```
        }
        System.out.println("请输入各个边(例如(v0 v1 表示 v0 到 v1),每条边独占一行):");
        for (int i = 0; i < numEdges; i++) {
            int u = indexOfVertex(sc.next());
            int v = indexOfVertex(sc.next());
            addArc(u, v, 1);
            addArc(v, u, 1);
        }
    }
```

【算法 7.7】 创建有向网。

```
private void createDN() {
        Scanner sc = new Scanner(System.in);
        System.out.println("请输入顶点数和边数(用空格隔开):");
        numVertices = sc.nextInt();
        numEdges = sc.nextInt();
        vertices = new VertexNode[numVertices];
        System.out.println("请输入各个顶点(用空格隔开):");
        for (int i = 0; i < numVertices; i++) {
            vertices[i] = new VertexNode(sc.next());
        }
        System.out.println("请输入各个边及其权值(例如(v0 v1 4 表示 v0 到 v1 的边权值为 4),
每条边独占一行):");
        for (int i = 0; i < numEdges; i++) {
            int u = indexOfVertex(sc.next());
            int v = indexOfVertex(sc.next());
            int weight = sc.nextInt();
            addArc(u, v, weight);
        }
    }
```

【算法 7.8】 创建无向网。

```
private void createUDN() {
        Scanner sc = new Scanner(System.in);
        System.out.println("请输入顶点数和边数(用空格隔开):");
        numVertices = sc.nextInt();
        numEdges = sc.nextInt();
        vertices = new VertexNode[numVertices];
        System.out.println("请输入各个顶点(用空格隔开):");
        for (int i = 0; i < numVertices; i++) {
            vertices[i] = new VertexNode(sc.next());
        }
        System.out.println("请输入各个边及其权值(例如(v0 v1 4 表示 v0 到 v1 的边权值为 4),
每条边独占一行):");
        for (int i = 0; i < numEdges; i++) {
            int u = indexOfVertex(sc.next());
            int v = indexOfVertex(sc.next());
            int weight = sc.nextInt();
            addArc(u, v, weight);
            addArc(v, u, weight);
        }
    }
```

3. 图的邻接表性能分析

邻接表适用于稀疏图和动态图的表示,对于这些场景它具有较高的空间和时间效率。

对于稀疏图,邻接表的空间复杂度相对较低,为 $O(V+E)$,其中,V 是顶点数量,E 是边数量。而对于稠密图,空间复杂度可能接近 $O(V^2)$。获取两个顶点之间是否存在边的操作的平均时间复杂度为 $O(d)$,其中,d 是顶点的度数。这是因为需要在邻接表中遍历链表查找。遍历图中所有顶点的邻居顶点非常高效,时间复杂度为 $O(E)$,其中,E 是边的数量。添加或删除顶点和边的操作相对高效,平均时间复杂度为 $O(1)$ 或 $O(d)$,取决于具体实现。

7.3 图 的 遍 历

图的遍历是指按照一定规则依次访问图中的所有顶点(已访问过的不再访问),以便获取图中的信息或执行特定的操作。为了避免对一个顶点的重复访问,可以增设一个大小为 n 的辅助数组 visited,使其初始化值为 0,一旦结点 i 被访问,则将值置为 visited$[i]=1$。图的遍历需要考虑以下两个问题:①从哪一个顶点开始;②由于一个顶点可能有多个相邻顶点,这些相邻顶点的访问顺序如何?

图的遍历可以分为两种主要类型:广度优先搜索(Breadth-First Search,BFS)和深度优先搜索(Depth-First Search,DFS)。

7.3.1 广度优先搜索

1. 算法描述

图的广度优先搜索过程是从图的一个顶点开始,访问所有与之相邻的未访问顶点,然后再对这些新访问的顶点执行相同的操作。这个过程会一直进行,直到所有的顶点都被访问过。BFS 通常使用队列数据结构来实现,通常用于寻找最短路径或者检查图中是否存在连通分量。

无向图 G_6 的广度优先搜索过程如图 7-14 所示。

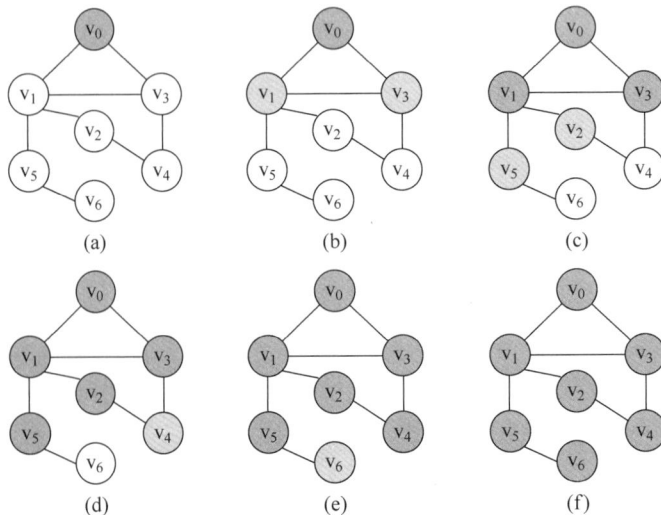

图 7-14 无向图 G_6 的广度优先搜索

例如，从 v_0 开始，则该图的广度优先搜索顺序为 v_0，v_1，v_3，v_5，v_2，v_4，v_6。下面对访问过程进行说明。

与 v_0 相邻的顶点有 v_1 和 v_3，这里约定以"逆时针"的顺序依次访问顶点的邻接点。访问完 v_3 后，依次访问 v_1 的邻接点 v_5、v_2、v_3 和 v_0，由于 v_3 和 v_0 已经被访问过了，所以无须再访问。接着再访问 v_3 的邻接点 v_0、v_1 和 v_4，同理 v_0 和 v_1 已经访问过了，所以访问 v_4。接着访问 v_5 的邻接点 v_6 和 v_1，v_1 被访问过无须访问。再访问 v_2 的邻接点 v_1 和 v_4，两者均已被访问，无须再访问。接着访问 v_4 的邻接点 v_3 和 v_2，两者均已被访问，无须再访问。最后是 v_6 的邻接点 v_5，已被访问，无须再访问。

上述图的广度优先搜索可以借助队列来实现，其过程如图 7-15 所示。

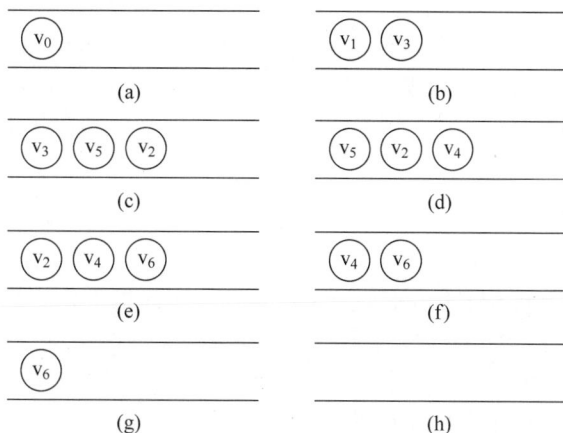

图 7-15　借助队列实现广度优先搜索

从 v_0 开始，将 v_0 标记为"已被访问"后将 v_0 入队，若队列不为空则从队列出队一个顶点，此时是 v_0，然后将与 v_0 相邻接且未被访问的顶点 v_1 和 v_3 均标记为"已被访问"后入队。如此继续直至队列为空。

2. 算法表示

广度优先搜索算法的 Java 代码实现如下。

```java
public class BFS {
    int[] visited;                          //保存顶点的访问状态,0 表示未被访问,1 表示被访问
    public void bfsTraverse(Graph graph) throws Exception {
        visited = new int[graph.getNumVertices()];    //初始化顶点的访问状态为"未访问"
        //广度优先搜索图中的所有顶点
        for (int i = 0; i < graph.getNumVertices(); i++) {
            if (visited[i] == 0) {          //如果顶点未被访问,则访问该顶点
                bfs(graph, i);
            }
        }
    }
    //访问图中的第 i 个顶点
    public void bfs(Graph graph, int i) throws Exception {
        visited[i] = 1;                     //将顶点的访问状态置 1,表示已访问
        System.out.println(graph.getVertex(i).toString() + " ");    //输出该顶点
        LinkedList<Integer> queue = new LinkedList<>();    //初始化队列
        queue.offer(i);                     //将顶点 i 放入队列
```

```
while (!queue.isEmpty()) {      //如果队列不为空
    int u = (int) queue.poll();      //取出队列中的一个顶点 u
    //逐个访问顶点 u 的邻接点
    for (int v=graph.getFirstAdj(u); v>=0; v=graph.getNextAdj(u, v)) {
        if (visited[v] == 0) {      //如果该顶点未被访问
            System.out.println(graph.getVertex(v).toString() + " ");//输出该顶点
            visited[v] = 1;      //将顶点的访问状态置 1,表示已访问
            queue.offer(v);      //将该顶点 v 放入队列
        }
    }
}
}
```

假设图有 n 个顶点和 e 条边,当图的存储结构是邻接矩阵时需要扫描邻接矩阵的每个顶点,其时间复杂度为 $O(n^2)$;当采用邻接表存储时需要扫描每条单链表,其时间复杂度为 $O(e)$。

7.3.2 深度优先搜索

1. 算法描述

深度优先搜索与广度优先搜索不同,DFS 会尽可能深地搜索树的分支,当结点 v 的所在边都已被探寻过,搜索将回溯到发现结点 v 的那条边的起始结点。这个过程一直进行,直到所有的顶点都被访问过。DFS 通常使用递归或栈(Stack)来实现。

使用深度优先搜索访问图 G_6 的过程如图 7-16 所示。

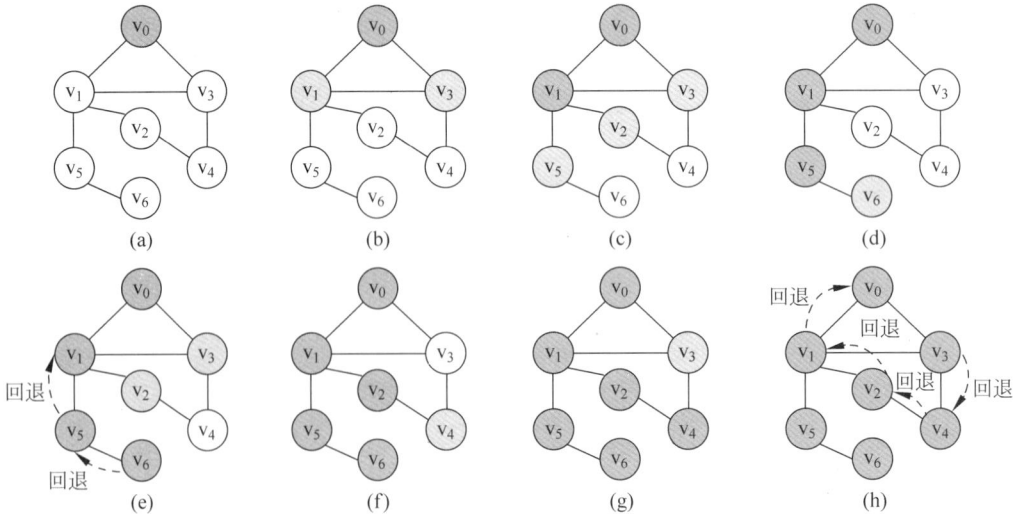

图 7-16　使用深度优先搜索访问图 G_6 的过程

图 7-16 从顶点 v_0 开始,然后从与其相邻且未被访问的顶点 v_1 和 v_3 中选择一个访问。假如选择了 v_1 并访问,则从与其相邻且未被访问的顶点 v_5、v_2 和 v_3 中选择一个访问。假如选择了 v_5 并访问,则与其相邻且未被访问的顶点只有 v_6。访问 v_6 后与其相邻的元素(v_5)均被访问过,因此回退至 v_5。同理,与 v_5 相邻的也均被访问,回退至 v_1。从与其相邻且未被访问的顶点 v_2 和 v_3 中选择一个访问。假如选择了 v_2,与其相邻且未被访问的顶点

只有 v_4，因此访问 v_4。访问 v_4 后，与其相邻且未被访问的顶点只有 v_3，因此访问 v_3。此时通过肉眼观察可以看到所有顶点已全部访问完毕，但是算法并没有结束。从 v_3 一直回退至 v_0 后，若此时已经没有与 v_0 相邻且未被访问的顶点，则算法结束。

2. 算法表示

深度优先搜索算法的 Java 代码如下。

```java
public class DFS {
    int[] visited;                         //保存顶点的访问状态,0 表示未被访问,1 表示被访问
    //深度优先搜索算法
    public void dfsTraverser(Graph graph) throws Exception {
        visited = new int[graph.getNumVertices()];    //初始化顶点的访问状态为"未访问"
        //深度优先搜索图中的所有顶点
        for (int i = 0; i < graph.getNumVertices(); i++) {
            if (visited[i] == 0) {         //如果该顶点未被访问
                dfs(graph, i);             //深度优先访问该顶点 i
            }
        }
    }
    //深度优先搜索图中的第 i 个顶点
    public void dfs(Graph graph, int i) throws Exception {
        visited[i] = 1;                    //将顶点的访问状态置 1,表示已访问
        System.out.println(graph.getVertex(i).toString() + " ");    //输出该顶点
        //逐个深度优先访问该顶点的邻接点
        for (int u=graph.getFirstAdj(i); u>=0; u=graph.getNextAdj(i, u)) {
            if (visited[u] == 0) {         //如果顶点 u 未被访问
                dfs(graph, u);             //深度优先访问该顶点
            }
        }
    }
}
```

假设图有 n 个顶点和 e 条边，当图的存储结构是邻接矩阵时需要扫描邻接矩阵的每个顶点，其时间复杂度为 $O(n^2)$；当采用邻接表存储时需要扫描每条单链表，其时间复杂度为 $O(e)$。

7.4 最小生成树

7.4.1 最小生成树的基本概念

对于连通图，它的生成树（Spanning Tree，ST）是它的极小连通子图，该子图包含图中所有的顶点，并且所有边的权重之和最小，同时这个子图是一个树状结构，即它是连通的且没有环。一个有 n 个顶点的连通图的生成树只有 $n-1$ 条边。若有 n 个顶点而少于 $n-1$ 条边，则为非连通图；若多于 $n-1$ 条边，则一定形成回路。图的生成树不一定是唯一的，根据遍历方法的不同或遍历的起点不同得到的生成树也可能不同。

带权图（网）的所有生成树中权值总和最小的生成树称为最小生成树（Minimum Spanning Tree，MST），最小生成树不一定唯一。图 7-17 展示了图 G_7 的一个生成树和最小生成树。

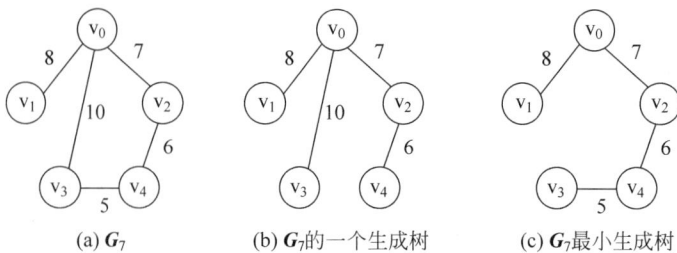

(a) G_7 (b) G_7的一个生成树   (c) G_7最小生成树

图 7-17   图 G_7 的一个生成树和最小生成树

得到网的最小生成树的方法主要有克鲁斯卡尔算法(Kruskal)和普里姆(Prim)算法两种。

7.4.2   克鲁斯卡尔算法

克鲁斯卡尔(Kruskal)算法是一种用于在加权无向图中寻找最小生成树的贪心算法。Kruskal 算法的基本思想是按照边的权重从小到大的顺序选择边,同时确保添加的边不会形成环,直到生成树包含所有顶点。

设图是由 n 个顶点组成的连通无向网,$T = (TV, TE)$是图 G 的最小生成树,其中,TV 是 T 的顶点集,TE 是 T 的边集。构造最小生成树的步骤为:①将 T 的初始状态置为仅含有源点的集合;②在图 G 的边集中选取权值最小的边,若该边未使生成树 T 形成回路,则加入 TE 中,否则丢弃,直到生成树中包含 $n-1$ 条边。

Kruskal 算法的执行时间主要取决于图的边数,时间复杂度为 $O(n^2)$,因此该算法适用于稀疏图。图 7-18 演示了该算法构造图 G_8 最小生成树的过程。

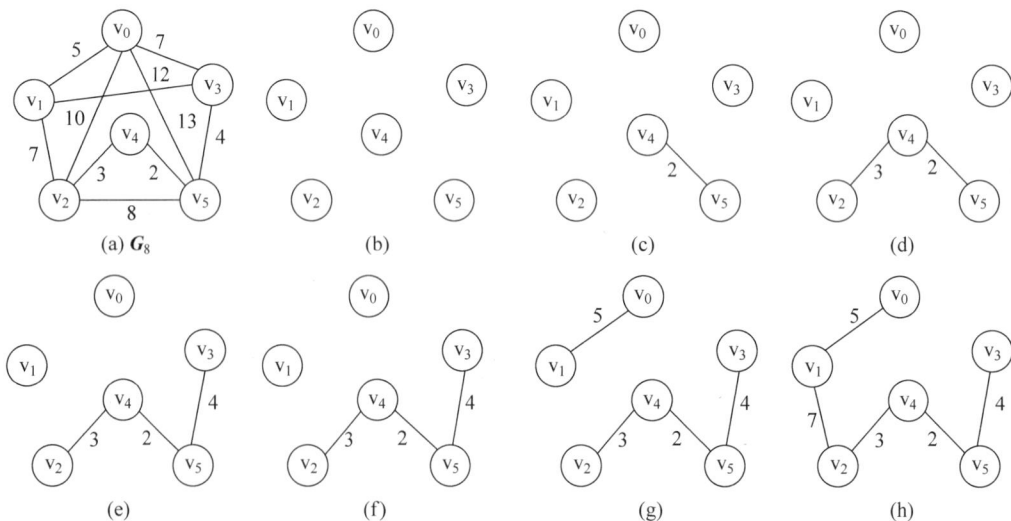

(a) G_8 (b)   (c)   (d)

(e)   (f)   (g)   (h)

图 7-18   Kruskal 算法构造图 G_8 最小生成树的过程

注意:在构造过程中要避免出现环。通过此例也可以看出图的最小生成树并不一定唯一。

Kruskal 算法的 Java 实现如下。

```
class Edge implements Comparable < Edge > {
```

```java
        int src, dest, weight;
        public Edge(int src, int dest, int weight) {
            this.src = src;
            this.dest = dest;
            this.weight = weight;
        }

        @Override
        public int compareTo(Edge compareEdge) {
            return this.weight - compareEdge.weight;
        }
    }

public class KruskalAlgorithm {
    private int vertices;
    private int[][] graph;
    public KruskalAlgorithm(int vertices, int[][] graph) {
        this.vertices = vertices;
        this.graph = graph;
    }
    //查找父节点
    private int find(int[] parent, int i) {
        if (parent[i] == -1) {
            return i;
        }
        return find(parent, parent[i]);
    }
    //合并两个子集
    private void union(int[] parent, int x, int y) {
        int xRoot = find(parent, x);
        int yRoot = find(parent, y);
        parent[xRoot] = yRoot;
    }
    //执行 Kruskal 算法
    public void kruskalMST() {
        Edge[] result = new Edge[vertices - 1];        //最小生成树的边数为 vertices - 1
        int[] parent = new int[vertices];
        Arrays.fill(parent, -1);
        Edge[] edges = getSortedEdges();
        int i = 0;                                      //用于结果数组的索引
        int j = 0;                                      //用于排序后的边数组的索引
        while (i < vertices - 1) {
            Edge nextEdge = edges[j++];
            int x = find(parent, nextEdge.src);
            int y = find(parent, nextEdge.dest);
            if (x != y) {
                result[i++] = nextEdge;
                union(parent, x, y);
            }
        }
        //打印最小生成树的边
        System.out.println("最小生成树中的边:");
        for (i = 0; i < vertices - 1; ++i) {
            System.out.println(result[i].src + " -- " + result[i].dest + " == " + result
```

图

```
                    [i].weight);
                }
        }
        //获取图中所有边并按权重排序
        private Edge[] getSortedEdges() {
            int edgeCount = 0;
            for (int i = 0; i < vertices; i++) {
                for (int j = i + 1; j < vertices; j++) {
                    if (graph[i][j] != 0) {
                        edgeCount++;
                    }
                }
            }
            Edge[] edges = new Edge[edgeCount];
            int edgeIndex = 0;
            for (int i = 0; i < vertices; i++) {
                for (int j = i + 1; j < vertices; j++) {
                    if (graph[i][j] != 0) {
                        edges[edgeIndex++] = new Edge(i, j, graph[i][j]);
                    }
                }
            }
            Arrays.sort(edges);
            return edges;
        }
    }
    //测试
        public static void main(String[] args) {
            int vertices = 4;
            int[][] graph = {
                    {0, 10, 6, 5},
                    {10, 0, 0, 15},
                    {6, 0, 0, 4},
                    {5, 15, 4, 0}
            };
            KruskalAlgorithm kruskalAlgorithm = new KruskalAlgorithm(vertices, graph);
            kruskalAlgorithm.kruskalMST();
        }
    }
```

7.4.3　普里姆算法

普里姆(Prim)算法是另一种用于在加权无向图中寻找最小生成树的贪心算法。与 Kruskal 算法不同,Prim 算法从一个顶点开始,逐步增长生成树,每次添加的都是连接生成树与非生成树顶点的最小权重边。

为了方便学习 Prim 算法构造最小生成树的过程,需要首先了解距离的概念。

(1) 顶点之间的距离:顶点 u 邻接到顶点 v 的边的权值,记为 $|u,v|$。若两个顶点之间不相连,则这两个顶点之间的距离为无穷。

(2) 顶点到顶点集合之间的距离:顶点 u 到顶点集合 V 中所有顶点的距离的最小值,记为 $|u,V| = \min|u,v|$。

(3) 顶点集合之间的距离:顶点集合 U 的顶点到集合 V 的距离的最小值,记为 $|U,V| =$

$\min|u,v|$。

若图是由 n 个顶点组成的连通无向图,构造最小生成树的步骤如下。

步骤 1:首先初始化一个空的顶点集合 U,该集合用于存储已经在最小生成树中的顶点。初始化一个顶点 V,该集合存储图中的所有顶点。

步骤 2:从集合 V 中选择任一顶点 u 并取出,将其加入集合 U 中。

步骤 3:计算集合 U 和 V 的距离,假如该距离为 $|U,V|=\min|u,v|$,则将顶点 v 从集合 V 中取出加入集合 U 中。

步骤 4:重复步骤 3 直至集合 U 包含图的全部顶点。

Prim 算法构造最小生成树的过程如图 7-19 所示,图中阴影部分的顶点位于集合 U 中。

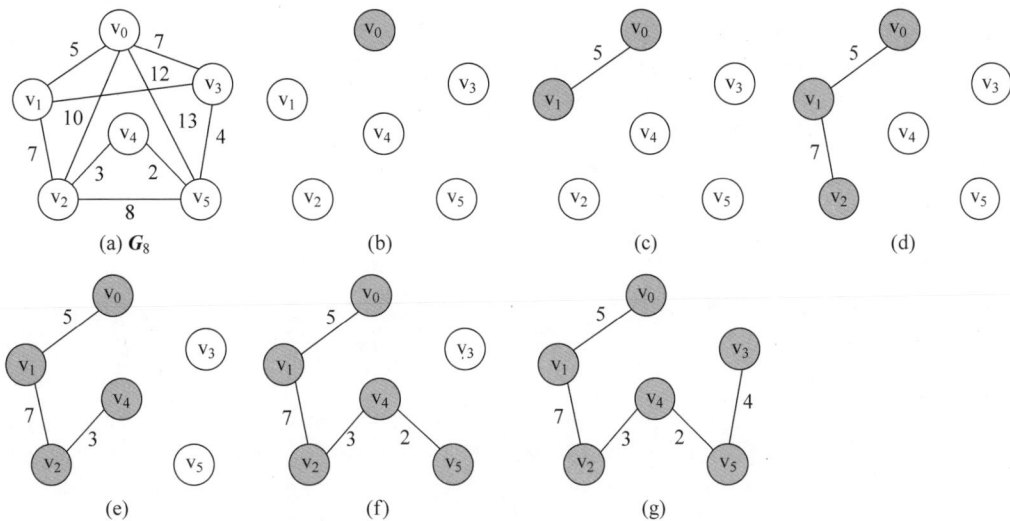

图 7-19　Prim 算法构造图 G_8 最小生成树的过程

Prim 算法适用于稠密图,并且可以有效地找到包含特定顶点的最小生成树。

Prim 算法构造最小生成树的 Java 描述如下。

```java
public class PrimAlgorithm {
    private static final int INFINITY = Integer.MAX_VALUE;
    //执行 Prim 算法
    public void primMST(int graph[][]) {
        int vertices = graph.length;
        int[] parent = new int[vertices];
        int[] key = new int[vertices];
        boolean[] mstSet = new boolean[vertices]; //存储最小生成树的顶点,若为 true,说明在最
                                                  //小生成树集合中
        //初始化 key 和 mstSet 数组
        Arrays.fill(key, INFINITY);
        Arrays.fill(mstSet, false);
        //从第一个节点开始构建最小生成树
        key[0] = 0;
        parent[0] = -1;
        for (int count = 0; count < vertices - 1; count++) {
            int u = minKey(key, mstSet);
            mstSet[u] = true;
            for (int v = 0; v < vertices; v++) {
```

```java
            if (graph[u][v] != 0 && !mstSet[v] && graph[u][v] < key[v]) {
                parent[v] = u;
                key[v] = graph[u][v];
            }
        }
    }

    //打印最小生成树的边
    System.out.println("最小生成树中的边:");
    for (int i = 1; i < vertices; i++) {
        System.out.println(parent[i] + " -- " + i + " == " + graph[i][parent[i]]);
    }
}
//寻找 key 数组中的最小值对应的节点
private int minKey(int[] key, boolean[] mstSet) {
    int min = INFINITY, minIndex = -1;
    int vertices = key.length;
    for (int v = 0; v < vertices; v++) {
        if (!mstSet[v] && key[v] < min) {
            min = key[v];
            minIndex = v;
        }
    }
    return minIndex;
}
public static void main(String[] args) {
    int vertices = 5;
    int[][] graph = {
            {0, 2, 0, 6, 0},
            {2, 0, 3, 8, 5},
            {0, 3, 0, 0, 7},
            {6, 8, 0, 0, 9},
            {0, 5, 7, 9, 0}
    };
    PrimAlgorithm primAlgorithm = new PrimAlgorithm();
    primAlgorithm.primMST(graph);
}
}
```

7.5 最 短 路 径

图的最短路径问题是在图中找到两个结点之间的最短路径的问题。这个问题有很多不同的变种,其中最常见的两个是单源最短路径问题(Single-Source Shortest Path)和任意两点最短路径问题(All-Pairs Shortest Path)。

7.5.1 单源最短路径问题

单源最短路径问题的目标是找出从图中的一个特定起始结点到所有其他结点的最短路径。有两种常见的算法用于解决这个问题:Dijkstra 算法和 Bellman-Ford 算法,这里只介绍 Dijkstra 算法。

Dijkstra 算法的基本思想是"按最短路径长度递增的次序"产生最短路径。

该算法需要引入一个辅助数组 D，它的每个元素 $D[i]$ 表示当前所找到的从源点 u 到其他每个顶点的最短路径长度。D 的初始状态为：若源点 u 到顶点 v_i 之间有边，则 $D[i]$ 为该边上的权值，否则 $D[i]$ 为 ∞，u 到自身的距离为 0。例如，如图 7-20 所示的无向带权图，若源点为 v_0，则 D 的初始状态为 $[0,5,10,8,13]$。

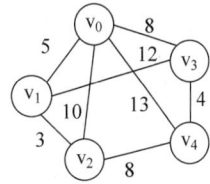

假设 S 为已求得最短路径的终点的集合，则可证明：若下一条最短路径的终点为 x，则该最短路径或是 (u,x)，或是中间经过 S 中的顶点最后到达 x 的路径，如图 7-20 所示的无向带权图中的顶点 v_0 到其他顶点的最短路径，其最短路径求解过程如表 7-1 所示。

图 7-20　一个无向带权图

表 7-1　获取 v_0 到其他顶点最短路径的过程

S	到 v_1 的最短路径		到 v_2 的最短路径		到 v_3 的最短路径		v_4 的最短路径	
v_0	(v_0,v_1)	5	(v_0,v_2)	10	(v_0,v_3)	8	(v_0,v_4)	13
v_0,v_1	(v_0,v_1)	5	(v_0,v_1,v_2)	8	(v_0,v_3)	8	(v_0,v_4)	13
v_0,v_1,v_2	(v_0,v_1)	5	(v_0,v_1,v_2)	8	(v_0,v_3)	8	(v_0,v_4)	13
v_0,v_1,v_2,v_3	(v_0,v_1)	5	(v_0,v_1,v_2)	8	(v_0,v_3)	8	(v_0,v_3,v_4)	12
v_0,v_1,v_2,v_3,v_4	(v_0,v_1)	5	(v_0,v_1,v_2)	8	(v_0,v_3)	8	(v_0,v_3,v_4)	12

从表中数据可得，当 S 中只有 v_0 时，最短路径为 (v_0,v_1)，长度为 5，接着将 v_1 加入 S 中，下一条最短路径为 (v_0,v_1,v_2)，长度为 8，该长度小于 v_0 与 v_2 之间边的权值 10。

Dijkstra 算法构造最短路径的 Java 语言描述如下。

```java
public class Dijkstra {
    private int[] dist;                    //辅助数组 dist 用于记录源顶点到其他顶点的最短路径长度
    public void DIJ(AMGraph graph, int u) {
        dist = new int[graph.getNumVertices()];
        boolean[] finish = new boolean[graph.getNumVertices()]; //记录 finish 中的顶点，元素
                                                                //值为 true 时表示在 finish 中
        //初始化 dist 和 finish
        for (int v = 0; v < graph.getNumVertices(); v++) {
            finish[v] = false;
            dist[v] = graph.getEdge(u, v);
        }
        dist[u] = 0;                //源顶点到自身最短距离为 0
        finish[u] = true;           //将源顶点加入 finish 中
        int v = -1;                 //存储下一条最短路径的终点
        for (int i = 0; i < graph.getNumVertices(); i++) {
            int min = Integer.MAX_VALUE; //用于记录下一条最短路径长度
            //找到 dist 中的最小值
            for (int w = 0; w < graph.getNumVertices(); w++) {
                if (!finish[w]) {    //若 w 不在 finish 中
                    if (dist[w] < min) {
                        v = w; //更新最短路径终点信息
                        min = dist[w]; //更新 min 的值
                    }
                }
            }
            finish[v] = true;       //将顶点 v 加入 finish 中
```

```
            //v 加入 finish 后更新 dist 的值
            for (int w = 0; w < graph.getNumVertices(); w++) {
                //如果 w 未在 finish 中,并且 v 与 w 之间有边,并且路径(u,v,w)的长度小于路径
                //(u,w)的长度
                if (!finish[w] && graph.getEdge(v, w)< Integer. MAX_VALUE && (min +
graph.getEdge(v, w)< dist[w])) {
                    dist[w] = min + graph.getEdge(v, w); //更新 u 到 w 的最短路径长度
                }
            }
        }
    }
}
```

分析可知,当使用邻接矩阵表示图时,假设有 n 个结点,对于每个结点,需要在未访问结点中找到距离最小的结点,然后更新与其相邻的结点的距离。这一过程需要执行 n 次。在每次执行时,需要在距离数组中找到最小值,这可能需要 $O(n)$ 的时间。因此,总时间复杂度为 $O(n^2)$。

7.5.2　任意两点最短路径问题

Dijkstra 算法不仅可以求解单源点最短路径问题,还可以将该算法运用到图中的每个顶点从而计算任意两点的最短路径。分析可知,使用 Dijkstra 算法求解任意两点最短路径的时间复杂度为 $O(n^3)$,其中,n 为顶点的个数。

除 Dijkstra 算法外,求解任意两点最短路径问题还可以使用较简单的 Floyd-Warshall 算法,简称 Floyd 算法。Floyd 算法的思想如下。

步骤 1：初始化距离矩阵。创建一个二维数组 dist,其中,dist[u][v]表示从顶点 u 到顶点 v 的最短路径长度。对于直接相连的顶点,dist[u][v]的值设为它们之间的权重;对于不直接相连的顶点,dist[u][v]的值设为无穷大。

步骤 2：逐个考虑中间顶点。对于每个顶点 w,检查从每个顶点 u 到每个顶点 v 的路径是否经过顶点 w 可以使得路径更短。即对于每对顶点(u,v),检查是否存在路径 dist[u][w]+dist[w][v]的长度比当前的 dist[u][v]小。

步骤 3：更新最短路径。如果路径更短,则更新 dist[u][v]的值为 dist[u][w]+dist[w][v]。

步骤 4：重复步骤 2 和步骤 3。逐个考虑每个顶点 w,并重复更新直到考虑了所有顶点。

最终结果：dist 数组中存储的即为任意两点之间的最短路径长度。

Floyd 算法构造最短路径的 Java 语言描述如下。

```java
public class Floyd {
    private int[][] dist;                //存储顶点之间的最短路径长度
    public final static int INFINITY = Integer.MAX_VALUE;   //定义 INFINITY

    public void floyd(AMGraph graph) {
        int vexNum = graph.getNumVertices();
        dist = new int[vexNum][vexNum];
        //初始化 dist
        for (int v = 0; v < vexNum; v++) {
```

```
            for (int w = 0; w < vexNum; w++) {
                dist[v][w] = graph.getEdge(v, w);
            }
        }
        //在顶点 v 和 w 之间按序号依次加入顶点
        for (int u = 0; u < vexNum; u++) {
            for (int v = 0; v < vexNum; v++) {
                for (int w = 0; w < vexNum; w++) {
                    //若 v,u 之间有路径且 dist[v][u] + dist[u][w] < dist[v][w]
                    if (dist[v][u] < INFINITY && dist[u][w] < INFINITY && dist[v][u] +
dist[u][w] < dist[v][w]) {
                        //更新 v 和 w 之间的最短路径长度
                        dist[v][w] = dist[v][u] + dist[u][w];
                    }
                }
            }
        }
    }
```

Floyd 算法的时间复杂度也为 $O(n^3)$,其中,n 是顶点的数量。虽然它的时间复杂度相对较高,但由于其适用于包含负权边和负权回路的情况,因此在某些特殊场景下是非常有用的。

7.6 拓 扑 排 序

7.6.1 拓扑排序的基本概念

在生产事件中,几乎所有的工程都可以分解为若干具有相对独立性的子工程,称为"活动",活动之间又通常受到一定条件的约束,即某些活动必须在另一些活动完成之后才能进行。可以使用有向图表示活动之间相互制约的关系,顶点表示活动,弧表示活动之间的优先关系,这种有向图称为顶点活动网(Active On Vertex Network,AOV 网)。若 AOV 网中存在一条从顶点 u 到顶点 v 的弧,则活动 u 一定先于活动 v 发生;否则活动 u、v 的发生顺序可以是任意的。

拓扑排序的目标是将图中的所有顶点排成一个线性序列,使得图中的任意一条有向边(u,v),顶点 u 在序列中排在顶点 v 的前面。拓扑有序序列并不唯一。若 AOV 网中存在环,则不可能将所有的顶点都纳入拓扑有序序列中。

一种常用的拓扑排序算法是基于入度的算法。该算法的基本思想是不断删除入度为零的顶点,并更新与其相邻的顶点的入度。这个过程可以通过队列来实现。如果最终所有顶点都加入了拓扑排序的结果序列,那么图是有向无环图;否则,图中存在环路,无法进行拓扑排序。图 7-21 展示了求一个 AOV 网 G_9 的拓扑序列的过程。

分析图 G_9 可得到许多制约关系,如 v_0 必须发生在 v_1 和 v_2 之前,v_1 和 v_2 完成以后才能进行 v_3 等。通过拓扑排序可以找到一个任务执行顺序 $\{v_0,v_1,v_2,v_3,v_4,v_5,v_6\}$,该顺序满足图的所有制约关系。其过程为:①首先找到一个入度为 0 的顶点,图 7-21(a)中只有 v_0 入度为 0;②删除该顶点同时删除以该顶点为起点的边,图 7-21(b)是删除后的情形;③继

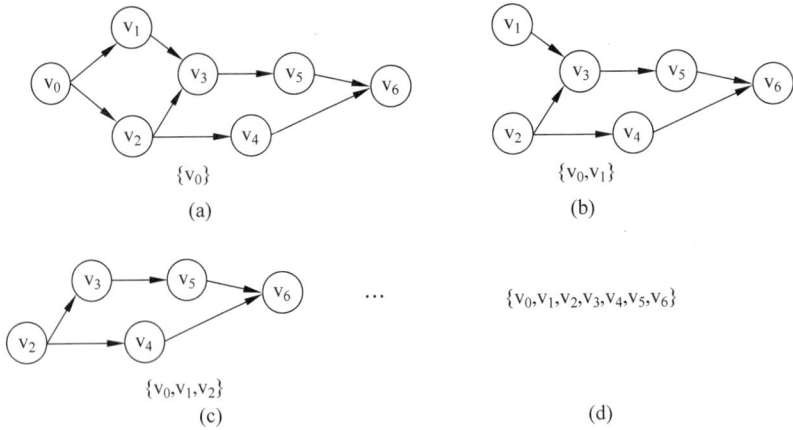

图 7-21　AOV 网 G_9 的拓扑序列的过程

续寻找入度为 0 的点,若发现多个则任选其一,删除选中的顶点和以该顶点为起点的边;
④如此执行直至删除所有顶点。

7.6.2　拓扑排序的算法描述

拓扑排序可以分成求各个顶点的入度和一个拓扑序列的过程,具体的算法描述如下。

```java
public class TopoSort {
    public static int[] findInDegree(ALGraph graph) throws Exception {
        int[] indegree = new int[graph.getNumVertices()];
        for (int i = 0; i < graph.getNumVertices(); i++) {
            for (ArcNode arc = graph.getVertex(i).firstArc; arc!=null; arc=arc.nextArc) {
                indegree[arc.adjVex]++;
            }
        }
        return indegree;
    }
    public static boolean topoSort(ALGraph graph) throws Exception {
        int count = 0;
        int[] indegree = findInDegree(graph);
        Stack<Integer> stack = new Stack();
        for (int i = 0; i < graph.getNumVertices(); i++) {
            if (indegree[i] == 0) {
                stack.push(i);
            }
        }
        while (!stack.isEmpty()) {
            int i = (Integer)stack.pop();
            System.out.println(graph.getVertex(i) + " ");
            count++;
            for (ArcNode arc = graph.getVertex(i).firstArc; arc!=null; arc=arc.nextArc) {
                if (--indegree[arc.adjVex] == 0) {
                    stack.push(arc.adjVex);
                }
            }
        }
        return count >= graph.getNumVertices();
    }
}
```

7.7 关键路径

在有向无环图中,若以边表示活动,边上的权值表示进行该项活动需要的时间,顶点表示事件,这种有向网称为边活动网,简称 AOE(Active On Edge)网。AOE 网中,边的起点表示活动的开始事件,边的终点表示活动的结束事件。

AOE 网常用来表示工程的进行,表示工程开始事件的顶点的入度为 0,称为源点;表示工程结束事件的顶点的出度为 0,称为汇点。一个工程的 AOE 网应该是只有一个源点和一个汇点的有向无环网。关键路径是指在项目网络图中,从项目开始到结束,所需时间最长的一系列活动(边)。这些活动决定了项目的总工期,即项目的最短完成时间。关键路径上的任何延迟都将直接影响项目的总完成时间。

如图 7-22 所示的某项工程的 AOE 网中,边表示活动,边上的数字表示完成该项活动所需要的时间(例如,$a_1 = 6$ 表示活动 a_1 所需要的时间为 6)。v_0 表示源点,v_8 表示汇点。

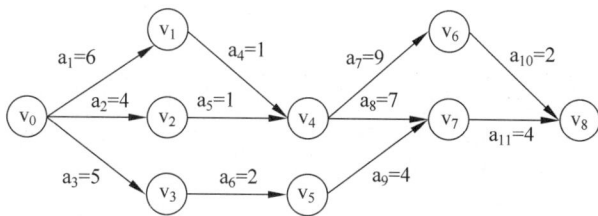

图 7-22　AOE 网

假设顶点 v_0 为源点,v_{n-1} 为汇点,时间 v_0 的发生时间为 0 时刻,从 v_0 到 v_i 的最长路径叫作事件 v_i 的最早发生时间,这个时间决定了所有以 v_i 为起点的边所表示的活动的最早开始时间。用 es(i) 表示活动 a_i 的最早开始时间。还可定义活动 a_i 的最晚开始时间 ls(i),这个时间是在不推迟整个工程完成的前提下,活动 a_i 的最迟开始时间。两者之差 ls(i)−es(i) 表示活动 a_i 的时间余量。当 ls(i)=es(i) 时,活动 a_i 为关键活动。由于关键路径上的活动都是关键活动,所以,提前完成非关键活动并不能加快工程的进度。

可采用如下步骤求得关键路径。

步骤 1:计算最早开始时间(es)和最早完成时间(ef)。从源点开始,通过逐层计算确定每个活动的最早开始时间和最早完成时间。对于每个活动 i,其最早开始时间 es(i) 为所有前驱活动的最早完成时间的最大值,即 es(i)=max{ef(j)},其中,j 是 i 的前驱活动。最早完成时间 ef(i) 为 es(i) 加上活动持续时间,即 ef(i)=es(i)+a_i 持续时间。

步骤 2:计算最迟开始时间(ls)和最迟完成时间(lf)。从汇点开始,逆向计算每个活动的最迟开始时间和最迟完成时间。对于每个活动 i,其最迟完成时间 lf(i) 为所有后继活动的最迟开始时间的最小值,即 lf(i)=min{ls(j)},其中,j 是活动 i 的后继活动。最迟开始时间 ls(i) 为 lf(i) 减去活动持续时间,ls(i)=lf(i)−a_i 持续时间。

步骤 3:计算活动的总浮动时间(tf)。活动的总浮动时间表示该活动可以延迟的时间,而不影响整个项目的完成时间。总浮动时间计算公式为 tf(i)=ls(i)−es(i)。如果某个活动的总浮动时间为零,则该活动是关键活动。

步骤 4:确定关键路径。根据总浮动时间的计算结果,确定哪些活动是关键活动。关键路径即由关键活动组成的路径,其总浮动时间为零。

算法如下。

```java
public class CriticalPath {
    private Stack<Integer> t = new Stack();
    private int[] es, lf;
    public boolean topoOrder(ALGraph graph) throws Exception {
        int count = 0;
        int[] indegree = TopoSort.findInDegree(graph);
        Stack<Integer> s = new Stack();
        for (int i = 0; i < graph.getNumVertices(); i++) {
            if (indegree[i] == 0) {
                s.push(i);
            }
        }
        es = new int[graph.getNumVertices()];
        while (!s.isEmpty()) {
            int j = (Integer)s.pop();
            t.push(j);
            count++;
            for (ArcNode arc=graph.getVertex(j).firstArc;arc!=null;arc=arc.nextArc) {
                int k = arc.adjVex;
                if (--indegree[k]==0) {
                    s.push(k);
                }
                if (es[j]+arc.value>es[k]) {
                    es[k]=es[j]+arc.value;
                }
            }
        }
        return count >= graph.getNumVertices();
    }
    public boolean criticalPath(ALGraph graph) throws Exception {
        if (!topoOrder(graph)) {
            return false;
        }
        lf = new int[graph.getNumVertices()];
        for (int i = 0; i < graph.getNumVertices(); i++) {
            lf[i] = es[graph.getNumVertices()-1];
        }
        while (!t.isEmpty()) {
            int j = (Integer)t.pop();
            for (ArcNode arc=graph.getVertex(j).firstArc;arc!=null;arc=arc.nextArc) {
                int k = arc.adjVex;
                int value = arc.value;
                if (lf[k]-value<lf[j]) {
                    lf[j]=lf[k]-value;
                }
            }
        }
        for (int j = 0; j < graph.getNumVertices(); j++) {
            for (ArcNode arc=graph.getVertex(j).firstArc;arc!=null;arc=arc.nextArc) {
                int k = arc.adjVex;
                int value = arc.value;
```

```
            int ls = lf[k] − value;
            if (es[j] == ls) {
                System. out. println(graph. getVertex(j) + "−" + graph. getVertex(k));
            }
        }
    }
    return true;
}
```

7.8 应 用 案 例

图是一种较复杂的数据结构,其应用领域非常广泛。例如,图可以用来表示社交网络中的用户和他们之间的关系,如朋友、关注者或共同兴趣群体。在计算机网络中,图用于表示网络设备的连接方式,如路由器、交换机和计算机之间的连接。道路、铁路和航空网络可以用图来表示,顶点代表城市或交通枢纽,边代表道路或航线。关键路径方法(Critical Path Method,CPM)和甘特图都是基于图的概念,用于规划和跟踪项目进度。

【例 7.1】 社交网络中的最短路径查找。

【问题描述】

在一个社交网络中,每个用户都是一个结点,用户之间的好友关系可以表示为图中的边。现在希望找到两个用户之间的最短路径,以便更有效地建立社交连接。

【问题分析】

这是一个最短路径问题,可以使用图的广度优先搜索(BFS)算法来找到两个用户之间的最短路径。每个用户是图中的一个结点,好友关系是图中的边,可以通过 BFS 遍历图找到最短路径。

【程序代码】

```
import java. util. * ;
class SocialNetworkGraph {
    private Map < String, List < String >> graph;
    public SocialNetworkGraph() {
        this. graph = new HashMap <>();
    }
    public void addUser(String user) {
        graph. put(user, new ArrayList <>());
    }
    public void addFriend(String user1, String user2) {
        graph. get(user1). add(user2);
        graph. get(user2). add(user1);
    }
    public List < String > shortestPath(String startUser, String endUser) {
        //使用 BFS 算法在社交网络中寻找两个用户之间的最短路径
        Queue < String > queue = new LinkedList <>();
        Set < String > visited = new HashSet <>();
        Map < String, String > parentMap = new HashMap <>();
        queue. add(startUser);
        visited. add(startUser);
```

```
            while (!queue.isEmpty()) {
                String currentUser = queue.poll();
                for (String friend : graph.get(currentUser)) {
                    if (!visited.contains(friend)) {
                        queue.add(friend);
                        visited.add(friend);
                        parentMap.put(friend, currentUser);
                        if (friend.equals(endUser)) {
                            //寻找最短路径并返回
                            List<String> path = new ArrayList<>();
                            while (friend != null) {
                                path.add(friend);
                                friend = parentMap.get(friend);
                            }
                            Collections.reverse(path);
                            return path;
                        }
                    }
                }
            }
            return new ArrayList<>(); //未找到路径
        }
    }
    public class SocialNetworkExample {
        public static void main(String[] args) {
            SocialNetworkGraph socialGraph = new SocialNetworkGraph();
            socialGraph.addUser("张三");
            socialGraph.addUser("李四");
            socialGraph.addUser("王五");
            socialGraph.addUser("赵六");
            socialGraph.addFriend("张三", "李四");
            socialGraph.addFriend("李四", "王五");
            socialGraph.addFriend("王五", "赵六");
            String startUser = "张三";
            String endUser = "赵六";
            List<String> shortestPath = socialGraph.shortestPath(startUser, endUser);
            if (!shortestPath.isEmpty()) {
                System.out.println(startUser + " 到 " + endUser + " 最短路径为:" +
shortestPath);
            } else {
                System.out.println(startUser + " 到 " + endUser + "没有路径");
            }
        }
    }
```

【运行结果】

运行结果如图 7-23 所示。

张三 到 赵六 最短路径为:[张三, 李四, 王五, 赵六]

图 7-23　用户之间的最短路径

【例 7.2】　任务调度中的拓扑排序。

【问题描述】

在一个任务调度系统中,存在多个任务,其中一些任务依赖其他任务的完成。任务之间的依赖关系可以表示为一个有向无环图。现在希望找到一个合理的任务执行顺序,使得所有任务都能按照依赖关系顺利执行。

【问题分析】

这是一个拓扑排序问题。拓扑排序可以用于确定有向图中结点的线性顺序,使得对于每一对有向边（u,v）,结点 u 在排序中排在结点 v 之前。在任务调度中,这意味着任务 u 的执行必须在任务 v 之前。

【程序代码】

```java
import java.util. * ;
class TaskScheduler {
    private Map < String, List < String >> dependencies;
    public TaskScheduler() {
        this.dependencies = new HashMap <>();
    }
    public void addTask(String task) {
        dependencies.put(task, new ArrayList <>());
    }
    public void addDependency(String dependentTask, String dependencyTask) {
        dependencies.get(dependentTask).add(dependencyTask);
    }
    public List < String > topologicalSort() {
        //拓扑排序算法实现
        List < String > result = new ArrayList <>();
        Map < String, Integer > inDegree = new HashMap <>();
        //计算每个任务的入度
        for (String task : dependencies.keySet()) {
            inDegree.put(task, 0);
        }
        for (String task : dependencies.keySet()) {
            for (String dependentTask : dependencies.get(task)) {
                inDegree.put(dependentTask, inDegree.get(dependentTask) + 1);
            }
        }
        //使用基于队列的广度优先拓扑排序
        Queue < String > queue = new LinkedList <>();
        for (String task : inDegree.keySet()) {
            if (inDegree.get(task) == 0) {
                queue.add(task);
            }
        }
        while (!queue.isEmpty()) {
            String currentTask = queue.poll();
            result.add(currentTask);
            for (String dependentTask : dependencies.get(currentTask)) {
                inDegree.put(dependentTask, inDegree.get(dependentTask) - 1);
                if (inDegree.get(dependentTask) == 0) {
                    queue.add(dependentTask);
                }
            }
        }
        //检测是否出现环
        if (result.size() != dependencies.size()) {
            System.out.println("错误:图中有环,无法进行拓扑排序");
```

```
                return new ArrayList<>();
            }
            return result;
        }
    }
    public class TaskSchedulerExample {
        public static void main(String[] args) {
            TaskScheduler taskScheduler = new TaskScheduler();
            taskScheduler.addTask("任务 1");
            taskScheduler.addTask("任务 2");
            taskScheduler.addTask("任务 3");
            taskScheduler.addTask("任务 4");
            taskScheduler.addDependency("任务 2", "任务 1");
            taskScheduler.addDependency("任务 3", "任务 1");
            taskScheduler.addDependency("任务 3", "任务 2");
            taskScheduler.addDependency("任务 4", "任务 3");
            List<String> taskOrder = taskScheduler.topologicalSort();
            if (!taskOrder.isEmpty()) {
                System.out.println("最佳任务执行顺序为:" + taskOrder);
            }
        }
    }
```

【运行结果】

运行结果如图 7-24 所示。

最佳任务执行顺序为:[任务4，任务3，任务2，任务1]

图 7-24　最佳任务执行顺序

【例 7.3】　交通规划中的最小生成树。

【问题描述】

在一个城市的交通规划中，有多个地点之间需要修建道路，每条道路的建设成本不同。现希望找到一种方式连接所有地点，使得总建设成本最小。

【问题分析】

这是一个最小生成树问题，可以使用 Prim 算法来找到连接所有地点的最小成本道路网络。每个地点可以看作图中的结点，道路可以看作图中的边，而边的权重表示道路的建设成本。

【程序代码】

```
import java.util.*;
class CityTrafficPlanner {
    private Map<String, List<Connection>> graph;
    public CityTrafficPlanner() {
        this.graph = new HashMap<>();
    }
    public void addLocation(String location) {
        graph.put(location, new ArrayList<>());
    }
    public void addRoad(String location1, String location2, int cost) {
        graph.get(location1).add(new Connection(location2, cost));
        graph.get(location2).add(new Connection(location1, cost));
```

```
        }
    public List < Connection > minimumSpanningTree() {
        //实现 Prim 算法求解最小生成树
        List < Connection > result = new ArrayList <>();
        Set < String > visited = new HashSet <>();
        PriorityQueue < Connection > priorityQueue = new PriorityQueue <> (Comparator.
comparingInt(Connection::getCost));
        String startLocation = graph.keySet().iterator().next();
        visited.add(startLocation);
        priorityQueue.addAll(graph.get(startLocation));
        while (!priorityQueue.isEmpty()) {
            Connection currentConnection = priorityQueue.poll();
            String currentLocation = currentConnection.getLocation();
            if (!visited.contains(currentLocation)) {
                visited.add(currentLocation);
                result.add(currentConnection);
                priorityQueue.addAll(graph.get(currentLocation));
            }
        }
        return result;
    }
    static class Connection {
        private String location;
        private int cost;
        public Connection(String location, int cost) {
            this.location = location;
            this.cost = cost;
        }
        public String getLocation() {
            return location;
        }
        public int getCost() {
            return cost;
        }
    }
}
public class CityTrafficPlannerExample {
    public static void main(String[] args) {
        CityTrafficPlanner trafficPlanner = new CityTrafficPlanner();
        trafficPlanner.addLocation("A");
        trafficPlanner.addLocation("B");
        trafficPlanner.addLocation("C");
        trafficPlanner.addLocation("D");
        trafficPlanner.addRoad("A", "B", 5);
        trafficPlanner.addRoad("B", "C", 3);
        trafficPlanner.addRoad("A", "C", 8);
        trafficPlanner.addRoad("C", "D", 7);
        List < CityTrafficPlanner.Connection > minimumSpanningTree = trafficPlanner.
minimumSpanningTree();

        System.out.println("最小生成树的连接为:");
        for (CityTrafficPlanner.Connection connection : minimumSpanningTree) {
            System.out.println(connection.getLocation() + " - " + connection.getCost());
}}}
```

【运行结果】

运行结果如图 7-25 所示。

```
最小生成树的连接为:
B - 5
C - 3
D - 7
```

图 7-25　交通路线

习　　题

一、选择题

1. 图中顶点的度是指什么?（　　　）

    A. 顶点的数量   B. 顶点的位置

    C. 顶点的邻接点数量   D. 顶点的权重

2. 子图是指什么?（　　　）

    A. 完整的图   B. 不完整的图

    C. 图中的部分结点和边的集合   D. 图的拓扑排序

3. 生成子图是指什么?（　　　）

    A. 从父图中删除部分结点和边   B. 在空图上添加结点和边

    C. 将图中的结点重新排序   D. 将图中的边权重进行生成

4. 图的路径是指什么?（　　　）

    A. 一组相邻的结点   B. 两个结点之间的连接

    C. 整个图的遍历   D. 顶点的度数

5. 生成树与生成森林的关系是什么?（　　　）

    A. 生成树是生成森林的子集   B. 生成树和生成森林是相同的概念

    C. 生成树和生成森林无关   D. 生成森林是生成树的子集

6. 图的抽象数据类型描述中,表示图的方法通常包括哪些操作?（　　　）

    A. 插入结点   B. 删除结点   C. 插入权值   D. 计算阶乘

7. 邻接矩阵用于表示图的哪种数据结构?（　　　）

    A. 数组   B. 链表   C. 栈   D. 队列

8. 邻接表是一种基于什么原理的数据结构?（　　　）

    A. 数组   B. 链表   C. 堆栈   D. 队列

9. 广度优先搜索算法主要用于解决什么问题?（　　　）

    A. 寻找最短路径   B. 寻找最小生成树   C. 拓扑排序   D. 寻找关键路径

10. 深度优先搜索算法的递归实现通常使用了哪种数据结构?（　　　）

    A. 队列   B. 栈   C. 链表   D. 堆

11. 最小生成树是指什么?（　　　）

    A. 包含所有顶点的图   B. 生成新图的算法

    C. 具有最小边权重和的树   D. 拓扑排序的结果

12. Kruskal 算法用于解决什么问题？（　　　）

　　　A. 最短路径　　　　　B. 最小生成树　　　　C. 拓扑排序　　　　D. 关键路径

13. Dijkstra 算法主要用于解决什么问题？（　　　）

　　　A. 最小生成树　　　　　　　　　　B. 拓扑排序

　　　C. 单源点路径问题　　　　　　　　D. 任意顶点之间的最短路径

14. 拓扑排序的目标是什么？（　　　）

　　　A. 找到最小生成树　　　　　　　　B. 找到关键路径

　　　C. 将图中所有顶点排序　　　　　　D. 找到图中的环

15. 关键路径是指什么？（　　　）

　　　A. 最短路径　　　　　　　　　　　B. 包含所有顶点的路径

　　　C. 影响整个项目工期的路径　　　　D. 最小生成树的路径

16. 邻接矩阵适用于什么类型的图？（　　　）

　　　A. 稠密图　　　　　　B. 稀疏图　　　　　　C. 有向图　　　　　D. 无向图

17. 图的遍历算法主要用于（　　　）。

　　　A. 寻找最短路径　　　　　　　　　B. 遍历所有结点

　　　C. 寻找最小生成树　　　　　　　　D. 计算图的密度

18. 邻接表适用于什么类型的图？（　　　）

　　　A. 稠密图　　　　　　B. 稀疏图　　　　　　C. 有向图　　　　　D. 无向图

19. 拓扑排序的实现通常使用了哪个数据结构？（　　　）

　　　A. 数组　　　　　　　B. 链表　　　　　　　C. 队列　　　　　D. 堆栈

20. 关键路径上的活动具有什么特点？（　　　）

　　　A. 持续时间短　　　　　　　　　　B. 总浮动时间为零

　　　C. 顺序不重要　　　　　　　　　　D. 不影响项目工期

21. 无权图的最短路径问题通常使用哪个算法解决？（　　　）

　　　A. Dijkstra 算法　　　　　　　　　B. Kruskal 算法

　　　C. Floyd-Warshall 算法　　　　　　D. Prim 算法

22. 图中用于表示顶点之间关系的数据结构是（　　　）。

　　　A. 数组　　　　　　　B. 链表　　　　　　　C. 邻接矩阵　　　　　D. 堆栈

二、编程题

1. 实现一个图类，支持无向图的邻接矩阵表示法。包括方法：添加结点、添加边、判断两个结点是否相邻。

2. 编写一个深度优先搜索（DFS）算法，对给定图进行深度优先搜索，并输出遍历的结点顺序。

3. 编写一个广度优先搜索（BFS）算法，对给定图进行广度优先搜索，并输出遍历的结点顺序。

4. 编写一个程序，判断一个给定的矩阵是否是对称矩阵。

5. 假设有一些课程，每个课程可能有一些先修课程。编写一个程序来检查给定课程列表中的课程之间的依赖关系，以及是否存在循环依赖。

6. 假设有一个路由器，维护着一张路由表，记录了网络中不同结点之间的连接关系。

编写一个程序来查找两个结点之间的最短路径。

7. 假设有一个计算机网络,其中计算机以及它们之间的连接关系表示为图。编写一个程序来对网络进行拓扑排序,以确定计算机之间的启动顺序。

8. 假设有一个商场内的地图,其中标记了不同店铺之间的路径。编写一个程序,帮助顾客规划购物路线,以便尽可能地经过所需的店铺。

第8章 查 找

查找,又称检索,是一种常见的数据处理操作,例如,从学生成绩表中检索出某位学生的成绩的过程就是查找。查找操作离不开数据的逻辑结构和存储结构。查找操作首先需要考虑数据的逻辑结构,因为查找所使用的方法取决于查找表的逻辑结构,即表中数据是根据何种关系组织在一起的;然后数据的实现操作则需要考虑数据的存储结构。例如,想要利用计算机从学生成绩表中检索出某位学生的成绩,首先要将每位学生的成绩信息按照适当的逻辑关系组织起来形成一张数据表;然后为数据表选取适当的存储结构将其存储到计算机上变成计算机可以处理的存储表,如顺序表、链表等;最后使用有关的查找算法在相应的存储表上检索出所需要的信息。针对不同的逻辑结构会有不同的查找方法。使用同一种逻辑结构但使用不同的存储结构,所应用的查找方法也不一样。

本章学习目标:

(1)熟悉查找的基本概念。

(2)掌握静态查找表的几种查找方法的实现。

(3)重点掌握动态查找表的几种查找方法的实现。

(4)掌握哈希表查找方法的实现。

8.1 查找的基本概念

1. 查找

在查找表中查询满足某种查询条件的记录而进行的过程即为**查找**。若能在指定的查找表中找到满足给定条件的记录,则称**查找成功**,并返回该记录在查找表中的位置。若在指定的查找表中找不到满足给定条件的记录,则称**查找不成功**,并返回−1。

2. 查找表

查找表是一种将同一类型的记录按照某种逻辑关系组织在一起的数据结构。这些记录可以按照线性表、树状等结构组织起来。线性表中的每一行即为一条记录。树状结构中每个结点就是一条记录。每条记录中可以包含一个或多个数据项,而人们往往会把用作查找依据的数据项称为**关键字**。

例如,可以将表8-1学生成绩表看成一个查找表,每一行数据就是一条记录,代表着一位学生的成绩信息。每条记录又包括学号、姓名、大学英语等6个数据项,这些数据项都可以作为关键字来进行查找。

表 8-1　学生成绩表

学　　号	姓　　名	大 学 英 语	高 等 数 学	数据结构与算法	总　　分
104	王一	60	81	78	219
102	钱二	95	76	82	253
101	王一	90	78	72	240
103	张三	94	76	80	250
106	李四	95	73	71	239
109	王五	85	83	80	248

若某个数据项的值能够唯一标识一条记录,则称这个数据项为该记录的**主关键字**。不同的记录,其主关键字的值不同。换句话说,以主关键字作为查询条件,那么查找结果一定是唯一的,例如,以"学号=101"为查询条件在表 8-1 中进行查找,那么只会得到一条记录的查询结果,则 101 就是这条记录主关键字"学号"的值。

若某个数据项的值能够标识多条记录,则称这个数据项为**次关键字**。假如以"姓名=王一"为查询条件在表 8-1 中进行查找,查找结果不唯一,则称"王一"为这条记录次关键字"姓名"的值。

简单起见,本章所涉及的关键字均指主关键字,并假设主关键字的数据类型均为整型。

因此查找某条记录的操作实际上可以转换成在查找表中查找某条记录的关键字值等于待查找值的过程。只要能在查找表中找到某条记录的关键字值与待查找值相等,就等同于找到了这条记录,从而可以忽略记录中的其他数据项,这样就简化了查找操作。

为简化查询操作,可以将一条记录看成一个记录结点,记录结点包括两部分:关键字部分(key)和除关键字以外的数据项部分(elem)。可将表 8-1 中的数据转换成如图 8-1 所示。

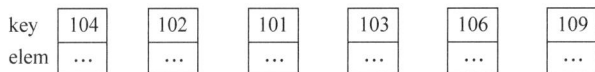

图 8-1　学生成绩表简化图

如图 8-2(a)所示可以将图 8-1 中的每条记录的关键字值组织成线性结构排成一行,也可以将其组织成如图 8-2(b)所示的树状结构。

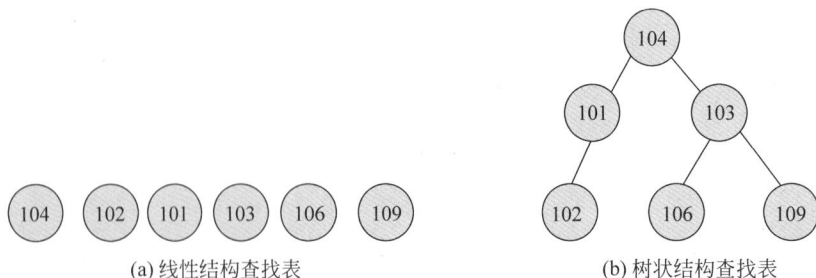

(a) 线性结构查找表　　　　　(b) 树状结构查找表

图 8-2　线性结构与树状结构查找表

因此为了提高查找效率,在实际应用中往往会将若干记录根据具体要求按照一对一、一对多等关系组织起来形成线性表、树状结构等。因此本章主要从线性表、树表和哈希表这三种数据结构讲解查找技术。

3. 平均查找长度

查找算法的关键操作是关键字值与待查找值的比较,通常把查找过程中关键字值与待查找值之间执行的平均比较次数的期望值称为**平均查找长度**（Average Search Length，ASL）。平均查找长度是衡量一个查找算法效率的评价依据。

对于一个含有 n 条记录的查找表，**查找成功时的平均查找长度**为

$$\text{ASL} = \sum_{i=1}^{n} P_i C_i \tag{8.1}$$

其中：

（1）n 是查找表中记录的总条数。

（2）P_i 是查找第 i 条记录的概率。若不特别声明，认为每条记录的查找概率相等，即 $P_1 = P_2 = \cdots = P_i = \cdots = P_n = 1/n$。

（3）C_i 是找到第 i 条记录的关键字值与待查找值相等时，第 i 条记录的关键字值与待查找值所需要进行的比较次数。比较次数 C_i 取决于待查找值在表中的位置。

8.2 线性表查找

查找方法按照操作方式可以分为两种：**静态查找法**和**动态查找法**。其中，**静态查找法**只做查找操作，表结构不会因为查找操作而发生变化。**动态查找法**将在查找的过程中同时在查找表中插入一条表中不存在的记录，或者从查找表中删除某条已存在的记录，表结构会因为插入或删除操作而发生变化。

查找方法又取决于查找表的存储结构。若查找表中的记录按照线性排列，并采用顺序表或者线性链表来作为存储结构，这种查找技术称为**线性表查找技术**。线性表查找技术适用于静态查找，主要有**顺序查找**、**二分查找**和**分块查找**三种方法。本节主要讨论三种方法在顺序表上的实现。

记录结点类的描述如下。

```java
public class RecordNode {
    public int key;                  //记录中的关键字
    public Object elem;              //记录中的其他数据项，为简化算法通常会被忽略
    public RecordNode(int key){      //构造只含有一个数据项(关键字)的记录
            this.key = key;
    }
    public RecordNode(int key, Object elem){     //构造含有多个数据项的记录
            this.key = key;
            this.elem = elem;
    }
}
```

顺序表类的描述定义如下。

```java
public class SeqList {
    public RecordNode[] r;                    //用于存储记录的存储空间，即查找表
    public int n;                             //存储的记录个数
    public SeqList(int maxSize) {     //顺序表的构造方法，构造一个存储空间容量为 maxSize 的顺
                                      //序表
        this.r = new RecordNode[maxSize];    //为顺序表分配 maxSize 个存储单元
        this.n = 0;                           //置顺序表的当前记录个数为 0
    }
```

```
    public int length() {                        //返回当前顺序表中的记录个数
        return n;
    }
    //在当前顺序表的第 i 个结点之前插入一个 RecordNode 类型的结点 x
    public void insert(int i, RecordNode x) throws Exception {
        if (n == r.length) {                     //判断顺序表是否已满
            throw new Exception("顺序表已满");
        }
        if (i < 0 || i > length()) {             //判断插入位置是否合法
//i 取值范围为 0≤i≤length(),若 i 值不在此范围则抛出异常
            throw new Exception("插入位置不合理");
        }
        //插入位置上的记录及其之后的记录均后移一个位置
        for (int j = n−1; j > i; −−j) {
            r[j+1] = r[j];                       //插入位置及之后的元素后移
        }
        r[i] = x;                                //插入 x
        ++n;                                     //记录个数增 1
    }


//算法 8.1 带监视哨的顺序查找算法,监视哨设置在第 n 号单元
    public int seqSearchWithGuard(int n, int searchValue) {
        …
    }


//算法 8.2 二分查找算法的非递归实现
        //序列已按升序排列,若查找成功返回该记录在有序表中的下标,否则返回−1
    public int binarySearch(int searchValue, int n) {
        …
    }
}
```

8.2.1　顺序查找

顺序查找是在线性表上进行的一种查找方法,因此又叫**线性查找**。顺序查找适用于存储结构为顺序存储或链式存储的线性表,而且对顺序表或者链表中记录的关键字值的排列次序无任何要求,属于无序查找算法。本节仅讨论以顺序表为存储结构的查找过程。

基本思想:从顺序表的一端开始向另一端顺序扫描,依次将每条记录的关键字值与待查找值进行比较,若某个记录的关键字值等于待查找值,则查找成功,并返回该记录在顺序表中的位置;若整个顺序表中的记录都与待查找值比较完毕,但仍找不到关键字值与待查找值相等的记录,则查找失败,并返回−1。

具体实现算法描述如下。

【算法 8.1】　带监视哨的顺序查找算法,监视哨设置在第 n 号单元。

```
public int seqSearchWithGuard(int n, int searchValue) {
        int count=1;                 //统计比较次数
        r[n].key=searchValue;        //监视哨设置在第 n 号单元
        int i = 0;
        while (r[i].key!=searchValue) {
                if(i!=n−1){
                        ++count;
```

```
                    }
            ++i;
        }
        if (i<=n-1) {
            System.out.print(+searchValue+"查找成功,比较次数为"+count+" ");
            return i;
        } else {
            System.out.println(+searchValue+"查找失败,比较次数为"+count+" ");
            return -1;
        }
    }
```

为避免在查找过程中每一步都要判断是否查找完毕,加快查找速度,所以将 $r[n]$ 设置为监视哨,$r[n]$ 存放待查找值的记录。从顺序表 $r[0]$ 到 $r[n-1]$ 的 n 条记录的关键字值的序列中顺序查找出待查找值为 searchValue 的记录,其中,$0 \leqslant i \leqslant n-1$。若查找成功返回其下标,否则返回 -1。

【例 8.1】 已知 11 条记录($n=11$)的关键字值序列为$\{10,20,30,40,45,60,70,75,80,90,100\}$,设计程序,要求从键盘输入 11 条记录的关键字,并采用带监视哨的顺序查找算法完成以下功能。

(1) 查找关键字值为 75 的记录,若找到,则输出该记录在表中的位置以及比较次数,否则给出查找失败的提示信息以及比较次数。

(2) 查找关键字值为 65 的记录,若找到,则输出该记录在表中的位置以及比较次数,否则给出查找失败的提示信息以及比较次数。

【程序代码】

```
package search;
import java.util.Scanner;
public class Example8_1 {
    static SeqList s=null;
    public static void createSearchList(int maxsize,int n) throws Exception {
        s=new SeqList(maxsize);                      //创建顺序表
        Scanner sc=new Scanner(System.in);
        int[] keyArray=new int[n];
        System.out.print("请输入每条记录的关键字值: ");
        for(int i=0;i<n;++i)                          //输入关键字值的序列并存入数组中
            keyArray[i]=sc.nextInt();
        }
        for(int i=0;i<n;++i){    //根据关键字值构造记录并插入顺序表中
        //构造只含有一个数据项(关键字值)的记录
        RecordNode r =new RecordNode(keyArray[i]);
        s.insert(s.length(),r);
        }
        RecordNode Guard =new RecordNode(-1);  //构造只含有一个数据项(关键字值)的
                                               //记录
        s.insert(s.length(), Guard);           //在 n 号单元插入一个值-1
}
    public static void main(String[] args) throws Exception {
        Scanner sc=new Scanner(System.in);
        System.out.print("请输入查找表的存储空间大小: ");
        int maxsize=sc.nextInt();
```

```
System.out.print("请输入查找表的存储记录的条数：");
int n＝sc.nextInt();
createSearchList(maxsize,n);
System.out.print("请输入待查找记录的关键字值的个数：");
int m＝sc.nextInt();
System.out.print("请输入"＋m＋"个待查找记录的关键字值：");
int []SearchValue＝new int[m];
int index＝0;
for(int i＝0;i＜m;＋＋i){
    SearchValue[i]＝sc.nextInt();
    index＝s.seqSearchWithGuard(n,SearchValue[i]);
    if(index!＝－1){
        System.out.println("该记录在查找表中的下标为"＋index);
    }
}
}
}
```

运行结果如图 8-3 所示。

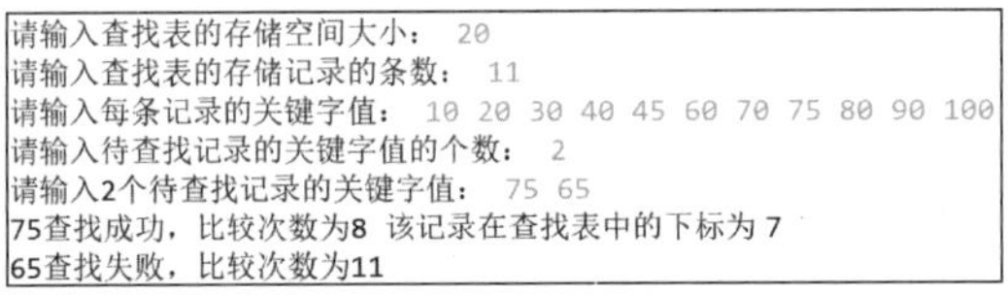

```
请输入查找表的存储空间大小： 20
请输入查找表的存储记录的条数： 11
请输入每条记录的关键字值： 10 20 30 40 45 60 70 75 80 90 100
请输入待查找记录的关键字值的个数： 2
请输入2个待查找记录的关键字值： 75 65
75查找成功，比较次数为8 该记录在查找表中的下标为7
65查找失败，比较次数为11
```

图 8-3　例 8.1 运行结果

【过程分析】

（1）查找关键字值为 75 的记录。

查找过程如图 8-4 所示。

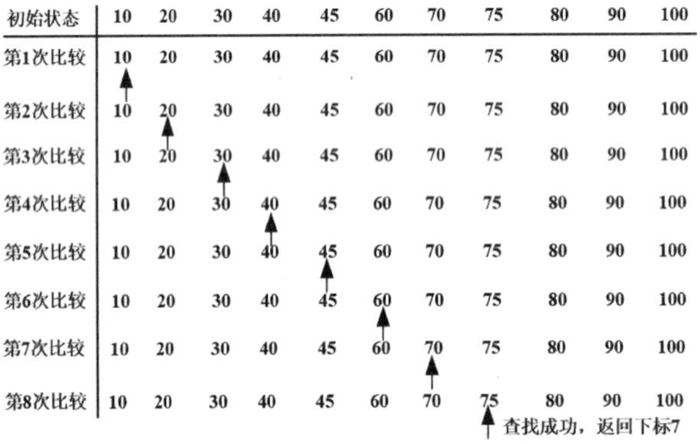

初始状态	10	20	30	40	45	60	70	75	80	90	100
第1次比较	10	20	30	40	45	60	70	75	80	90	100
第2次比较	10	20	30	40	45	60	70	75	80	90	100
第3次比较	10	20	30	40	45	60	70	75	80	90	100
第4次比较	10	20	30	40	45	60	70	75	80	90	100
第5次比较	10	20	30	40	45	60	70	75	80	90	100
第6次比较	10	20	30	40	45	60	70	75	80	90	100
第7次比较	10	20	30	40	45	60	70	75	80	90	100
第8次比较	10	20	30	40	45	60	70	75	80	90	100

查找成功，返回下标7

图 8-4　查找 75 的比较过程

（2）查找关键字值为 65 的记录。

查找过程如图 8-5 所示。

结合上述过程可知,要想成功找到第 i 条记录($0 \leqslant i \leqslant n-1$),需要与待查找关键字值的比较次数为 $i+1$,假设每条记录都能被找到,则每条记录的查找概率相等均为 $1/n$,其成功时的平均查找长度为总的成功查找次数除以总的记录数,如式(8.2)所示:

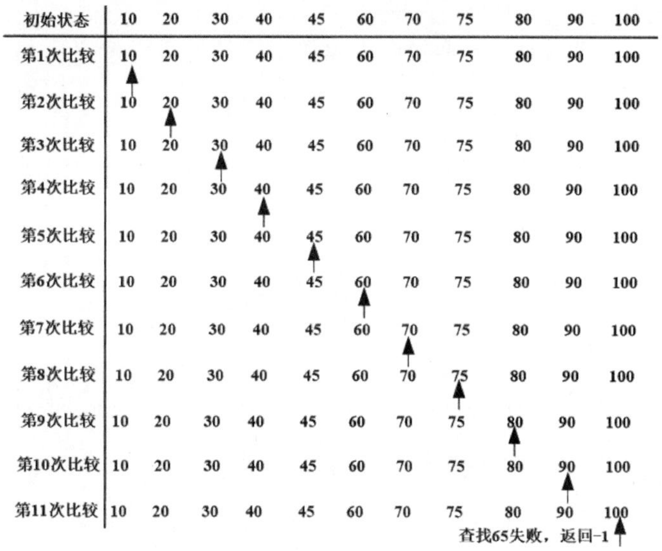

	10	20	30	40	45	60	70	75	80	90	100
初始状态	10	20	30	40	45	60	70	75	80	90	100
第1次比较	10	20	30	40	45	60	70	75	80	90	100
第2次比较	10	20	30	40	45	60	70	75	80	90	100
第3次比较	10	20	30	40	45	60	70	75	80	90	100
第4次比较	10	20	30	40	45	60	70	75	80	90	100
第5次比较	10	20	30	40	45	60	70	75	80	90	100
第6次比较	10	20	30	40	45	60	70	75	80	90	100
第7次比较	10	20	30	40	45	60	70	75	80	90	100
第8次比较	10	20	30	40	45	60	70	75	80	90	100
第9次比较	10	20	30	40	45	60	70	75	80	90	100
第10次比较	10	20	30	40	45	60	70	75	80	90	100
第11次比较	10	20	30	40	45	60	70	75	80	90	100

查找65失败, 返回-1

图 8-5 查找 65 的比较过程

$$\text{ASL} = \frac{1 + 2 + \cdots + n}{n} = \frac{1}{n}\sum_{i=0}^{n-1}(i+1) = \frac{n+1}{2} \tag{8.2}$$

查找失败时,待查找关键字值一共需要与 n 条记录的关键字值比较 n 次。因此不管是查找成功还是查找失败,顺序查找的时间复杂度均为 $O(n)$。可见,当 n 较大时,查找效率很低,所以顺序查找算法虽然简单,但特别不适用于 n 特别大的查找表。

8.2.2 二分查找

二分查找又叫折半查找,其查找效率比顺序查找算法效率高,但是它仅适用于顺序表,并且要求顺序表中各记录要按照其关键字值进行升序排序或降序排序,属于有序查找算法。

基本思想:首先将查找范围为整个有序顺序表中的中间记录的关键字值与待查找值进行比较,若相等,则查找成功,并返回该记录在顺序表中的位置;若不相等,则以中间记录为分界点,将查找表分成左右两个查找区域;若中间记录的关键字值大于待查找值,则将查找范围缩小到左查找区域中;若中间记录的关键字值小于待查找值,则将查找范围缩小到右查找区域中;然后再在左查找区域或者右查找区域中重复上述操作,直到找到关键字值等于待查找值的记录(查找成功)为止或者查找区域不存在(查找失败)为止。

为实现二分查找算法,需要借助以下三个变量。

(1) 变量 low,表示当前待查找区域的开始位置,初始值为 0。

(2) 变量 high,表示当前待查找区域的结束位置,初始值为 $n-1$,n 为待查记录的总个数。

(3) 变量 mid,表示当前待查找区域中中间记录关键字值的位置。为避免发生整型溢出问题,mid=low+(high−low)/2。

注意:若使用 mid=(low+high)/2 来计算中间记录关键字值的位置,如果 low 和 high 值为两个很大的 int 型数据时,两者相加求和容易超出 Integer. MAX_VALUE,出现溢出问题。

具体实现算法描述如下。

【算法 8.2】 二分查找算法的非递归实现。

```
//序列已按升序排列,若查找成功返回该记录在有序表中的下标,否则返回-1
public int binarySearch(int searchValue,int n) {
        int low= 0, high= n-1,mid;     //待查找区域[low,high]的起始位置和结束
                                        //位置
        while (low <= high) {
            mid = low +(high-low)/2;   //计算中间位置,防止数据过大溢出
        //mid=(low+high)/2;也可计算中间位置,但有可能会因为数据过大而溢出
            if (r[mid].key== searchValue) {   //查找成功
                return mid;
            }else if (r[mid].key> searchValue) { //中间记录的关键字值大于待查找值
                high = mid - 1;     //查找范围缩小为中间关键字值的前半段区域(左
                                    //查找区域)
            } else if (r[mid].key< searchValue) {   //中间记录的关键字值小于待查
                                                    //找值
                low = mid + 1;     //查找范围缩小为中间关键字值的后半段区域(右查
                                    //找区域)
            }
        }
        return -1; //查找不成功
}
```

【例 8.2】 有序表 *s* 中 11 条记录的关键字值序列为 $\{10,20,30,40,45,60,70,75,80,90,100\}$,在类 Example8_2 中使用二分查找算法分别查找关键字值 75、65。

【代码实现】

```
package search;
import java.util.Scanner;
public class Example8_2 {
    static SeqList s=null;
    public static void createSearchList(int maxsize,int [] KeyArray) throws Exception {
            s=new SeqList(maxsize);                 //创建顺序表
            Scanner sc=new Scanner(System.in);
            for(int i=0;i< KeyArray.length;i++) {
                RecordNode key =new RecordNode(KeyArray[i]);  //构造只含有一个数据项
                                                              //(关键字值)的记录
                s.insert(i, key);
            }
    }
    public static void main(String[] args) throws Exception{
        int[] keyArray={10,20,30,40,45,60,70,75,80,90,100};
        createSearchList(keyArray.length,keyArray);
        System.out.print("请输入 1 个待查找记录的关键字值: ");
        Scanner sc=new Scanner(System.in);
        int SearchValue=sc.nextInt();
        int index=0;
        index=s.binarySearch(SearchValue,10);
        if(index!=-1) {
            System.out.println("该记录在查找表中的下标为:"+index+",查找成功");
        }
        if(index==-1) {
            System.out.println("该记录在查找表中的下标为:"+index+",查找失败");
}}}
```

【运行结果 1】

请输入 1 个待查找记录的关键字值：75

该记录在查找表中的下标为：7,查找成功

【过程分析】 待查找值为 75 时的二分查找过程,如图 8-6 所示。

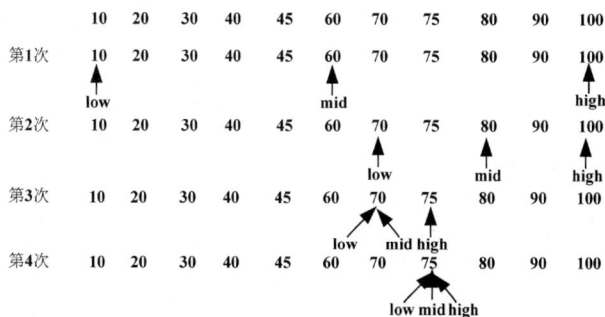

图 8-6 查找 75 的过程(4 次比较后查找成功)

(1) 初始时 low＝0,high＝10,low≤high,故待查找区域不为空且待查找区域关键字值的序列为{10,20,30,40,45,60,70,75,80,90,100},此时求得 mid＝5,r[mid].key＝60,此时发生第 1 次比较且此时 r[mid].key＜searchValue,故查找范围缩小到 60 的后半段区域(右查找区域),修改 low＝mid＋1＝6。

(2) low＝6,high＝10,low≤high,故待查找区域不为空且待查找区域关键字值的序列为{70,75,80,90,100},此时求得 mid＝8,r[mid].key＝80,此时发生第 2 次比较且此时 r[mid].key＞searchValue,故查找范围缩小到 80 的前半段区域(左查找区域),修改 high＝mid－1＝7。

(3) low＝6,high＝7,low≤high,故待查找区域不为空且待查找区域关键字值的序列为{70,75},此时求得 mid＝6,r[mid].key＝70,此时发生第 3 次比较且此时 r[mid].key＜searchValue,故查找范围缩小到 70 的后半段区域(右查找区域),修改 low＝mid＋1＝7。

(4) low＝7,high＝7,low≤high,故待查找区域不为空且待查找区域关键字值的序列为{75},此时求得 mid＝7,r[mid].key＝75,此时发生第 4 次比较且此时 r[mid].key＝＝searchValue,查找结束。

因此查找成功,查找次数为 4,该记录在查找表中的下标为 7。

【运行结果 2】

请输入 1 个待查找记录的关键字值：65

该记录在查找表中的下标为：－1,查找失败

【过程分析】 待查找值为 65 时的二分查找过程,如图 8-7 所示。

(1) 初始时 low＝0,high＝10,low≤high,故待查找区域不为空且待查找区域关键字值的序列为{10,20,30,40,45,60,70,75,80,90,100},此时求得 mid＝5,r[mid].key＝60,此时发生第 1 次比较且此时 r[mid].key＜searchValue,故查找范围缩小到 60 的后半段区域(右查找区域),修改 low＝mid＋1＝6。

(2) low＝6,high＝10,low≤high,故待查找区域不为空且待查找区域关键字值的序列为{70,75,80,90,100},此时求得 mid＝8,r[mid].key＝80,此时发生第 2 次比较且此时 r[mid].key＞searchValue,故查找范围缩小到 80 的前半段区域(左查找区域),修改 high＝

初始状态	10	20	30	40	45	60	70	75	80	90	100
第1次比较	10 ↑ low	20	30	40	45	60 ↑ mid	70	75	80	90	100 ↑ high
第2次比较	10	20	30	40	45	60	70 ↑ low	75	80 ↑ mid	90	100 ↑ high
第3次比较	10	20	30	40	45	60	70 ↑ low	75 ↑ mid high	80	90	100
第4次比较	10	20	30	40	45	60 ↑ high	70 ↑ low	75	80	90	100

查找失败，返回-1

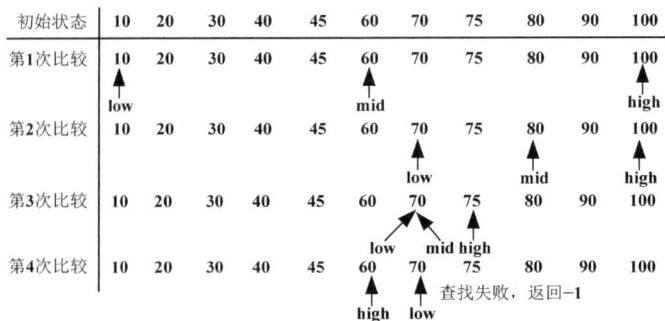

注意：3次比较后查找失败，第4次未发生关键字值与待查找值的比较

图 8-7　查找 65 的过程

$mid-1=7$。

（3）$low=6, high=7, low \leqslant high$，故待查找区域不为空且待查找区域关键字值的序列为 $\{70,75\}$，此时求得 $mid=6$，$r[mid].key=70$，此时发生第 3 次比较且此时 $r[mid].key>searchValue$，故查找范围缩小到 70 的前半段区域（左查找区域），修改 $high=mid-1=5$。

（4）$low=6, high=5, low>high$，故待查找区域不存在，关键字值与待查找值没有发生比较，查找结束。

查找失败，比较次数为 3。

假如把当前待查找区域中间位置上的记录作为树根，左子表和右子表中的记录分别作为该根的左子树和右子树。重复此过程，由此可得到一棵二叉判定树，该二叉树可以描述二分查找算法的比较过程。

实际上，有序表中 n 条记录的二分查找过程相同，因此可以忽略各关键字的取值，只考虑 n 个元素在有序表中的位置。因此可以用图 8-8 的二叉判定树来描述 $n=11$ 个记录构成的有序表二分查找过程。

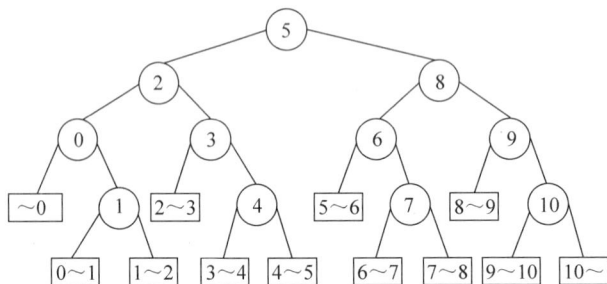

注意：除最后一层之外，其他每层的结点数都是满的

图 8-8　11 条记录的二叉判定树，高度 $h=4$

图中，圆形结点为树的内结点，代表着查找成功的情况，圆形结点内的数字表示表中各记录的位置。矩形结点为树的外结点，代表着查找不成功的情况，将每个圆形结点空指针均指向了一个实际上并不存在的矩形结点，矩形结点内的数字表示查找过程中求出的待查找记录所在位置的取值情况。例如，"~0"表示求出的待查找记录所在位置小于 0，为查找失败位置。"3~4"表示求出的待查找记录所在位置介于位置 3 和位置 4 之间，为查找失败位置。

查找成功时的比较过程是恰好走了一条从判定树的根结点到被查结点的路径，而经历

的比较次数 k 等于该路径上的总结点数,也等于被查结点在判定树上的层数 level($1\leqslant$ level$\leqslant h$),h 为这棵二叉判定树的高度。

查找不成功时的比较过程是经历了一条从判定树的根结点到某个外结点的路径,查找不成功的比较次数是该路径上内部结点的总数。

一般情况下,有序表的长度为 n 的二叉判定树高度 h 与具有 n 个结点的完全二叉树的高度相同,即 $h=\lceil \log_2(n+1) \rceil$。而二分查找不论是查找成功还是查找失败,最多的比较次数不会超过判定树的高度,即 $1\leqslant k\leqslant \lceil \log_2(n+1) \rceil$。因此二分查找的时间复杂度为 $O(\log_2 n)$。

如果有序表的长度为 n,则二分查找的二叉判定树中内结点有 n 个即查找成功的位置有 n 个;外结点有 $n+1$ 个即查找不成功的位置有 $n+1$ 个且外结点只能出现在最后两层。

假如有序表中有 11 条记录,则可以画出如图 8-8 所示的二叉判定树,若每条记录的查找概率相同,查找成功的情况下,每个内结点的比较次数如表 8-2 所示。

表 8-2   每个内结点的比较次数

查找成功的位置	0	1	2	3	4	5	6	7	8	9	10
关键字值	···	···	···	···	···	···	···	···	···	···	···
比较次数	3	4	2	3	4	1	3	4	2	3	4

查找不成功的情况下,每个外结点的比较次数如表 8-3 所示。

表 8-3   每个外结点的比较次数

查找不成功的位置	～0	0～1	1～2	2～3	3～4	4～5	5～6	6～7	7～8	8～9	9～10	10～
比较次数	3	4	4	3	4	4	3	4	4	3	4	4

说明:一般除特殊情况说明外,不把对外结点的比较次数计算在内。

假设有序表中含有 n 条记录且每条记录的查找概率相同,则查找成功的平均查找长度 $=n$ 个内结点的比较次数之和/n,其中,关键在于求 n 个内结点的比较次数之和;查找不成功的平均查找长度 $=(n+1)$ 个外结点的比较次数之和/$(n+1)$。

因此,根据表 8-2 和表 8-3 可求出:含有 11 条记录的有序表中查找成功的平均查找长度 $=(3+4+2+3+4+1+3+4+2+3+4)/11=3$;含有 11 条记录的有序表中查找不成功的平均查找长度 $=(3+4+4+3+4+4+3+4+4+3+4+4)/12=(3\times 4+4\times 8)=11/3$。

有序表中含有 n 条记录,其二叉判定树高度 $h=\lceil \log_2(n+1) \rceil$,前 $h-1$ 层共有 $(2^{h-1}-1)$ 个内结点,最后一层共有 $(n+1-2^{h-1})$ 个内结点。若查找成功时某条记录正位于二叉判定树上第 1 层,则该层共有 2^0 个内结点,每个内结点需要比较 1 次;若查找成功时某条记录正位于二叉判定树上第 2 层,则该层共有 2^1 个内结点,每个内结点需要比较 2 次;以此类推,若查找成功时某条记录正位于二叉判定树上第 j 层,则该层共有 2^{j-1} 个内结点,每个内结点需要比较 j 次($1\leqslant j\leqslant h-1$);以此类推,若查找成功时某条记录正位于二叉判定树上第 $h-1$ 层,则该层共有 2^{h-2} 个内结点,每个内结点需要比较 $h-1$ 次。若查找成功时某条记录正位于二叉判定树上第 h 层,则该层共有 $(n+1-2^{h-1})$ 个内结点,每个内结点需要比较 h 次($1\leqslant j\leqslant h-1$)。

因此假设表中有 n 条记录,且表中的每条记录的查找概率相等,即 $P_i=1/n$。则二分查找中查找成功时的平均查找长度可表示为式(8.3):

$$\text{ASL}_{成功}=\sum_{i=1}^{n}P_iC_i=\frac{\left[2^0\times1+2^1\times2+\cdots+2^{j-1}\times j+\cdots+2^{h-2}\times(h-1)+(n+1-2^{h-1})\times h\right]}{n}$$

$$(8.3)$$

当 $n>50$ 时,二分查找的平均查找长度可得近似结果可表示为式(8.4):

$$\text{ASL}_{成功}=\sum_{i=1}^{n}P_iC_i\approx\log_2(n+1)-1 \tag{8.4}$$

由于外结点只能出现在最后两层上,所以某个外结点的比较次数为 $h-1$ 或者 h,其中,二叉判定树的高度 $h=\lceil\log_2(n+1)\rceil$,若 m_1 为第 $(h-1)$ 层上外结点的总个数,m_2 为第 h 层上外结点的总个数,且 $m_1+m_2=n+1$,则二分查找查找失败的平均查找长度可表示为式(8.5):

$$\text{ASL}_{不成功}=\frac{m_1\times(h-1)+m_2\times h}{m_1+m_2}=h-\frac{m_1}{n+1} \tag{8.5}$$

8.2.3　分块查找

分块查找又称**索引顺序查找**,通过将查找表分块和建立索引表两步将查找范围缩小到某一块中去查找,从而提高查找效率。

要实现这个目的,第一步要先确定分块原则。**分块原则**为:将查找表分为若干块,每块长度不一定相等,且在每一块中各关键字值的存放不一定有序,但块与块之间必须"分块有序"。**分块有序**指:前一块的最大关键字值要小于后一块的最小关键字值。第二步建立一张索引顺序表。按照块的顺序把各块的最大关键字值和各块中的第一个关键字值在有序表中的位置这两部分内容存放到索引表中,此时索引表已按关键字值递增排序。在实际应用中,分块查找不一定要将查找表分成大小相等的若干块,可根据表的特征进行分块。例如,一个学校的学生登记表,可按系号或班号分块。

【例 8.3】 采用分块查找法在关键字值序列为{24,21,6,11,8,22,32,31,54,72,61,78,88,83}的查找表中查找关键字值为 72 的记录。查找表中一共有 14 个记录结点,被不均等分为 4 块,如图 8-9 所示,第一块中的最大关键字值 24 小于第 2 块中的最小关键字值 31,第 2 块中的最大关键字值 54 小于第 3 块中的最小关键字值 61,第 3 块中的最大关键字值 78 小于第 4 块中的最小关键字值 83。

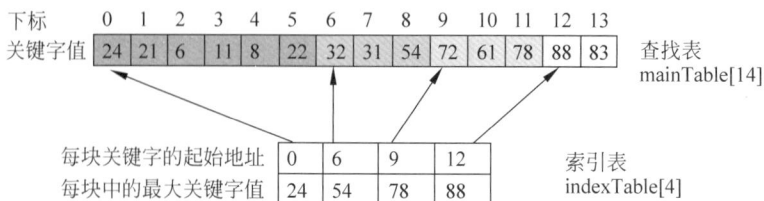

图 8-9　分块有序表的索引存储表示

在如图 8-9 所示的查找表中查找关键字值为 72 的记录可以如下进行。

(1)确定待查找记录属于哪一块。由于索引表已按关键字值有序排序,因此可以采用顺序查找法或者二分查找法将 72 依次与索引表中各个索引结点的关键字值进行比较,由于 $54<72<78$,因此可以确定关键字值为 72 的记录只能出现在第 3 块中。

（2）由于块中记录是任意排列的，因此可在目标块内使用顺序查找法精确查找该记录。从查找表 mainTable[9..11] 中使用顺序查找法查找待查记录，直到遇到 mainTable[9]＝72 为止。查找成功，返回待查找记录在查找表中的位序号9。

由此可知，分块查找的过程分为两步：第一步是使用顺序查找或者二分查找法在索引表中确定待查找记录所在的块；第二步是在目标块内使用顺序查找法精确查找该记录。若查找成功，则返回待查记录在查找表中的位序号；若查找失败，则表明整个表中都不存在该记录，返回查找失败标记。

分块查找算法的运行效率受两部分影响：查找块的操作和块内查找的操作。因此，分块查找成功的平均查找长度为索引表中查找块的平均查找长度 ASL_b 和块内查找的平均长度 ASL_w 之和。

假设将长度为 n 的顺序表均分成 b 块，每一块中含有 s 个记录，则 $b=\lceil n/s \rceil$，若表中各记录的查找概率相等，则每块查找的概率为 $1/b$，块内每个记录的查找概率为 $1/s$。

若以二分查找法来确定目标块，分块查找成功时的平均查找长度可表示为式(8.6)：

$$\text{ASL} \approx \log_2(b+1) - 1 + \frac{(s+1)}{2} = \log_2\left(\frac{n}{s}+1\right) - 1 + \frac{(s+1)}{2} \approx \log_2\left(\frac{n}{s}+1\right) + \frac{s}{2}$$

$$(8.6)$$

若以顺序查找法来确定目标块，分块查找成功时的平均查找长度可表示为式(8.7)：

$$\text{ASL} = \frac{b+1}{2} + \frac{s+1}{2} = \frac{1}{2}\left(\frac{n}{s}+s\right) + 1$$

$$(8.7)$$

由此可见，分块查找时的平均查找长度不但和表的长度有关，而且和块的长度也有关。它的速度要比顺序查找法的速度快，但付出的代价是增加辅助存储空间和将顺序表分块排序，同时它的速度要比二分查找法的速度慢，但优点是不需要对全部记录进行排序。

8.3　树表查找

若在按照树状结构组织的查找表中查找记录，这种查找技术被称为**树表查找技术**。树表查找技术适用于动态查找，本节主要讨论以各种树状结构表示时的实现方法。

8.3.1　二叉排序树

1. 二叉排序树的定义
二叉排序树又称二叉查找树，它或者是一棵空树，或者是一棵满足以下性质的二叉树。
（1）若左子树不空，则左子树上所有结点的关键字值均小于它根结点的关键字值。
（2）若右子树不空，则右子树上所有结点的关键字值均大于它根结点的关键字值。
（3）左、右子树也分别是二叉排序树。

根据二叉排序树的定义可知，图 8-10(a) 是一棵二叉排序树，图 8-10(b) 是一棵非二叉排序树。

二叉排序树的一个重要性质：若中序遍历一棵非空二叉排序树，则会得到一个按照关键字值递增排列的有序序列。例如，对图 8-10(a) 中的二叉排序树进行中序遍历后，会得到一个递增的关键字值序列{16,19,22,28,36,45,51,60}。

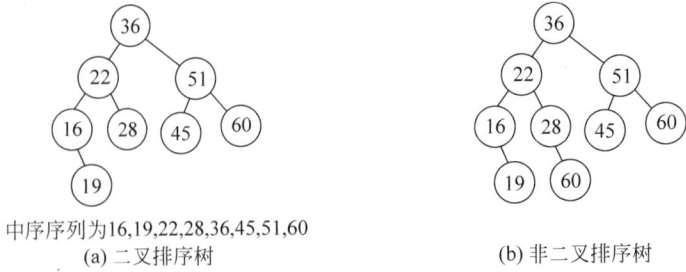

中序序列为16,19,22,28,36,45,51,60

(a) 二叉排序树　　　　　　　　　　　　(b) 非二叉排序树

图 8-10　二叉排序树与非二叉排序树示例

2. 二叉排序树的存储结构

二叉树的存储结构包括顺序存储和链式存储两种,顺序存储比较适用于满二叉树和完全二叉树。对于一般的二叉树,常使用二叉链表或三叉链表存储结构。本章主要取二叉链表作为二叉排序树的存储结构,其树的结点包括左孩子域(lchild)、右孩子域(rchild)以及数据域(data)三部分,数据域中存放了当前记录结点的所有信息,其树结点的结构图如图 8-11 所示。

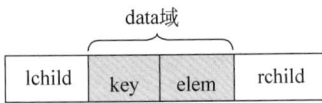

图 8-11　树结点结构图

二叉排序树中的结点类描述如下。

```java
public class TreeNode {
    public RecordNode data;                          //树结点的数据域部分,即记录结点的信息
    public TreeNode lchild, rchild;                  ///指针域,分别指向左孩子结点和右孩子结点
    public TreeNode() {                              //构造一个空结点
        this(null);
    }
    public TreeNode(RecordNode data) {               //构造一棵指定数据域值的叶子结点
        this(data, null, null);
    }
    public TreeNode(RecordNode data, TreeNode lchild, TreeNode rchild) {    //构造一棵数据元素
                                                                           //和左右孩子都不为空的结点
        this.data = data;
        this.lchild = lchild;
        this.rchild = rchild;
    }
}
```

二叉排序树的类描述如下。

```java
public class BSTreeTable {
    public TreeNode root;                            //根结点
    public TreeNode getRoot() {
            return root;
    }
    public BSTreeTable() {                           //构造空二叉排序树
        root = null;
    }

    //算法 8.5　构造一棵二叉排序树的算法
    public BSTreeTable(int[] key) {                  //根据给定序列构造二叉排序树
        ...
    }
```

```java
    public boolean isEmpty() {                        //判断是否为空二叉树
        return this.root == null;
    }

    public void makeEmpty() {                         //将二叉树置为空
        this.root = null;
    }
```

```java
//中序次序遍历以 p 结点为根的二叉树,递归实现
    public void inOrderTraverse(TreeNode p) {
        if (p != null) {
            inOrderTraverse(p.lchild);
            System.out.print(p.data.key + " ");
            inOrderTraverse(p.rchild);
        }
    }
```

```java
    //算法 8.3   二叉排序树的查找算法
    //在以 p 为根结点的二叉排序树中查找是否存在关键字值为 searchValue 的记录结点
    public TreeNode searchNode(int searchValue) {
        return searchNode(root, searchValue);
    }
    private TreeNode searchNode(TreeNode p, int searchValue) {
        …
    }
```

```java
    //算法 8.4   在二叉排序树中插入一个新结点的算法
    //在以 p 为根结点的二叉排序树中插入一个新结点,insertValue 为新结点的关键字值
    public void InsertNewNode(int insertValue) {
        root = InsertNewNode(root, insertValue);
    }
    private TreeNode InsertNewNode(TreeNode p, int insertValue) {
        …
    }
```

```java
    //算法 8.6   在二叉排序树查找成功后删除一个结点的算法
    public TreeNode remove(int deleteValue) {
        return remove(root, deleteValue, null); //在以 root 为根的二叉排序树中删除关键字值为
deleteNode 的结点
    }
    //从以 p 为根的二叉树中删除关键字值为 deleteValue 的结点
    private TreeNode remove(TreeNode p, int deleteValue, TreeNode parent) {
        …
    }//删除算法结束
}
```

3. 二叉排序树的查找操作

基本思想:若二叉排序树为空时,则查找不成功;当二叉排序树不空时,要查找的记录要么在根结点上,要么在左子树上,要么在右子树上。因此,当二叉排序树不空时,可按照以下步骤执行查找操作。

第一步:若待查找值等于根结点的关键字值,则查找成功;否则执行第二步。

第二步:若待查找值小于根结点的关键字值,则在左子树上继续进行查找;否则执行

第三步。

第三步：若待查找值大于根结点的关键字值,则在右子树上继续进行查找。

【算法 8.3】 二叉排序树的查找算法。

```
//在以 root 为根结点的二叉排序树中查找是否存在关键字值为 searchValue 的记录结点
public TreeNode searchNode(int searchValue) {
        return searchNode(root,searchValue);
}
//在以 p 为根结点的二叉排序树中查找是否存在关键字值为 searchValue 的记录结点
private TreeNode searchNode(TreeNode p,int searchValue) {
        if(p==null) {                                    //空树
            return null;
        }else {                                          //非空树
                if(searchValue==p.data.key) {            //与树根值相等
                    return p;                            //存在,且查找结点为树根
                }else {
                    if(searchValue < p.data.key)         //进入左子树查找
                        return searchNode(p.lchild,searchValue);
                    else                                 //进入右子树查找
                        return searchNode(p.rchild,searchValue);
                }
        }
}
```

二叉排序树的查找效率很高,通常只需查找两个子树之一即可。例如,在如图 8-12 所示的二叉排序树中查找关键字值为 45 的记录,36→51→45 为查找成功的路径。由此可知,查找成功时的比较过程是恰好走了一条从根结点到被查结点的路径,而经历的比较次数 k 等于该路径上的总结点数,也等于被查结点在树上的层数 level($1 \leqslant level \leqslant h$),$h$ 为这棵二叉排序树的高度。

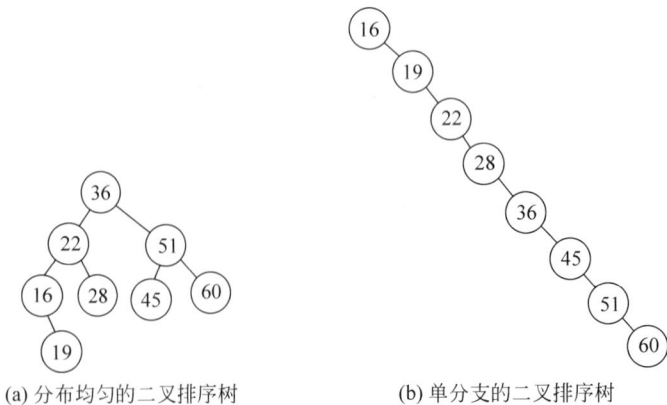

(a) 分布均匀的二叉排序树   (b) 单分支的二叉排序树

图 8-12 二叉排序树的两种形态

假设有一棵二叉排序树,总结点数是 n,高度是 h,根结点的高度是 1。若二叉排序树是一棵满二叉树,则有 $h = \log_2(n+1)$。

对于高度为 h,总结点数是 n 的二叉排序树(满二叉树),设每个结点的查找概率相等,即 P_i 为 $1/n$,即查找成功的平均查找长度为

$$\text{ASL}_{成功} = \sum_{i=1}^{n} P_i C_i = \frac{1}{n} \sum_{\text{level}=1}^{h} (\text{level} \times 2^{\text{level}-1}) = (1 \times 1 + 2 \times 2 + 3 \times 4 + \cdots + h \times 2^{h-1})/n$$

$$(8.8)$$

由此可知,二叉排序树查找成功的平均查找长度取决于二叉排序树的高度 h,而 h 又和二叉树的形态有关。

若含有 n 个结点的二叉排序树是一棵满二叉树,其左右子树均匀分布(最好的情况),则 $h = \log_2(n+1)$。在等概率查找情况下,如式(8.9)所示:

$$\text{ASL}_{成功} = \frac{1}{n} \sum_{\text{level}=1}^{h} (\text{level} \times 2^{\text{level}-1}) \approx \log_2(n+1) - 1 \qquad (8.9)$$

若含有 n 个结点的二叉排序树是一棵左单分支二叉树或是一棵右单分支二叉树(最坏的情况),此时高度 h 最大且 $h = n$。在等概率查找情况下,如式(8.10)所示:

$$\text{ASL}_{成功} = \frac{1}{n} \sum_{\text{level}=1}^{h} \text{level} = \frac{n+1}{2} \qquad (8.10)$$

综上所述,若二叉排序树的左右子树分布均匀,其查找过程类似于有序表的二分查找过程,时间复杂度为 $O(\log_2 n)$;若二叉排序树为单分支树,其查找过程类似于顺序查找过程,时间复杂度为 $O(n)$。

4. 二叉排序树的插入操作

在二叉排序树中插入一个新结点后,仍要保证新构造的树依然是一棵二叉排序树。想要在二叉排序树中插入一个新结点,首先要确定其插入位置。若二叉排序树是一棵空树,则新插入结点一定是根结点;否则,新插入的结点必为一个新的叶子结点,其插入位置由查找过程得到。二叉排序树中不允许存在相同的结点,因此若在插入过程中发现待插入结点已存在(即查找成功),则插入失败;否则在二叉排序树中查找不成功的位置就是新结点的插入位置。

设变量 p 为根结点,$p.\text{data.key}$ 为该结点的关键字值,变量 insertValue 为新结点的关键字值,则具体操作如下。

(1) 若根结点 p 为空,则将关键字值为 insertValue 的结点构造为根结点。

(2) 若根结点 p 为空,则执行以下过程。

① insertValue 等于根结点 p 的关键字值,则插入失败。

② insertValue 小于根结点 p 的关键字值,则递归实现插入该根结点的左子树中。

③ insertValue 大于根结点 p 的关键字值,则递归实现插入该根结点的右子树中。

【算法8.4】 在二叉排序树中插入一个新结点的算法。

```
//在以 root 为根结点的二叉排序树中插入一个新结点,insertValue 为新结点的关键字值
public void InsertNewNode(int insertValue) {
        root = InsertNewNode(root, insertValue);
}
//在以 p 为根结点的二叉排序树中插入一个新结点,insertValue 为新结点的关键字值
private TreeNode InsertNewNode(TreeNode p, int insertValue) {
        if(p == null) {                             //查找树为空
            p = new TreeNode(new RecordNode(insertValue));   //建立根结点
            return p;
        }else {   //查找树非空,将新结点插入以 p 为根结点的二叉排序树中
```

```
            if (insertValue== p.data.key) {  //p 所指结点数据域部分的关键字值等于待插
                                             //入值
                System.out.println("插入失败");
            }
            if (insertValue< p.data.key) {    //p 所指结点数据域部分的关键字值大于待插
                                             //入值,则插入 p 的左子树中
                p.lchild= InsertNewNode(p.lchild, insertValue);  //插入 p 的左子树中
            }
            if (insertValue> p.data.key) {    //p 所指结点数据域部分的关键字值大于待插
                                             //入值
                p.rchild= InsertNewNode(p.rchild, insertValue);  //插入 p 的右子树中
            }
            return p;
        }
    }
```

5. 二叉排序树的构造操作

二叉排序树是一个树状查找表,如果想要在二叉排序树上完成查找操作,首先要创建一棵二叉排序树。二叉排序树通常不是一次生成的,而是根据给定的查找序列中的元素依次插入二叉排序树中动态生成的,因此二叉排序树是一种动态树表。

【算法 8.5】 构造一棵二叉排序树的算法。

```
public BSTreeTable(int[] key) {                //根据给定序列构造二叉排序树
    root=null;                                 //将树置为空树
    for (int i = 0; i < key.length; ++i) {
        InsertNewNode(key[i]);                 //将序列中的元素依次插入二叉排序树中
    }
}
```

例如,按一组关键字值序列{45,16,22,36,28,60,19,51}的顺序建立一棵二叉排序树,构造二叉排序树的过程如图 8-13 所示。

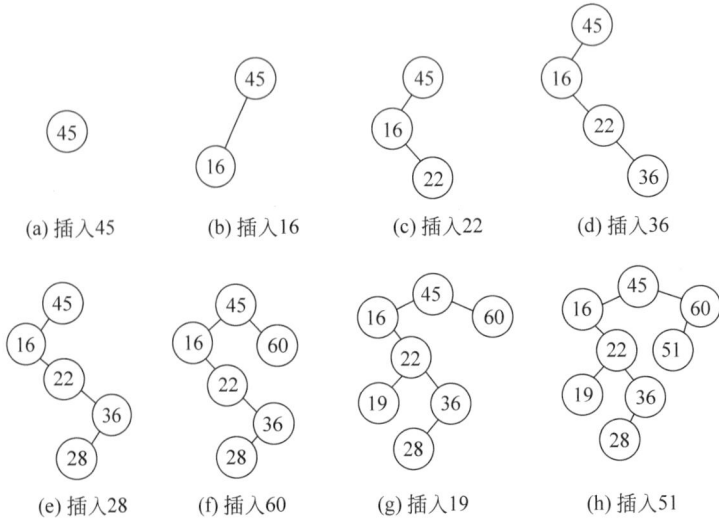

图 8-13 建立平衡二叉树示例

(1) 插入关键字值为 45 的结点。先创建一棵空树,然后将关键字值为 45 的结点作为

根结点直接插入,如图 8-13(a)所示。

(2) 插入关键字值为 16 的结点。经判断 16 在树中不存在且 16<45,从根结点向左走找到插入位置后插入,如图 8-13(b)所示。

(3) 插入关键字值为 22 的结点。经判断 22 在树中不存在且 16<22<45,根据二叉排序树中的查找方法找到插入位置后插入,如图 8-13(c)所示。

(4) 插入关键字值为 36 的结点。经判断 36 在树中不存在,根据二叉排序树中的查找方法找到插入位置后插入,如图 8-13(d)所示。

(5) 插入关键字值为 28 的结点。经判断 28 在树中不存在,根据二叉排序树中的查找方法找到插入位置后插入,如图 8-13(e)所示。

(6) 插入关键字值为 60 的结点。经判断 60 在树中不存在,根据二叉排序树中的查找方法找到插入位置后插入,如图 8-13(f)所示。

(7) 插入关键字值为 19 的结点。经判断 19 在树中不存在,根据二叉排序树中的查找方法找到插入位置后插入,如图 8-13(g)所示。

(8) 插入关键字值为 51 的结点。经判断 51 在树中不存在,根据二叉排序树中的查找方法找到插入位置后插入,如图 8-13(h)所示。

思考:若构造序列集合为{16,19,22,28,36,45,51,60},构造的二叉排序树和图 8-13 构造的二叉排序树相同吗?

根据上述构造过程可知:

(1) 每次插入的新结点都是二叉排序树上新的叶子结点。

(2) 找到插入位置后,不必移动其他结点。

(3) 在左子树/右子树上的查找过程与在整棵树上的查找过程相同。

(4) 新插入的结点没有破坏原有结点之间的关系。

(5) 关键字插入的次序不同,构造的二叉排序树不同。

6. 二叉排序树的删除操作

想要从二叉排序树中删除一个结点,首先查找其在树中是否存在,若存在则删除,但是不能把以该结点为根的子树都删除,而是只能删除掉这一个结点,并且要确保删除后所得的二叉树依然保持二叉排序树的性质。

设 p 为被删结点,parent 为被删结点的双亲结点。根据被删结点 p 的度不同,删除算法可以分以下两种情况。

第一种情况:p 是度为 2 的结点。

由于二叉排序树的中序遍历序列是一个按照关键字值递增排列的有序序列,删除被删结点后相当于删除有序序列中的一个结点。因此有以下两种实现方法。

方法 1:用被删结点在中序遍历序列中的前驱结点替代被删结点,并在被删结点的左子树中删除该前驱结点。被删结点的左侧序列为其左子树中的中序遍历序列,并且被删结点在中序遍历序列中的前驱结点一定是其左子树中的关键字值最大值的结点,找到该前驱结点的方法为:沿着被删结点的左子树的根结点的右孩子一直往右找,直到找到最右边的一个结点为止。因此前驱结点一定无右子树。

方法 2:用被删结点在中序遍历序列中的后继结点替代被删结点,并在被删结点的右子树中删除该后继结点。被删结点的右侧序列为其右子树中的中序遍历序列,被删结点在中序遍历序列中的后继结点一定是其右子树中的关键字值最小的结点，找到该后继结点的方法为：沿着被删结点的右子树的根结点的左孩子一直往左找，直到找到最左边的一个结点为止。因此前驱结点一定无左子树。

第二种情况：p 是叶子结点或者度为 1 的结点。

（1）若 p 是根结点，且 p 只有左子树，则设置 p 结点的唯一左孩子为根结点 root 即可成功删除 p 结点。

（2）若 p 是根结点，且 p 只有右子树，则设置 p 结点的唯一右孩子为根结点 root 即可成功删除 p 结点。

（3）若 p 不是根结点，且 p 是 parent 的左孩子：若结点 p 只有左子树，则设置 p 结点的唯一左孩子为 parent 的左孩子即可成功删除 p 结点；若结点 p 只有右子树，则设置 p 结点的唯一右孩子为 parent 的左孩子即可成功删除 p 结点。

（4）若 p 不是根结点，且 p 是 parent 的右孩子：若结点 p 只有左子树，则设置 p 结点的唯一左孩子为 parent 的右孩子即可成功删除 p 结点；若结点 p 只有右子树，则设置 p 结点的唯一右孩子为 parent 的右孩子即可成功删除 p 结点。

【算法 8.6】 在二叉排序树查找成功后删除一个结点的算法。

```java
//在以 root 为根的二叉排序树中删除关键字值为 deleteNode 的结点
public TreeNode remove(int deleteValue) {
        return remove(root,deleteValue,null);
}
//从以 p 为根的二叉树中删除关键字值为 deleteValue 的记录,parent 是 p 的双亲结点
private TreeNode remove(TreeNode p,int deleteValue,TreeNode parent) {
    if (p==null){
            System.out.println("二叉排序树为空树,删除失败!");
            return null;
        }

if(p!=null){//二叉排序树为非空树
    if (deleteValue<((RecordNode) p.data).key) {        //在左子树中删除
        return remove(p.lchild, deleteValue, p);        //在左子树中递归搜索
    } else if (deleteValue>((RecordNode) p.data).key) {     //在右子树中删除
        return remove(p.rchild, deleteValue, p);        //在右子树中递归搜索
    } else if (p.lchild != null && p.rchild != null) { //p是度为2的结点
        //被删结点的关键字值与根结点的关键字值相等且该结点有左右子树
            TreeNode innext = p.rchild;     //寻找 p 在中序次序下的后继结点 innext
            while (innext.lchild != null) {     //即寻找右子树中的最左孩子
                innext = innext.lchild;
            }
            p.data=innext.data;                 //以后继结点值替换 p
            return remove(p.rchild, ((RecordNode) p.data).key, p);   //递归删除结点 p
        } else {                                    //p是度为1的叶子结点
            if (parent == null) {               //p是根结点,删除根结点,即 p==root
                if (p.lchild != null) {         //p左子树非空
                    root = p.lchild;            //以 p 的左孩子顶替作为新的根结点
                } else {
                    root = p.rchild;            //以 p 的右孩子顶替作为新的根结点
                }
```

```
            return p;                           //返回被删根结点
    }

    if (p == parent.lchild) {                   //p 是 parent 的左孩子
            if (p.lchild != null) {
                parent.lchild=p.lchild;         //以 p 的左孩子顶替 parent 的左孩子
            } else {
                parent.lchild=p.rchild;         //以 p 的右孩子顶替 parent 的左孩子
            }
    }

    if(p == parent.rchild) {                    //p 是 parent 的右孩子
            if (p.lchild != null) {             //p 的左子树非空
                parent.rchild=p.lchild;         //以 p 的左孩子顶替 parent 的右孩子
            } else {
                parent.rchild=p.rchild;         //以 p 的右孩子顶替 parent 的右孩子
            }
        }
    }
}
    return p!=null?p:null;
}//删除算法结束
```

例如,从图 8-14(a)中分别删除关键字值为 60、16 和 36 的三个结点,操作过程如下。

(1) 删除 60。60 所在结点为叶子结点,根据二叉排序树中删除操作可知,当被删结点为叶子结点时可直接删除,结果如图 8-14(b)所示。

(2) 删除 16。16 所在结点只含有一棵右子树,根据二叉排序树中删除操作可知,此时需要删除 16 所在结点并将该结点的右子树连接到 16 所在结点的双亲结点上,结果如图 8-14(c)所示。

(3) 删除 36。36 所在结点含有两棵子树,根据二叉排序树中删除操作可知有以下两种方法。

方法一:使用中序序列中被删结点的前驱结点来代替。操作方法为:沿着被删结点(36 所在结点)的左子树树根一直往右走,直到找到被删结点的左子树中最右边的一个结点(28 所在结点即为被删结点的前驱结点,该前驱结点一定是被删结点左子树中的最大结点),因为 28 所在结点为叶子结点可以直接删除掉。然后将 36 用 28 来代替,结果如图 8-14(d)所示。

方法二:使用中序序列中被删结点的后继结点来代替。操作方法为:沿着被删结点(36 所在结点)的右子树树根一直往左走,直到找到被删结点的右子树中最左边的一个结点(45 所在结点即为被删结点的后继结点,该后继结点一定是被删结点右子树中的最小结点),因为 45 所在结点为叶子结点可以直接删除。然后将 36 用 45 来代替,结果如图 8-14(e)所示。

由于二叉排序树的插入和删除操作都依赖查找操作,因此操作效率由查找效率决定,其插入、删除、查找的时间复杂度相同,最坏时间复杂度为 $O(n)$,最好时间复杂度为 $O(\log_2 n)$,平均时间复杂度介于两者之间。

【例 8.4】 按一组关键字序列{45,16,22,36,28,60,19,51}的顺序建立一棵二叉排序

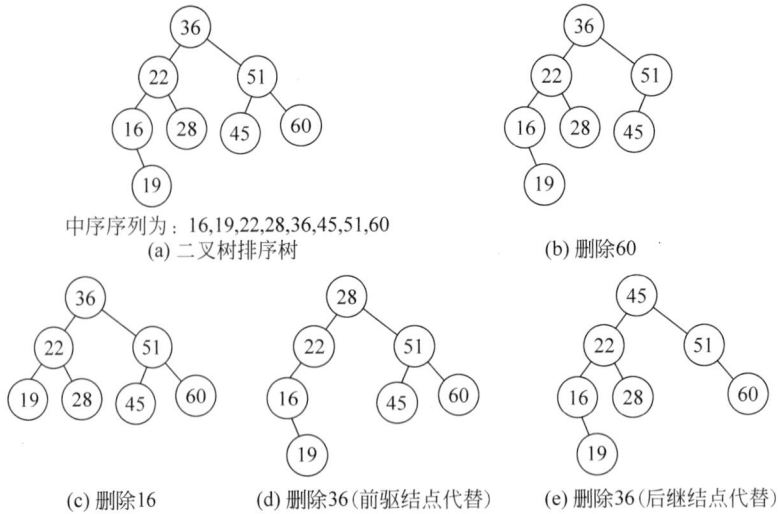

中序序列为：16,19,22,28,36,45,51,60

(a) 二叉树排序树　　　　　　　　　　(b) 删除60

(c) 删除16　　　(d) 删除36(前驱结点代替)　　　(e) 删除36(后继结点代替)

图 8-14　删除操作示例

树,并查找关键字值为 45 的记录是否存在。删除关键字值为 36 的记录。

代码如下。

```
package searchTree;
public class example8_4 {
    public static void main(String[] args) {
        int[] key= {45,16,22,36,28,60,19,51};
        BSTreeTable bst1=new BSTreeTable(key);
            bst1.inOrderTraverse(bst1.getRoot());
            System.out.println();
    if(bst1.searchNode(45)!=null) {
        System.out.println("在二叉排序树中查找关键字值为 45 的记录,查找结果非空,查找
    成功!");
        }else {
        System.out.println("在二叉排序树中查找关键字值为 45 的记录,查找结果为空,查找
    失败!");
        }
    if(bst1.remove(36)==null) {
            System.out.println("在二叉排序树中删除指定关键字值为 36 的记录,删除失败!");
        }else {
            System.out.println("在二叉排序树中删除指定关键字值为 36 的记录,删除成功!");
            System.out.println("删除 36 后遍历二叉排序树:");
            bst1.inOrderTraverse(bst1.getRoot());
        }
    }
}
```

运行上面的程序,得到下面的运行结果。

```
16 19 22 28 36 45 51 60
在二叉排序树中查找关键字值为 45 的记录,查找结果非空,查找成功!
在二叉排序树中删除指定关键字值为 36 的记录,删除成功!
删除 36 后遍历二叉排序树:
16 19 22 28 45 51 60
```

8.3.2 平衡二叉树

二叉排序树的查找效率取决于二叉排序树的高度,高度越低,查找效率越高。因此,想要提高二叉排序树的查找效率,就要想办法尽量降低二叉排序树的高度,其改进方法为将左右子树分布不均匀的二叉排序树调整为平衡二叉树。

1. 平衡二叉树的定义

平衡二叉树(AVL 树),或者是一棵空树,或者是一种特殊的二叉排序树,其特殊性在于其左右子树都是平衡二叉树且左右子树的高度之差的绝对值不超过 1。

为了方便判断一棵二叉排序树是否是一棵平衡二叉树,引进了平衡因子的概念。将二叉排序树中某个结点的左子树高度减去其右子树高度后的差值称为该结点的平衡因子。平衡二叉树要求平衡因子的绝对值不大于 1,因此平衡二叉树中任意一个结点的平衡因子只可能有三种取值:−1、0 和 1。

在平衡二叉树中插入或删除一个结点后,可能使原平衡二叉树失去平衡,因此需要在插入或删除结点时调整二叉树,使之始终保持平衡二叉树的性质。

2. 插入结点

如果在一棵平衡二叉树中插入一个新结点后使得原平衡二叉树失去平衡,则首先要找出因插入新结点后失去平衡的最小子树,然后再调整这棵子树使之成为平衡子树。

什么是失去平衡的最小子树? 失去平衡的最小子树又称最小不平衡子树,是指离插入结点最近,且以平衡因子绝对值大于 1 的结点为根的子树。将离插入点最近的且平衡因子的绝对值大于 1 的结点称为失衡结点。

如何调整失去平衡的最小子树? 原平衡二叉树失去平衡后,可以通过以下步骤进行调整。

第一步:首先找到失去平衡的最小子树中的失衡结点。

第二步:根据插入结点和失衡结点之间的位置关系,判断其调整类型。

从失衡结点开始,沿树向下寻找插入结点,且只记录寻找的前两步的路径方向,判断此时插入结点与失衡结点的位置关系,并由此判断调整类型,从而选择相应的调整方法进行调整。

插入结点与失衡结点的位置关系可以分为 4 种类型,分别为 LL 型、LR 型、RL 型和 RR 型。LL 型指插入结点是失衡结点的左孩子的左子树上的结点(如图 8-15(a)所示),此时需要进行 LL 型调整。LR 型指插入结点是失衡结点的左孩子的右子树上的结点(如图 8-15(b)所示),此时需要进行 LR 型调整。RR 型指插入结点是失衡结点的右孩子的右子树上的结点(如图 8-15(c)所示),此时需要进行 RR 型调整。RL 型指插入点是失衡结点的右孩子的左子树上的结点(如图 8-15(d)所示),此时需要进行 RL 型调整。

1) LL 型调整

原因:在 A 的左孩子结点 B 的左子树(B_L)上插入一个新结点 C,会使结点 A 的左子树高于其右子树且平衡因子由 1 变成 2,使得以 A 为根的子树失去平衡,此时 A 为失衡结点,如图 8-16(a)所示。

调整方法:若失衡结点的左子树高于右子树时要向右顺时针旋转(即"左高往右旋")来降低失衡结点的高度。因此经过一次旋转调整使失衡结点 A 的左孩子结点 B 上移一个结

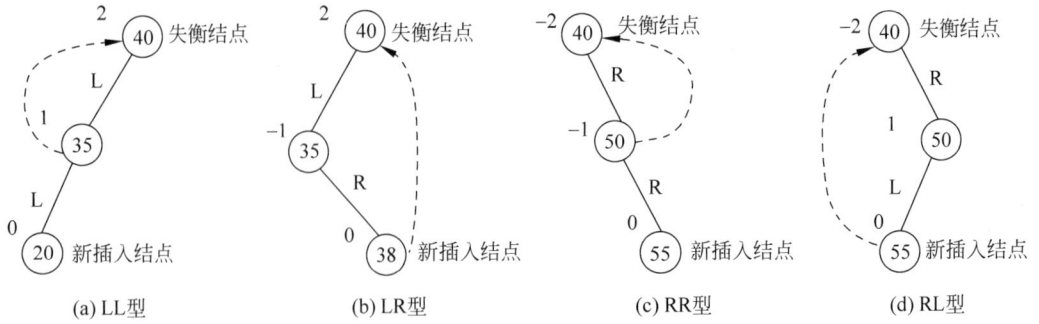

| (a) LL型 | (b) LR型 | (c) RR型 | (d) RL型 |

图 8-15　插入结点与失衡结点的 4 种位置关系

点高度变成新子树的根,将结点 A 下移一个结点高度变成 B 的右孩子。与此同时,将结点 B 的右子树(B_R)变成结点 A 的左子树,结点 A 的右子树(A_R)和结点 B 的左子树(B_L)位置保持不变。

2) RR 型调整

原因:在 A 的右孩子结点 B 的右子树(B_R)上插入一个新结点 C,会使结点 A 的右子树高于其左子树且平衡因子由 -1 变成 -2,使得以 A 为根的子树失去平衡,此时 A 为失衡结点,如图 8-16(b)所示。

调整:若失衡结点的左子树低于右子树时要向左逆时针旋转一次(即"右高往左旋")来降低失衡结点的高度。因此经过一次旋转调整使失衡结点 A 的右孩子结点 B 上移一个结点高度变成新子树的根,将结点 A 下移一个结点高度变成 B 的左孩子。与此同时,将结点 B 的左子树(B_L)变成结点 A 的右子树,结点 A 的左子树(A_L)和结点 B 的右子树(B_R)位置保持不变。

3) LR 型调整

原因:在 A 的左孩子结点 B 的右子树(B_R)的根结点 C 的子树上插入一个新结点(两种情况:在 C 的左子树或 C 的右子树插入皆可),使得 A 的平衡因子由 1 变成 2,使得以 A 为根的子树失去平衡,此时 A 为失衡结点,如图 8-16(c)所示。

调整方法:根据"左高往右旋"和"右高往左旋"的原理则需要先向左逆时针旋转一次再向右顺时针旋转一次来降低失衡结点的高度。因此,经过两次旋转调整将结点 C 上移两个结点高度变成新子树的根,将失衡结点 A 下降一个结点高度变为 C 的右孩子;B 变为 C 的左孩子;C 原来的左子树(C_L)调整为 B 现在的右子树;C 原来的右子树(C_R)调整为 A 现在的左子树。结点 A 的右子树(A_R)和结点 B 的左子树(B_L)位置保持不变。

4) RL 型调整

原因:在 A 的右孩子结点 B 的左子树(B_L)的根结点 C 的子树上插入一个新结点(两种情况:在 C 的左子树或 C 的右子树插入皆可),使得 A 的平衡因子由 -1 变成 -2,使得以 A 为根的子树失去平衡,此时 A 为失衡结点,如图 8-16(d)所示。

调整方法:根据"左高往右旋"和"右高往左旋"的原理则需要先向右顺时针旋转一次后再向左逆时针旋转一次来降低失衡结点的高度。因此经过两次旋转调整将结点 C 上移两个结点高度变成新子树的根,将失衡结点 A 下降一个结点高度变为 C 的左孩子;B 变为 C 的右孩子;C 原来的左子树(C_L)调整为 A 现在的右子树;C 原来的右子树(C_R)调整为 B

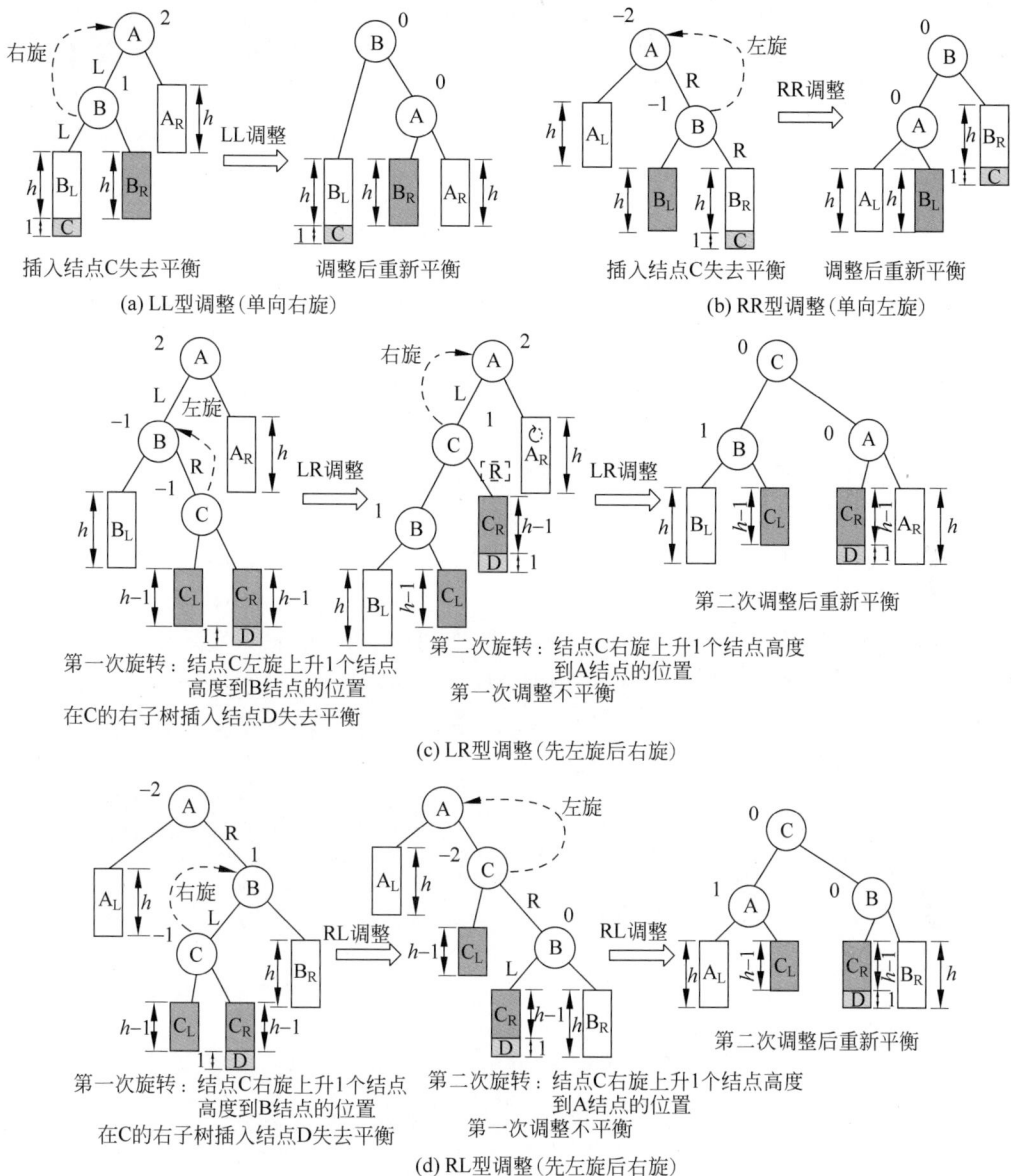

(a) LL型调整(单向右旋)　　　　　　　　　(b) RR型调整(单向左旋)

(c) LR型调整(先左旋后右旋)

(d) RL型调整(先左旋后右旋)

图 8-16　4 种调整类型

现在的左子树。结点 A 的左子树(A_L)和结点 B 的右子树(B_R)位置保持不变。

构建平衡二叉树和构建二叉排序树的过程基本一致,都是将关键字逐个插入空树中。区别在于,在建立平衡二叉树时,每插入一个新的结点都要进行判断,看新关键字的插入是否会导致原平衡二叉树失去平衡。如果失去平衡则需要进行调整。

例如,按一组关键字值序列(45,16,22,36,28,60,19,51)的顺序建立一棵平衡二叉树并在结点上方标出平衡因子,用线圈出了需要进行平衡调整的 3 个结点,详细操作过程如下。

(1) 插入关键字值为 45 的结点。经判断此时 AVL 树为空树,将其作为根结点直接插入不会出现不平衡现象,如图 8-17(a)所示。

(2) 插入关键字值为 16 的结点。经判断 16 在树中不存在且 16<45,从根结点向左走

找到插入位置后插入,不会出现不平衡现象,如图 8-17(b)所示。

  (3) 插入关键字值为 22 的结点。经判断 22 在树中不存在且 16＜22＜45,根据二叉排序树中的查找方法找到插入位置后插入,如图 8-17(c)左图所示。插入 22 后出现不平衡现象,此时失衡结点的关键字值为 45,新插入结点与失衡结点的位置关系为 LR 型,需要进行 LR 调整,调整后的结果如图 8-17(c)右图所示。

  (4) 插入关键字值为 36 的结点。经判断 36 在树中不存在,根据二叉排序树中的查找方法找到插入位置后插入,不会出现不平衡现象,如图 8-17(d)所示。

  (5) 插入关键字值为 28 的结点。经判断 28 在树中不存在,根据二叉排序树中的查找方法找到插入位置后插入,如图 8-17(e)左图所示。插入 28 后出现不平衡现象,此时失衡结点的关键字值为 45,新插入结点与失衡结点的位置关系为 LL 型,需要进行 LL 调整,调整后的结果如图 8-17(e)右图所示。

  (6) 插入关键字值为 60 的结点。经判断 60 在树中不存在,根据二叉排序树中的查找方法找到插入位置后插入,如图 8-17(f)左图所示。插入 60 后出现不平衡现象,此时失衡结点的关键字值为 22,新插入结点与失衡结点的位置关系为 RR 型,需要进行 RR 调整,调整后的结果如图 8-17(f)右图所示。

  (7) 插入关键字值为 19 的结点。经判断 19 在树中不存在,根据二叉排序树中的查找方法找到插入位置后插入,不会出现不平衡现象,如图 8-17(g)所示。

  (8) 插入关键字值为 51 的结点。经判断 51 在树中不存在,根据二叉排序树中的查找

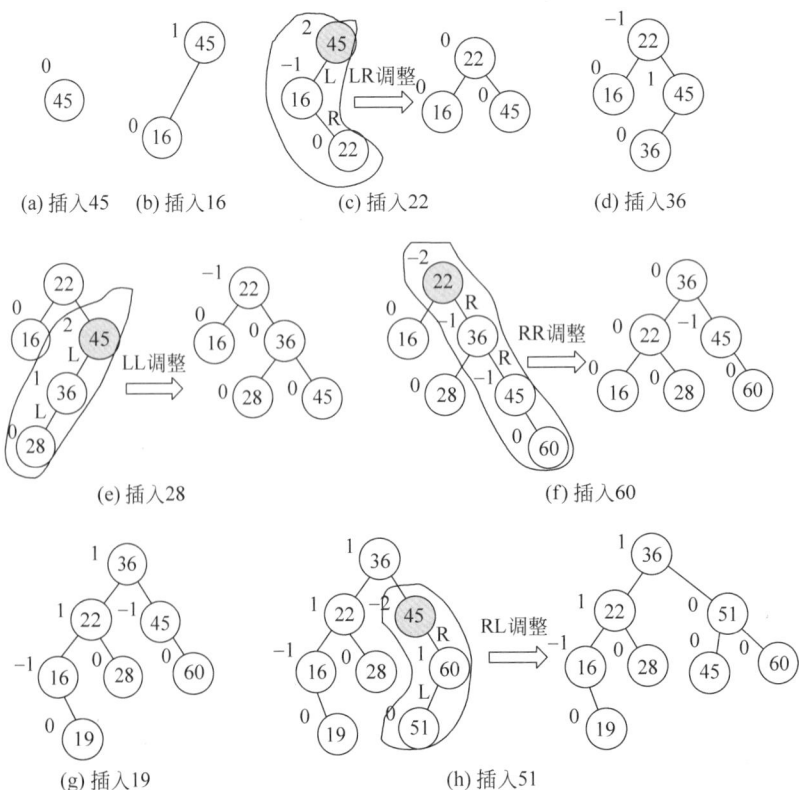

图 8-17　建立平衡二叉树示例

方法找到插入位置后插入,如图 8-17(h)左图所示。插入 51 后出现不平衡现象,此时失衡结点的关键字值为 22,新插入结点与失衡结点的位置关系为 RL 型,需要进行 RL 调整,调整后的结果如图 8-17(h)右图所示。

3. 删除结点

在平衡二叉树中删除一个结点的过程和在二叉排序树中删除一个结点的过程相同。例如,从图 8-18(a)中分别删除关键字值分别为 60、16 和 36 的三个结点,操作过程如下。

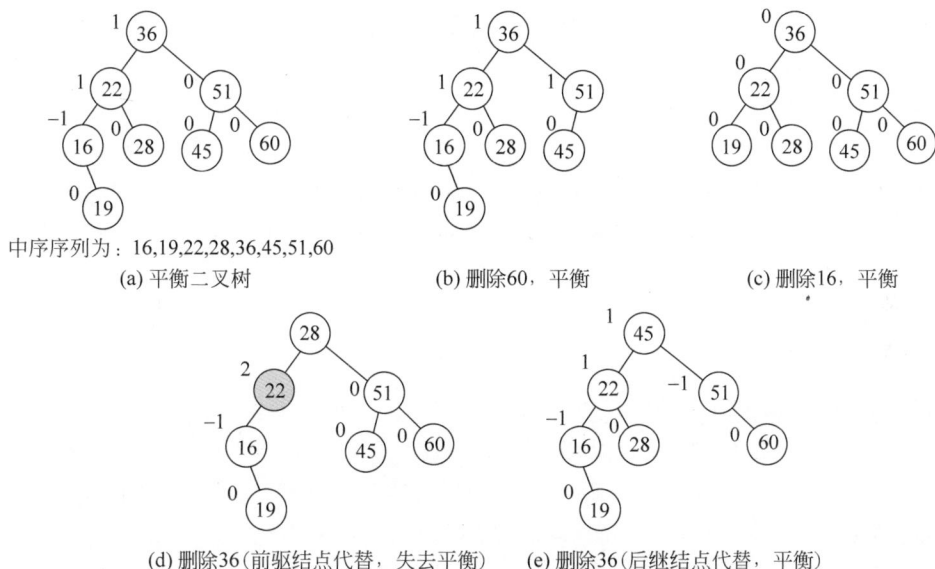

中序序列为:16,19,22,28,36,45,51,60

(a) 平衡二叉树   (b) 删除60,平衡   (c) 删除16,平衡

(d) 删除36(前驱结点代替,失去平衡)   (e) 删除36(后继结点代替,平衡)

图 8-18   平衡二叉树删除操作示例

(1) 删除 60。60 所在结点为叶子结点,根据二叉排序树中删除操作可知,当被删结点为叶子结点时可直接删除,结果如图 8-18(b)所示。

(2) 删除 16。16 所在结点只含有一棵右子树,根据二叉排序树中删除操作可知,此时需要删除 16 所在结点并将该结点的右子树连接到 16 所在结点的双亲结点上,结果如图 8-18(c)所示。

(3) 删除 36。36 所在结点含有两棵子树,根据二叉排序树中删除操作可知有以下两种方法。

方法一:使用中序序列中被删结点的前驱结点来代替。操作方法为:沿着被删结点(36 所在结点)的左子树树根一直往右走,直到找到被删结点的左子树中最右边的一个结点(28 所在结点即为被删结点的前驱结点,该前驱结点一定是被删结点左子树中的最大结点),因为 28 所在结点为叶子结点,可以直接删除掉。然后将 36 用 28 来代替,结果如图 8-18(d)所示。发现出现了不平衡现象,需要调整。

方法二:使用中序序列中被删结点的后继结点来代替。操作方法为:沿着被删结点(36 所在结点)的右子树树根一直往左走,直到找到被删结点的右子树中最左边的一个结点(45 所在结点即为被删结点的后继结点,该后继结点一定是被删结点右子树中的最小结点),因为 45 所在结点为叶子结点,可以直接删除掉。然后将 36 用 45 来代替,结果如图 8-18(e)所示。

4. 性能分析

二叉排序树的插入和删除操作的执行效率与二叉树的形态有关。平衡二叉树可以使二叉树的结构分布更均匀,可适当地降低二叉树的高度,提高查找效率,但是会使插入和删除操作更加复杂。在平衡二叉树上进行查找的过程和二叉排序树上的查找过程相同,因此一个含有 n 个结点的平衡二叉树,其查找的时间复杂度为 $O(\log_2 n)$。

8.4 哈希表查找

在线性查找表中成功查找某条记录的比较次数取决于其在查找表中的存储位置,在树状查找表中成功查找某条记录的比较次数取决于其在树表中的高度。不管是线性查找表还是树状查找表,查找某条记录总是要经过一系列的比较操作才能确定其存储位置,比较次数与查找表的表长 n 有关,与该记录的关键字值无关,这是由记录的关键字值和其存储位置之间不存在确定的关系所导致的。

8.4.1 哈希表的概念

如果记录的关键字值和其存储位置之间存在确定的函数关系,那么就可以不经过任何比较,直接根据记录的关键字值计算出该记录在查找表中的存储位置,将所求出存储位置上的关键字值与待查找记录的关键字值进行比较就能得到查找结果。这种确定的函数关系称为**哈希函数 H**,其中,将关键字值作为哈希函数的参数,哈希函数中的函数值就是计算出的存储地址,又称**哈希地址**。通过哈希函数将记录存放在一块连续的存储空间中,这块连续的存储空间即为**哈希表**,其存储空间是一个下标从 0 开始的一维数组。哈希表的插入、删除、查找操作都是根据哈希地址获取记录的存储位置。假设哈希表表长为 m,则表内地址取值范围为 $0 \sim m-1$。

例如,关键字值序列为 {9,4,12,14,74,6,16,96},若规定哈希表表长 m 为 20,哈希函数为 H(key)=key mod 10,请画出存储结构图。

(1) 求解过程见表 8-4。

表 8-4 求解过程

关 键 字 值	用哈希函数计算地址	地 址
9	9 mod 10	9
4	4 mod 10	4
12	12 mod 10	2
14	14 mod 10	4
74	74 mod 10	4
6	6 mod 10	6
16	16 mod 10	6
96	96 mod 10	6

(2) 根据求得的哈希地址将其存入哈希表对应的位置中,表 8-5 即为所得哈希表,其中表内地址取值范围为 $0 \sim 19$,但根据哈希函数映射到哈希表中的地址,取值范围为 $0 \sim 9$。

表 8-5 哈希表

地址	0	1	2	3	4	5	6	7	8	9	10	11	12	13	14	15	16	17	18	19
关键字值			12		4 14 74		6 16 96			9										

（3）假如查找 key＝9，则访问 $H(9)=9$ 号地址，若地址为 9 的存储单元中内容为 9 则查找成功。

思考：若规定哈希函数为 $H(\text{key})=\text{key mod }20$，则对应存储结构图又如何呢？

哈希函数是从关键字值集合到地址集合的映射。如果这种映射是一一对应的，则查找算法的时间复杂度是 $O(1)$，即与哈希表中记录的条数 n 无关，这是一种理想状态。但是在实际应用中往往存在多个关键字值映射到同一个地址上的情况，如表 8-5 中地址 4 上就有 4、14、74 这三个关键字值，这种情况被称为"冲突"，即当 key1 ≠ key2 时 $H(\text{key1})=H(\text{key2})$，其中发生冲突的关键字被称为同义词。

冲突虽然是不允许出现的，但是不能完全避免只能尽量减少，因此只能寄希望于在构造哈希表时构造一个"好"的哈希函数，尽量使得每个地址对应一个关键字值从而使记录大致均匀分布在哈希表中。一个"好"的哈希函数是指哈希函数计算简单，并且根据哈希函数计算出来的哈希地址尽可能均匀地分布在整个哈希表，这样才能保证存储空间的有效利用并尽可能地减少冲突的产生。若是不可避免地出现了冲突，还要找到一种处理冲突的方法。

下面将从常用的构造哈希函数的方法和处理冲突的方法两个方面介绍。

8.4.2 构造哈希函数的方法

构造哈希函数的常用方法有以下几种。

1. 除留余数法

哈希函数是一个求余函数，如式（8.11）所示：

$$H(\text{key})=\text{key mod } p,\ (p \leqslant m, m \text{ 为哈希表表长}) \tag{8.11}$$

其中，m 为哈希表表长，除数 p 通常为小于或等于 m（最好接近 m）的最大素数。这是因为若 $p > m$，那么对 p 求余后有可能映射到哈希表以外的地址，因此 $p \leqslant m$。p 取素数是因为 key 与素数做求余运算后可以使得哈希地址尽可能地散落均匀，减少冲突。其中，根据哈希函数可以映射到哈希表上的地址的取值范围为 $0 \sim p-1$，不一定是表内所有地址（表内地址取值范围为 $0 \sim m-1$）。该方法是最简单且最常用的一种构造哈希函数的方法，该方法的关键在于如何选取 p 值。p 如果选得不好，就可能会产生冲突。

例如，关键字值序列为 $\{78,7,99,13,25,53,59,30\}$，若哈希表表长为 11，则小于或等于 11 的素数有 2、3、5、7、11，其中，11 为小于或等于 11 的最大素数，因此 p 为 11 且此时并不会产生哈希冲突。若 p 为 7 时，就会产生冲突。

2. 直接定址法

哈希函数为关键字值 key 的某个线性函数，如式（8.12）所示：

$$H(\text{key})=a \times \text{key}+b,\ (a、b \text{ 为常数}) \tag{8.12}$$

该函数中关键字值与哈希地址是一对一的映射，因此不会产生冲突。但是用该方法构造的哈希表很容易造成存储空间的浪费。因此该方法适合地址集合与关键字值集合大小相等的情况,但在实际应用中很少使用该方法。

例如,关键字值序列为$\{2,4,5,7,8,9\}$,若选取的哈希函数为 $H(key)=10\times key+1$,则 6 个记录的哈希地址分别为 $H(2)=21,H(4)=41,H(5)=51,H(6)=61,H(7)=71$, $H(9)=91$。根据求得地址可知,哈希表表长至少为 92,且造成了存储空间的大量浪费。若哈希表长度限定为 40,显然哈希表长度不够用。

3. 数字分析法

当关键字的位数大于哈希表中存储地址的位数时,可以对关键字的每一位上的数字进行分析,从中选出数字分布均匀的任意几位作为哈希地址,这种方法被称为**数字分析法**。若某些位上只有某几种数值经常出现,则认为该位上数字分布不均匀,需要舍弃。反之,则认为该位上数码分布均匀。

```
下标   0 1 2 3 4 5 6        H(key)
      ┌ 8 1 0 6 3 5 4        654
      │ 8 1 1 2 3 2 1        221
key ─┤ 8 1 0 3 3 1 7   ⟹   317
      │ 8 1 0 5 3 4 2        542
      │ 8 1 0 8 3 7 8        878
      └ 8 1 0 1 3 3 5        135
```

图 8-19　数字分析法示例

例如,已知 6 个十进制表示的关键字值,且关键字值为 7 位,现要求哈希地址为 3 位,如图 8-19 所示。

对这 6 个关键字值的每一位上的数字进行分析可知,第 0、1、2、4 位上的数字重复性大,十进制中的 10 个数值分布不均匀,冲突概率大,需要丢弃。余下的第 3、5、6 位,这三位上的数字重复性小,十进制中的 10 个数值分布较均匀,可作为哈希地址使用。

这种方法通常适合处理关键字值位数比较大的情况。使用该方法还有一个前提条件,即需要事先知道哈希表中所有关键字值每一位上的数字分布情况。因此,如果事先知道关键字值的分布且关键字值的若干位分布较均匀,就可以考虑用这个方法。

4. 平方取中法

由于一个数平方以后的中间几位和数的每一位都有关系,因此可将关键字值平方后的中间几位用作哈希地址,这种方法被称为**平方取中法**,具体取几位作为哈希地址主要取决于哈希表的表长。

例如,假设哈希表表长 m 为 100,哈希地址取值范围为 $0\sim99$,因此哈希地址为两位数,那么关键字值 1234 的平方值为 1 522 756,则抽取中间的两位(可以是 22,也可以是 27)用作哈希地址。

再如,假设哈希表表长 m 为 1000,将一组关键字值(0100,0110,1010,1001,0111)平方后得(0010000,0012100,1020100,1002001,0012321),则可取中间的三位数作为哈希地址,即为(100,121,201,020,123)。

这种方法主要通过取平方来扩大一组相近数的差别来减少冲突,因此通常适合处理一组比较相近且位数不是很大的关键字值。

5. 折叠法

对于位数很多的关键字值且各位上数字分布无规律时,根据哈希表表长可以将关键字值采取从左到右或者从右到左的方式分隔成位数相同的几组数(允许最后一组位数可以短一些),然后将这几组数通过移位叠加法或分解叠加法进行叠加求和,将其求和结果(舍弃进位)作为哈希地址,这种方法被称为**折叠法**。

移位叠加法是指先将每一组数的最后一位对齐,然后相加求和。间界叠加法是指沿着各组数的分界来回折叠使之不折断,然后对齐相加;换句话说,间界叠加法就是按照从左到右的方式将关键字值中每一组数按照正序、反序、正序、反序、……这样的顺序对齐相加求和。

例如,假设哈希表表长为 1000(哈希地址最大为 3 位数),关键字值 key＝25346358705,则将其按照从左到右的顺序进行每 3 位一组分成 4 组:253 463 587 05,以此可进行移动叠加计算,如图 8-20(a)所示,求得哈希地址为 308。

```
   253        253
   463        364
   587        587
 +  05      +  50
  1308       1254
(a)移位叠加法  (b)间接叠加法
```

图 8-20　折叠法示例

若要使用间接叠加法,先将 4 组数据按照正序、反序、正序、反序、……这样的顺序变为 253 464 587 50,然后再叠加计算,如图 8-20(b)所示,求得哈希地址为 254。

以上几种哈希函数分别针对不同的使用情况,因此不能笼统地说哪种方法更好,在实际应用中,选择哪种方法要视情况而定,但目标一致,都是为了尽量减小冲突的产生。

6. 随机数法

当关键字值长度不相等时可以选择一个随机函数,用关键字值的随机函数值为该关键字值的哈希地址,即 $H(\text{key})＝\text{random}(\text{key})$,其中,random() 为随机函数,这种方法被称为**随机数法**。

8.4.3　处理冲突的方法

一个"好"的哈希函数能够记录均匀地分布在哈希表中,但再"好"的哈希函数都只能降低冲突产生的概率,而不可能使冲突完全避免产生。因此,当冲突产生时还要有处理冲突的方法。下面介绍两种常用的处理冲突的方法,即开放地址法和链地址法。

1. 开放地址法

开放地址法处理冲突的基本思想是为产生冲突的关键字值寻找下一个空的存储地址,只要哈希表的表长 m 大于或等于关键字值的个数 n,总能在哈希表中找到一个空的存储地址,并将发生冲突的关键字值存入其中。

开放地址法处理冲突的过程可以描述如下。

根据所给定的哈希函数可求得关键字值 key 的第一个哈希地址即 $H_0＝H(\text{key})$;若此时 H_0 地址中有数据存在则发生冲突,那么需要继续探测第二个哈希地址 H_1;此时 H_1 地址中有数据存在则发生冲突,那么需要继续探测第三个哈希地址 H_2;以此类推,直到找到不再发生冲突的地址 H_k 为止,并将发生冲突的关键字值存入地址 H_k 中。从上述过程可以得知,在解决冲突的过程中会得到一个地址序列,即 $H_0,H_1,H_2,\cdots,H_k$,其中,$1 \leqslant k \leqslant m-1,m$ 为哈希表表长。

该方法中关键点在于当发生冲突时如何探测下一个空的哈希地址 H_k,H_k 为解决冲突后的地址,已知 key 的哈希地址为 $H_0＝H(\text{key})$,求 H_k 的公式可以描述如式(8.13)所示:

$$H_k＝(H_0+d_k)\bmod m,\quad (1 \leqslant k \leqslant m-1) \tag{8.13}$$

其中,d_k 为每次寻找时的地址增量。

根据 d_k 的不同取法,又将其分为线性探测法、二次探测法和双哈希函数探测法。

1)线性探测法

当冲突发生时,若 d_k 按顺序依次从线性序列 $(1,2,\cdots,m-1)$ 中取值,则依次探测的位置为 $H_0+1,H_0+2,H_0+3,\cdots$,直到找到第一个空的地址后插入或查遍全表仍找不到空余的地址结束,称这种方法为**线性探测法**。线性探测法是从冲突位置开始一步一步向后探测是否有空位置。注意:当查找到表尾地址 $m-1$ 时,下一个查找地址为表头地址 0。

2) 二次探测法

当冲突发生时,若 d_k 按顺序依次从二次序列 $(1^2,-1^2,2^2,-2^2,\cdots,q^2,-q^2)$ 中取值,其中,$q\leqslant m/2$,则依次探测的位置为 $H_0+1^2,H_0-1^2,H_0+2^2,\cdots$,称这种方法为**二次探测法**。二次探测法是从冲突位置开始向后向前双向探测可能存在的空位置。

注意:哈希表表长 m 必须是一个可以表示为 $4j+3$ 的素数才可以使用该方法。

3) 双哈希函数探测法

冲突发生时,若 $d_k=k\times\mathrm{RH(key)}$,其中,$k=1,2,\cdots,m-1$,且 $\mathrm{RH(key)}$ 为第二个哈希函数,称这种方法为**双哈希函数探测法**。注意:使用双哈希探测时要求 m 和 d_k 没有公因子。例如,当 $H_0=H(\mathrm{key})$ 时发生了地址冲突,就按照以下的地址序列去探测(为方便书写,设 $\mathrm{RH(key)}=b$),即

$$H_1=(H_0+1\times b)\bmod m,H_2=(H_0+2\times b)\bmod m,\cdots,H_{m-1}$$
$$=(H_0+(m-1)\times b)\bmod m$$

例如,关键字值集合为 $\{19,1,23,14,55,68,11,82,36\}$,哈希表表长 $m=11$,使用除留余数法构造哈希函数为 $H(\mathrm{key})=\mathrm{key}\bmod p$,要求分别使用线性探测法、二次探测法、双哈希函数探测法处理冲突。

(1) 使用线性探测法处理冲突,构造的哈希表如表 8-6 所示。

表 8-6　使用线性探测法构造的哈希表

地址	0	1	2	3	4	5	6	7	8	9	10
key	55	1	23	14	68	11	82	36	19		
探测次数	1	1	2	1	3	6	2	5	1		

分析:

根据除留余数法可知,p 为小于或等于 m 的最大素数,因此 $p=11$。

$H_0(19)=8$,不冲突,19 存入地址 8 中,共查找了 1 次。

$H_0(1)=1$,不冲突,1 存入地址 1 中,共查找了 1 次。

$H_0(23)=1$,冲突;$H_1(23)=(1+1)\bmod 11=2$,此位置空闲,23 存入地址 2 中,共查找了 2 次。

$H_0(14)=3$,不冲突,14 存入地址 3 中,共查找了 1 次。

$H_0(55)=0$,不冲突,55 存入地址 0 中,共查找了 1 次。

$H_0(68)=2$,冲突;$H_1(68)=(2+1)\bmod 11=3$,冲突;$H_2(68)=(2+2)\bmod 11=4$,此位置空闲,68 存入地址 4 中,共查找了 3 次。

$H_0(11)=0$,冲突;$H_1(11)=(0+1)\bmod 11=1$,冲突;$H_2(11)=(0+2)\bmod 11=2$,冲突;$H_1(11)=(0+3)\bmod 11=3$,冲突;$H_4(11)=(0+4)\bmod 11=4$,冲突;$H_5(11)=(0+5)\bmod 11=5$,此位置空闲,11 存入地址 5 中,共查找了 6 次。

$H_0(82)=5$,冲突;$H_1(82)=(5+1)\bmod 11=6$,此位置空闲,82 存入地址 6 中,共查找了 2 次。

$H_0(36)=3$,冲突;$H_1(36)=(3+1)\bmod 11=4$,冲突;$H_2(36)=(3+2)\bmod 11=5$,

冲突；$H_1(36)=(3+3) \bmod 11=6$，冲突；$H_4(36)=(3+4) \bmod 11=7$，此位置空闲，36 存入地址 7 中，共查找了 5 次。

（2）使用二次探测法处理冲突，构造的哈希表如表 8-7 所示。

表 8-7　使用二次探测法构造的哈希表

地址	0	1	2	3	4	5	6	7	8	9	10
key	55	01	23	14	36	82	68		19		11
探测次数	1	1	2	1	2	1	4		1		3

分析：

$H_0(19)=8$，不冲突，19 存入地址 8 中，共查找了 1 次。

$H_0(01)=1$，不冲突，01 存入地址 1 中，共查找了 1 次。

$H_0(23)=1$，冲突；$H_1(23)=(1+1^2) \bmod 11=2$，此位置空闲，23 存入地址 2 中，共查找了 2 次。

$H_0(14)=3$，不冲突，14 存入地址 3 中，共查找了 1 次。

$H_0(55)=0$，不冲突，55 存入地址 0 中，共查找了 1 次。

$H_0(68)=2$，冲突；$H_1(68)=(2+1^2) \bmod 11=3$，冲突；$H_2(68)=(2-1^2) \bmod 11=1$，冲突；$H_3(68)=(2+2^2+11) \bmod 11=6$，此位置空闲，68 存入地址 6 中，共查找了 4 次。

$H_0(11)=0$，冲突；$H_1(11)=(0+1^2) \bmod 11=1$，冲突；$H_2(11)=(0-1^2+11) \bmod 11=10$（注意：当 $H(\text{key})+d_k<0$ 时，需要将两者之和加上一个 m 的整数倍，将其结果转为正值，即保证 $H(\text{key})+d_k+p \times m>0$，$p$ 为正整数），此位置空闲，11 存入地址 10 中，共查找了 3 次。

$H_0(82)=5$，不冲突，82 存入地址 5 中，共查找了 1 次。

$H_0(36)=3$，冲突；$H_1(36)=(3+1^2) \bmod 11=4$，此位置空闲，36 存入地址 4 中，共查找了 2 次。

（3）设 $\text{RH}(\text{key})=(3 \times \text{key}) \% 10+1$，使用双哈希函数探测法处理冲突，构造的哈希表如表 8-8 所示。

表 8-8　使用双哈希函数探测法构造的哈希表

地址	0	1	2	3	4	5	6	7	8	9	10
key	23	01	68	14	11	82	55		19		36
探测次数	2	1	1	1	2	1	2		1		3

分析：

$H_0(19)=8$，不冲突，19 存入地址 8 中，共查找了 1 次。

$H_0(01)=1$，不冲突，01 存入地址 1 中，共查找了 1 次。

$H_0(23)=1$，冲突；$\text{RH}_1(23)=(3 \times 23) \% 10+1=10$，$H_1(23)=(1+1 \times 10) \bmod 11=0$，此位置空闲，23 存入地址 0 中，共查找了 2 次。

$H_0(14)=3$，不冲突，14 存入地址 3 中，共查找了 1 次。

$H_0(55)=0$，冲突；$\text{RH}_1(55)=(3 \times 55) \% 10+1=6$，$H_1(55)=(0+1 \times 6) \bmod 11=6$，此位置空闲，55 存入地址 6 中，共查找了 2 次。

$H_0(68)=2$，不冲突，68 存入地址 2 中，共查找了 1 次。

$H_0(11)=0$,冲突；$RH_1(11)=(3\times11)\%10+1=4$,$H_1(11)=(0+1\times4)\bmod 11=4$,不冲突；11 存入地址 4 中,共查找了 2 次。

$H_0(82)=5$,不冲突,82 存入地址 5 中,共查找了 1 次。

$H_0(36)=3$,冲突；$RH_1(36)=(3\times36)\%10+1=9$,$H_1(36)=(3+1\times9)\bmod 11=1$,冲突；$H_2(36)=(3+2\times9)\bmod 11=10$,此位置空闲,36 存入地址 10 中,共查找了 3 次。

2. 链地址法

链地址法解决冲突的基本思想是：将关键字不同但哈希地址相同的记录结点连接到同一个单链表中。每一个哈希地址分别对应一个单链表,若哈希表表长为 m,则一共有 m 个单链表,并把这 m 个单链表的头指针存储到指针数组 $T[0\cdots m-1]$ 中。凡是求得哈希地址为 k 的记录,均以结点的形式通过头插法或者尾插法的方式插入以 $T[k]$ 为头指针的单链表中。若单链表中只有一个记录结点,则表示没发生冲突,否则表示发生了冲突。

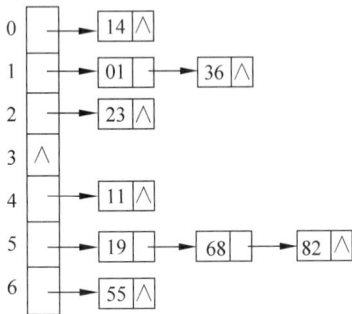

例如,关键字值集合为 $\{19,01,23,14,55,68,11,82,36\}$,哈希函数为 $H(key)=key \bmod 7$,使用链地址法得到的哈希表如图 8-21 所示。

图 8-21 使用链地址法构造的哈希表

8.4.4 哈希表的查找及性能分析

哈希表的查找过程和构造哈希表的过程基本一致。在哈希表上查找关键字值等于 keyValue 的记录的过程可以描述如下。

第一步：初始化操作,即根据哈希函数求得哈希地址 $addr=H(keyValue)$。

第二步：若该地址 addr 中没有数据,则查找不成功；若该地址 addr 中有数据,则比较该地址中的关键字值与 keyValue：若相等,则查找成功,可返回待查找值 keyValue 在哈希表中的地址；若不相等,则执行第三步。

第三步：按照处理冲突的方法继续查找下一个比较地址,并把 addr 置为此地址(即 addr=采用某种处理冲突的方法计算出下一个比较地址),转入执行第二步,重复执行第二步和第三步过程,直到某个比较地址中没有数据或者某个比较地址中的数据等于待查找值 keyValue 时结束循环。

例如,在如表 8-6 所示的哈希表(HashTable)中查找 68 的过程为：首先求得哈希地址 $H(68)=2$,因 HashTable[2] 不空且 HashTable[2]$\neq$68(第一次比较),则根据线性探测法查找第一次冲突处理后的地址 $H_1(68)=(2+1+11)\bmod 11=3$,而 HashTable[3] 不空且 HashTable[3]$\neq$68(第二次比较),则继续查找第二次冲突处理后的地址 $H_2(68)=(2+2+11)\bmod 11=4$,而 HashTable[4] 不空且 HashTable[4]=68(第三次比较),查找成功,返回该记录在哈希表中的地址 4。成功查找到 68 时 68 总共与表中三个关键字值发生了比较操作,比较次数为 3 次。根据此次查找过程很容易验证：如果没有发生冲突,则该记录的关键字值只需要和表中的一个关键字值比较,比较次数 1 次；若是发生了冲突,则需要根据其冲突解决方法来计算与待查找值进行比较的关键字值的个数,从而计算出比较次数,并且该记录查找成功的比较次数等于与待查找值进行比较的关键字值的个数,也恰好等于该记录在哈希表中的探测次数。注意,这里的比较次数是针对哈希表中每个记录来说的。因此,如表 8-6 所示的哈希表中每个记录查找成功的比较次数见表 8-9。

表 8-9　关键字值比较次数($n=9,m=11$,哈希函数为 $H(\text{key})=\text{key mod } p$)

地址	0	1	2	3	4	5	6	7	8	9	10
key	55	01	23	14	68	11	82	36	19	空	空
查找成功的比较次数	1	1	2	1	3	6	2	5	1		

在如表 8-6 所示的哈希表中查找 40 的过程为:首先求得首个查找地址 $H(40)=7$,因 HashTable[7]不空且 HashTable[7]$\neq$40(第一次比较),则根据线性探测法查找第一次冲突处理后的地址 $H_1(40)=(7+1+11) \text{ mod } 11=8$,而 HashTable[8]不空且 HashTable[8]$\neq$40(第二次比较),则继续查找第二次冲突处理后的地址 $H_2(40)=(7+2+11) \text{ mod } 11=9$,而 HashTable[9]为空(第三次比较),发现空位置说明查找不成功,比较次数为 3 次,即对于地址 7 来说,其对应的查找不成功的比较次数为 3 次。根据此次查找过程很容易验证:某记录查找不成功的比较次数等于从首个查找地址开始直到遇到第一个空地址时首个查找地址所需的比较次数。注意,这里的比较次数是针对哈希表中每个可通过哈希函数计算得到的地址(注意该地址并不一定是表内的全部地址)来说的,对每个地址求出由这个地址开始的比较次数。

因此,如表 8-6 所示的哈希表中每个位置查找不成功的比较次数见表 8-10,其中,哈希函数为 $H(\text{key})=\text{key mod } p$,$m=11$,因此 $p=11$,故通过哈希函数计算得到的地址个数为 11,且取值范围为 0~10。

表 8-10　地址比较次数($n=9,m=11$,哈希函数为 $H(\text{key})=\text{key mod } p$)

地址	从该地址开始空位置为止所需要比较操作的地址	比较次数
0	0、1、2、3、4、5、6、7、8、9	10
1	1、2、3、4、5、6、7、8、9	9
2	2、3、4、5、6、7、8、9	8
3	3、4、5、6、7、8、9	7
4	4、5、6、7、8、9	6
5	5、6、7、8、9	5
6	6、7、8、9	4
7	7、8、9	3
8	8、9	2
9	9	1
10	10	1

从上述查找过程可以看出,虽然哈希表在关键字值和其存储位置之间建立了直接映像,但由于冲突的产生,使得哈希表的查找过程仍然是一个待查找值与哈希表中关键字值比较的过程。因此,仍需要使用平均查找长度来衡量哈希表的查找效率。

在等概率查找的情况下,查找成功的平均查找长度(ASL)等于所有记录查找成功时的查找次数之和/记录的总个数。因此由表 8-9 可知,ASL=(1+1+2+1+3+6+2+5+1)/9=22/9。

在等概率查找的情况下,查找不成功的平均查找长度(ASL)等于所有可通过哈希函数计算得到的地址的查找次数之和/可通过哈希函数计算得到的地址总数。因此由表 8-10 可知，ASL＝(10＋9＋8＋7＋6＋5＋4＋3＋2＋1＋1)/11＝56/11。

查找过程中待查找值需要和关键字值比较的次数主要取决于构造哈希表时选择的哈希函数、处理冲突的方法以及哈希表的装填因子。其中，装填因子 α 是指哈希表中的记录个数与哈希表的长度 m 之比，即 $\alpha＝n/m$。装填因子代表了哈希表中地址空间的利用率。

实际上，哈希表的平均查找长度是装填因子 α 的函数，而不是哈希表中记录个数 n 的函数，因此时间复杂度为 $O(1)$。图 8-22 给出了几种不同处理冲突方法的平均查找长度随装填因子的变化情况。

处理冲突的方法	平均查找长度	
	查找成功时	查找不成功时
线性探测法	$\frac{1}{2}\left(1+\frac{1}{1-\alpha}\right)$	$\frac{1}{2}\left(1+\frac{1}{(1-\alpha)^2}\right)$
二次探测法	$-\frac{1}{\alpha}\ln(1+\alpha)$	$\frac{1}{1-\alpha}$
拉链法	$1+\frac{\alpha}{2}$	$\alpha+e^{-\alpha}$

图 8-22　解决冲突的平均查找长度

例如，已知一组关键字值序列为{26,36,41,38,44,15,68,12,6,51,25}，用链地址法解决冲突，假设装填因子为 0.75，哈希函数为 $H(key)＝key\%p$，回答以下问题。

（1）求出 p 值，并构造出哈希函数。

（2）画出链地址法解决冲突所构造的哈希表。

（3）分别求出等概率情况下查找成功和查找不成功的平均查找长度。

解：（1）由 $\alpha＝n/m$ 可以求出，$m\approx15$，一般情况下，p 为不大于 m 的最大素数，因此 $p＝13$，故哈希函数为 $H(key)＝key\%13$。

（2）构造的哈希表如图 8-23 所示。

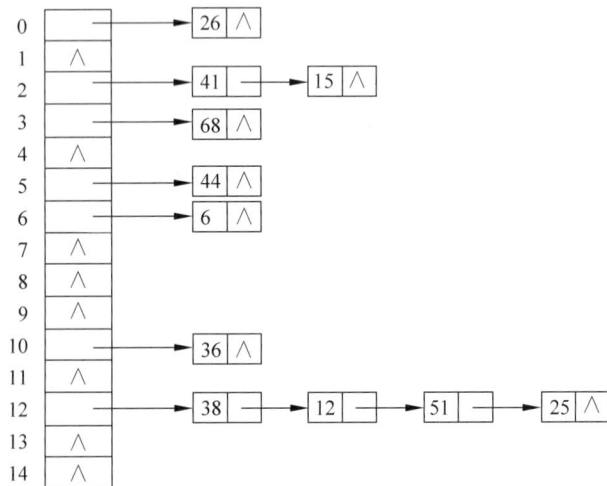

图 8-23　链地址法处理冲突时构造的哈希表

（3）查找成功时，某记录需要比较的次数为：当单链表中只有 1 个结点时，表明没有发生冲突,成功查找该记录时只需要比较 1 次(例如,成功查找到 26 则只需要比较 1 次)。当单链表中有多个结点时,表明发生了冲突,若成功查找的记录是该单链表中的第 i 个结点 ($i \geq 1$),则成功查找该记录时需要比较 i 次(例如,成功查找到 25 则需要比较 4 次)。

查找不成功时,某地址需要比较的次数为:首先根据哈希函数求得其在哈希表中的地址,然后查看该地址中是否为空,若为空则比较次数为 0(例如,地址 1 则需要比较 0 次),否则需要将该地址上单链表中所含结点比较完才能判断查找不成功,因此需假设该地址上单链表中所含结点总个数为 num,则查找不成功时该地址需要比较 num 次(例如,地址 12 则需要比较 4 次)。

查找成功的平均查找长度 $=(1 \times 7 + 2 \times 2 + 3 \times 1 + 4 \times 1)/11 = 18/11$。

查找不成功的平均查找长度 $=(1 \times 5 + 2 \times 1 + 4 \times 1)/13 = 11/13$。

8.5　应用案例

【问题描述】

某学院要举行学生运动会,需要各班准备一个积极向上、充满正能量的标语口号,意在体现大学生的精神风貌。各班的信息如表 8-11 所示。

表 8-11　各班信息表

班　　号	班 级 名 称	标 语 口 号
2020603	计科 3 班	爱国、敬业、诚信、友善
2020602	计科 2 班	勤学、勤思、勤实践
2020607	计科 7 班	勇于担当,迎接挑战
2020604	计科 4 班	传承文化,弘扬民族精神
…	…	…

【基本要求】

(1) 创建班级信息类。

(2) 根据各记录构造二叉排序树,并按照班号查询各班的信息。

【编码实现】

(1) 编写班级信息类。

```
public class ClassInfo {
    private int classNo;                    //班级号
    private String name;                    //班级名称
    private String title;                   //标语口号

    public ClassInfo(int classNo, String name, String title) {
        super();
        this.classNo = classNo;
        this.name = name;
        this.title = title;
    }

    public int getClassNo() {
        return classNo;
    }
}
```

```java
    public void setClassNo(int classNo) {
        this.classNo = classNo;
    }

    public String getName() {
        return name;
    }

    public void setName(String name) {
        this.name = name;
    }

    public String getTitle() {
        return title;
    }

    public void setTitle(String title) {
        this.title = title;
    }
}
```

（2）创建 RecordNode 类。

```java
public class RecordNode {
    public int key;                                  //记录中的关键字值
    public ClassInfo cinfo;                          //替换 public Object elem;
    //public Object elem;                            //记录中的其他数据项,为简化算法通常会被忽略
    public RecordNode(int key){                      //构造只含有一个数据项(关键字值)的记录
        this.key = key;
    }
    public RecordNode(int key, ClassInfo cinfo){     //构造含有多个数据项的记录
            this.key = key;
        this.cinfo = cinfo;
    }
}
```

（3）创建 TreeNode 类。

```java
public class TreeNode {
    public RecordNode data;                          //树结点的数据域部分,即记录结点的信息
    public TreeNode lchild, rchild;                  //指针域,分别指向左孩子结点和右孩子结点

    public TreeNode() {                              //构造一个空结点
        this(null);
    }

    public TreeNode(RecordNode data) {               //构造一个指定数据域值的叶子结点
        this(data, null, null);
    }

    public TreeNode(RecordNode data, TreeNode lchild, TreeNode rchild) {
    //构造一个数据元素和左右孩子都不为空的结点
            this.data = data;
        this.lchild = lchild;
        this.rchild = rchild;
```

```
        }
    }
```

（4）编写二叉排序树类 BSTreeClassInfo。

```java
public class BSTreeClassInfo {
    public TreeNode root;                          //根结点
    public TreeNode getRoot() {
            return root;
    }

    public BSTreeClassInfo () {                     //构造一棵空二叉排序树
        root = null;
    }

    //改写算法 8.5 构造一棵二叉排序树的算法
    public BSTreeClassInfo (int[] key, ClassInfo[] emp) {    //根据给定序列构造二叉排序树
            root=null;                              //将树置为空树
        for (int i = 0; i < key.length; ++i) {
            InsertNewNode(key[i],emp[i]);            //将序列中的元素依次插入二叉排序树中
        }
    }

    public boolean isEmpty() {                      //判断是否为空二叉树
        return this.root == null;
    }

    public void makeEmpty() {                       //将二叉树置为空
        this.root =null;
    }
    public void inOrderTraverse() {     //中序次序遍历以 p 结点为根的二叉树,递归实现
            if (isEmpty()) {
                    System.out.println("Empty tree");
            } else {
                inOrderTraverse(root);
            }
            System.out.println();
    }
    public void inOrderTraverse(TreeNode p) { //中序次序遍历以 p 结点为根的二叉树,递归实现
        if (p != null) {
            inOrderTraverse(p.lchild);
            System.out.println(p.data.key + " "+p.data.cinfo.getName()+ " "+p.data.cinfo.
getTitle());
            inOrderTraverse(p.rchild);
        }
    }

    //改写算法 8.3 二叉排序树的查找算法
    public TreeNode searchNode(int searchValue) {
            return searchNode(root,searchValue);
    }
    private TreeNode searchNode(TreeNode p,int searchValue) {
            if(p==null) {                          //空树
                    return null;
            }
```

```
                else {                                    //非空树
                    if(searchValue==p.data.key) {        //与树根值相等
                        return p;              //存在,且查找结点为树根
                    }else {
                            if(searchValue<p.data.key)    //进入左子树查找
                                return searchNode(p.lchild, searchValue);
                            else                          //进入右子树查找
                                return searchNode(p.rchild, searchValue);
                    }
                }
        }

//算法 8.4 在二叉排序树中插入一个新结点的算法
//在以 p 为根结点的二叉排序树中插入一个新结点,insertValue 为新结点的关键字值
    public void InsertNewNode(int insertValue, ClassInfo emp) {
            root=InsertNewNode(root, insertValue, emp);
    }
    private TreeNode InsertNewNode(TreeNode p, int insertValue, ClassInfo emp) {
            if(p==null) {                          //查找树为空
                    p= new TreeNode(new RecordNode(insertValue, emp));    //建立根
                                                                         //结点
                    return p;
            }else {      //查找树非空,将新结点插入以 p 为根的二叉排序树中
                    if (insertValue== p.data.key) {     //p 所指结点数据域部分的关
                                                        //键字值等于待插入值
                            System.out.println("插入失败");
                    }
                    if (insertValue< p.data.key) {   //p 所指结点数据域部分的关键字值大
                                                     //于待插入值,则插入 p 的左子树中
                            p.lchild= InsertNewNode(p.lchild, insertValue, emp);
                                    //插入 p 的左子树中
                    }
                    if (insertValue> p.data.key) {   //p 所指结点数据域部分的关键字值大
                                                     //于待插入值
                            p.rchild= InsertNewNode(p.rchild, insertValue, emp);
                                    //插入 p 的右子树中
                    }
                    return p;
            }
    }

//算法 8.6 在二叉排序树查找成功后删除一个结点的算法
public TreeNode remove(int deleteValue) {
            //在以 root 为根的二叉排序树中删除关键字值为 deleteNode 的结点
        return remove(root, deleteValue, null);
}
//从以 p 为根的二叉树中删除关键字值为 deleteValue 的记录,parent 是 p 的双亲结点
    private TreeNode remove(TreeNode p, int deleteValue, TreeNode parent) {
        if (p==null){
            System.out.println("二叉排序树为空树,删除失败!");
            return null;
        }else {                                //二叉排序树为非空树
                if (deleteValue<((RecordNode) p.data).key) {    //在左子树中删除
                    return remove(p.lchild, deleteValue, p);    //在左子树中递归搜索
```

```
        } else if (deleteValue>((RecordNode) p.data).key) {    //在右子树中删除
            return remove(p.rchild, deleteValue, p);    //在右子树中递归搜索
        } else if (p.lchild != null && p.rchild != null) {    //p是度为2的结点
            //被删结点的关键字值与根结点的关键字值相等且该结点有左右子树
                TreeNode innext = p.rchild;    //寻找p在中序次序下的后继结
                                            //点 innext
                while (innext.lchild != null) {    //寻找右子树中的最左孩子
                innext = innext.lchild;
            }
            p.data=innext.data;    //以后继结点值替换p
        return remove(p.rchild, ((RecordNode) p.data).key, p);    //递归删除结
                                                    //点 p
        } else {                        //p是1度和叶子结点
            if (parent == null) {    //p是根结点,删除根结点,即 p==root
                if (p.lchild != null) {//p左子树非空
                    root = p.lchild;    //以 p 的左孩子顶替作为新的根结点
                } else {
                    root = p.rchild;    //以 p 的右孩子顶替作为新的根结点
                }
                return p;            //返回被删根结点
            }

            if (p == parent.lchild) {    //p是parent的左孩子
                if (p.lchild != null) {
                    parent.lchild=p.lchild;    //以 p 的左孩子顶替 parent 的左孩子
                } else {
                    parent.lchild=p.rchild;    //以 p 的右孩子顶替 parent 的左孩子
                }
            }

            if(p == parent.rchild) {        //p是parent的右孩子
                if (p.lchild != null) {//p的左子树非空
                    parent.rchild=p.lchild;    //以 p 的左孩子顶替 parent 的右孩子
                } else {
                    parent.rchild=p.rchild;    //以 p 的右孩子顶替 parent 的右孩子
                }
            }
        }
    }
    return p!=null?p:null;
}//删除算法结束
```

（5）编写测试主类。

```
public class TestBSTree {
    public static void main(String[] args) {
        BSTreeClassInfo bst=new BSTreeClassInfo();
        bst. InsertNewNode(2020603, new ClassInfo(2020603,"计科 3 班","爱国、敬业、诚信、友
善"));
        bst. InsertNewNode(2020602, new ClassInfo(2020602,"计科 2 班","勤学、勤思、勤实践"));
        bst. InsertNewNode(2020607, new ClassInfo(2020607,"计科 7 班","勇于担当,迎接挑战"));
        bst. InsertNewNode(2020604, new ClassInfo(2020604,"计科 4 班","传承文化,弘扬民族精神"));

        System. out. println("搜索 2020602 号班级的信息:");
        ClassInfo emp=bst. searchNode(2020602).data.cinfo;
```

```
        System.out.println(String.format("2020602 号班级的名称为:%s,口号为:%s", emp.
getName(),emp.getTitle()));
        System.out.println("修改 2020602 号班级的信息后:");
        emp.setTitle("坚持奋斗,不忘初心");
        System.out.println(String.format("2020602 号班级的名称为:%s,口号为:%s", emp.
getName(),emp.getTitle()));
        System.out.println("遍历二叉排序树:");
        bst.inOrderTraverse();
        emp= new ClassInfo(2020605,"计科 5 班","坚持创新,开拓进取");
        bst.InsertNewNode(2020605, emp);
        System.out.println("插入 2020605 号班级后遍历二叉排序树:");
        bst.inOrderTraverse();
        bst.remove(2020607);
        System.out.println("删除 2020607 号班级后遍历二叉排序树:");
        bst.inOrderTraverse();
    }
}
```

【运行结果】

运行上面的程序,得到下面的运行结果。

搜索 2020602 号班级的信息:
2020602 号班级的名称为:计科 2 班,口号为:勤学、勤思、勤实践
修改 2020602 号班级的信息后:
2020602 号班级的名称为:计科 2 班,口号为:坚持奋斗,不忘初心
遍历二叉排序树:
2020602 计科 2 班 坚持奋斗,不忘初心
2020603 计科 3 班 爱国、敬业、诚信、友善
2020604 计科 4 班 传承文化,弘扬民族精神
2020607 计科 7 班 勇于担当,迎接挑战

插入 2020605 号班级后遍历二叉排序树:
2020602 计科 2 班 坚持奋斗,不忘初心
2020603 计科 3 班 爱国、敬业、诚信、友善
2020604 计科 4 班 传承文化,弘扬民族精神
2020605 计科 5 班 坚持创新,开拓进取
2020607 计科 7 班 勇于担当,迎接挑战

删除 2020607 号班级后遍历二叉排序树:
2020602 计科 2 班 坚持奋斗,不忘初心
2020603 计科 3 班 爱国、敬业、诚信、友善
2020604 计科 4 班 传承文化,弘扬民族精神
2020605 计科 5 班 坚持创新,开拓进取

习　　题

一、选择题

1. 顺序查找适合于存储结构为(　　)的线性表。

    A. 顺序存储结构或链式存储结构　　　　　　B. 哈希存储结构

    C. 索引存储结构　　　　　　　　　　　　　D. 压缩存储结构

2. 已知一个长度为 16 的顺序表 L,其元素按关键字有序排列,若采用二分查找法查找一个 L 中不存在的元素,则关键字的比较次数最多是(　　)。

    A. 4　　　　　　　　　　B. 5　　　　　　　　　　C. 6　　　　　　　　　　D. 7

3. 对线性表进行折半查找时,要求线性表必须(　　)。

    A. 以顺序方式存储

    B. 以连接方式存储

    C. 以顺序方式存储,且结点按关键字有序排序

    D. 以连接方式存储,且结点按关键字有序排序

4. 有一个有序表为$\{1,3,9,12,32,41,45,62,75,77,82,95,100\}$,当折半查找值为 82 的结点时,(　　)次比较后查找成功。

    A. 1   B. 4   C. 2   D. 8

5. 在一棵深度为 h 的具有 n 个元素的二叉排序树中,查找所有元素的最长查找长度为 (　　)。

    A. n B. $\log_2 n$ C. $(h+1)/2$ D. h

6. 对一棵二叉排序树按(　　)遍历,可得到结点值从小到大的排列序列。

    A. 先序   B. 中序   C. 后序   D. 层次

7. 下列二叉树中,不平衡的二叉树是(　　)。

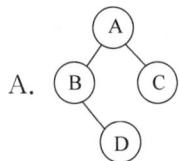

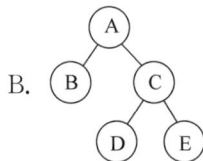

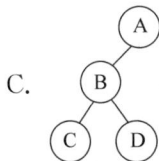

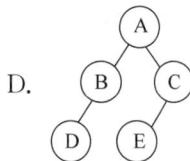

8. 哈希查找一般适用于(　　)情况下的查找。

    A. 查找表为链表

    B. 查找表为有序表

    C. 关键字集合比地址集合大得多

    D. 关键字集合与地址集合之间存在对应关系

9. 对包含 n 个元素的散列表进行查找,平均查找长度(　　)。

    A. 为 $O(\log_2 n)$ B. $O(n)$

    C. 不直接依赖 n D. 直接依赖表长 m

10. 在哈希查找中,平均查找长度主要与(　　)有关。

    A. 哈希表长度   B. 哈希元素个数

    C. 装填因子   D. 处理冲突方法

11. 已知表长为 25 的哈希表,用除留取余法,按公式 $H(key)=key \bmod p$ 建立哈希表,则 p 应取(　　)为宜。

    A. 23   B. 24   C. 25   D. 26

12. 一组记录的关键字为$\{19,14,23,1,68,20,84,27,55,11,10,79\}$,用链地址法构造哈希表,哈希函数为 $H(key)=key \bmod 13$,哈希地址为 1 的链中有(　　)个记录。

    A. 1   B. 2   C. 3   D. 4

13. 设哈希表长 $m=14$,哈希函数 $H(key)=key \bmod 11$,表中仅有 4 个结点,4 个结点的关键字的地址分别为 $addr(15)=4$,$addr(38)=5$,$addr(61)=6$,$addr(84)=7$,如用线性探测法处理冲突,则关键字为 49 的地址为(　　)。

    A. 8   B. 3   C. 5   D. 9

14. 设哈希表长 $m=14$，哈希函数 $H(\text{key})=\text{key mod }11$，表中仅有 4 个结点，4 个结点的关键字的地址分别为 $\text{addr}(15)=4$，$\text{addr}(38)=5$，$\text{addr}(61)=6$，$\text{addr}(84)=7$，如用二次探测法处理冲突，则关键字为 49 的地址为（　　）。

　　A. 8　　　　　　　　B. 3　　　　　　　　C. 5　　　　　　　　D. 9

15. 在哈希函数 $H(\text{key})=\text{key mod }m$ 中，一般来讲 m 应取（　　）。

　　A. 奇数　　　　　　B. 偶数　　　　　　C. 素数　　　　　　D. 充分大的数

二、判断题

1. 折半查找只适用于有序表，包括有序的顺序表和链表。（　　）

2. 二叉排序树的任意一棵子树中，关键字值最小的结点必无左孩子，关键字值最大的结点必无右孩子。（　　）

3. 哈希表的查找效率主要取决于哈希表造表时所选取的哈希函数和处理冲突的方法。（　　）

4. 平衡二叉树是指左右子树的高度差的绝对值不大于 1 的二叉树。（　　）

5. AVL 是一棵二叉树，其树上任一结点的平衡因子的绝对值不大于 1。（　　）

6. 对于同一个表，用二分查找法查找表的元素，以及用顺序法查找表的元素，二者查找速度不能确定谁快谁慢。（　　）

三、简答题

1. 已知如图 8-24 所示的一棵二叉排序树各个结点的值分别为 $1\sim8$ 的正整数，且各不相同，试给出各个结点的值，并求等概率情况下查找二叉树中的某结点，查找成功的平均查找长度。

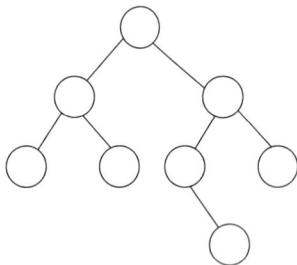

图 8-24　二叉排序树

2. 将关键字序列 $\{1,5,11,20,25\}$ 散列存储到哈希表中，哈希表的存储空间是从 0 开始的一维数组，装填因子 α 为 0.5，Hash 函数为 $H(\text{key})=\text{key mod }7$，采用线性探测法处理冲突。

（1）求散列表的表长 m。

（2）请画出构造的哈希表。

（3）计算查找成功时的平均查找长度。

3. 已知一组关键字为 $\{26,36,41,38,44,15,66,14\}$，用链地址法解决冲突，假设装填因子为 0.8，Hash 函数的形式为 $H(\text{key})=\text{key}\%P$，$P$ 是表长。回答以下问题。

（1）构造出 Hash 函数。

（2）分别计算出同等概率情况下查找成功和查找失败的平均查找长度。

四、编程题

1. 设计一个算法，输出在一棵二叉排序树中查找关键字 key 经过的路径。

2. 设计一个简单的手机联系人查询系统，每个联系人包括手机号码、姓名、性别。采用二叉排序树结构实现以下功能。

（1）创建联系人的信息表。

（2）按照手机号码查询联系人的信息。

第9章　　排　　序

对于有序表可以使用折半查找法,而无序表只能使用顺序查找法。折半查找法的查找效率要高于顺序查找。因此为了提高查找效率,需要对一组"无序"的记录序列进行排序。排序是线性表、二叉树等数据结构的一种基本操作,排序可以提高查找效率。本章主要讨论排序的各种算法,并从时间复杂度、空间复杂度和算法的稳定性三个方面来讨论每个算法。

本章学习目标:

(1) 了解排序算法,包括排序算法的分类和基本思想。

(2) 掌握插入排序算法,包括直接插入排序、希尔排序等,能够分析其时间复杂度和适用场景。

(3) 理解交换排序算法,包括冒泡排序和快速排序,能够比较它们之间的优劣势。

(4) 掌握选择排序算法,包括简单选择排序和堆排序,了解其特点和应用场景。

(5) 理解归并排序算法的原理和实现过程,能够分析其时间复杂度和稳定性。

9.1　概　　述

9.1.1　排序的定义

在第8章讲过,一条记录可以包含一个或多个数据项,其中能唯一标识一条记录的数据项的值称为主关键字。同样,简单起见,本章所涉及的关键字均指主关键字,并假设主关键字的数据类型均为整型。

排序是指将一组"无序"的记录序列按照关键字非递增或非递减的方式进行排列,使之变为"有序"的记录序列。注意:非递减不等于递增,因为有可能存在相同的关键字。

9.1.2　排序算法的分类

根据排序过程中所有记录是否完全放在内存中,将排序算法分为内排序和外排序。若待排序记录数量不是很大,可以将其一次全部存放在内存中后再进行排序,这样的排序过程称为内排序。若待排序记录数量很多,以至于内存一次容纳不下全部记录,每次只能读取一部分记录到内存中进行排序,剩余部分必须存储在外部存储器,这样的排序过程称为外排序。内排序是外排序的基础,本书只讨论内排序。

根据主要操作的不同,将内排序分为比较排序和基数排序;根据算法的稳定性,将内排序分为稳定排序和不稳定排序。

1. 比较排序和基数排序

凡是基于关键字的比较操作来决定各记录的先后次序的排序方法统称为比较排序算法,分为插入排序、交换排序、选择排序和归并排序 4 大类。若不比较关键字的大小,仅根据关键字本身的取值来确定其有序位置,这种排序方法称为基础排序。

2. 稳定排序和不稳定排序

假设待排序序列中存在关键字值相同的两个记录 R_i 和 R_j 且排序前记录 R_i 在 R_j 的前面(即 $i<j$),若使用某种排序算法排序以后记录 R_i 仍在 R_j 的前面(即 R_i 和 R_j 的相对位置不变),则称所使用的排序方法是稳定的;反之,则称使用的排序方法是不稳定的。只要能举出一组关键字的实例说明所使用的算法不满足稳定性的要求,则该排序算法就是不稳定的。

例如,使用某种排序算法对序列 2、1、1 进行升序排序,若排序结果变为 1、1、2,则该排序算法是不稳定的。

9.1.3 比较排序算法的性能分析

若未做特殊说明,比较排序算法均采用顺序存储结构且要求记录非递减排序。在这种存储方式中,记录之间的次序关系由其在顺序表中的存储位置决定,实现排序需要借助移动操作。因此,比较和移动是比较排序算法中的两种基本操作,比较操作是指关键字之间的比较,而移动操作是指将关键字从一个位置移动到另一个位置。通常两个关键字的一次交换需要经过三次移动。

比较排序算法的性能取决于算法的时间复杂度和空间复杂度,而时间复杂度一般由比较次数和移动次数来确定。空间复杂度由排序过程中占用的辅助存储空间来确定。辅助存储空间是除了存放待排序记录占用的存储空间之外,执行算法所需要的其他存储空间。

9.2 插 入 排 序

插入排序的基本思想:在一个有序序列中插入一个新的关键字,并按其关键字大小插入有序序列中的适当位置从而得到一个长度加 1 的有序序列,重复此过程,直到全部关键字插入完成为止。有序序列的长度会随着插入操作而动态增加。

本节介绍两种插入排序方法:直接插入排序和希尔排序。

9.2.1 直接插入排序

插入排序(Insertion Sort),一般也被称为直接插入排序。对于少量元素的排序,它是一个有效的算法。插入排序是一种最简单的排序方法,它的基本思想是将一个记录插入已经排好序的有序表中,从而成为一个新的、记录数加 1 的有序表。在其实现过程中使用双层循环,外层循环对除了第一个元素之外的所有元素,内层循环对当前元素前面有序表进行待插入位置查找,并进行移动。

1. 算法描述

将 n 个待排序的记录存放到数组 $R[1..n]$ 中,$R[0]$ 设为监视哨,数组长度为 $n+1$。初始时认为 $R[1]$ 是长度为 1 的有序序列,$R[2..n]$ 为长度为 $n-2$ 的无序序列(当前未排序的部分)。然后,从 $i=2$ 起直至 $i=n$ 为止循环地将 $R[i]$ 插入当前的有序序列 $R[1..i-1]$ 中。

在插入 $R[i]$ 之前,数组 $R[1..i-1]$ 中是已排好序的有序序列,$R[i..n]$ 是无序序列。

想要插入 $R[i]$ 使得 $R[1..i]$ 有序,就需要采用顺序查找法在 $R[1..i]$ 中确定插入位置 $j(1 \leqslant j \leqslant i)$,将 $R[i]$ 插入 $R[j]$ 上。

通常将一个记录 $R[i](i=2,3,\cdots,n)$ 插入当前的有序区 $R[1..i-1]$,使得插入后仍保证新区间 $R[1..i]$ 里记录是按关键字有序的操作称为第 $i-1$ 趟直接插入排序。

2. 算法实现

【算法 9.1】 直接插入排序算法实现。

```
void insertSortWithGuard(RecordNode[] r, int n ){    //直接插入排序,其中 n 为待排序的关键字的
                                                      //总个数
    int j=0;
    for(int i=2;i<=n;++i){    //依次将 r[2..n]中的记录插入前面的有序序列
        r[0]=r[i];                            //将待插入记录暂存到 r[0]中
        for (j = i - 1; r[0].key < r[j].key; --j) {    //自后往前顺序查找待插入位置
            r[j+1] = r[j];                    //将前面较大的记录后移
        }
        r[j+1] = r[0];                        //将 r[i]插入第 j+1 个位置
    }
}
```

【例 9.1】 请使用直接插入排序算法实现 n 个记录的升序排序。

```
package chp09;
//顺序表记录结点类
class RecordNode {
    public int key;                 //记录中的关键字
    public Object elem; //记录中的其他数据项,为简化算法通常会被忽略
    public RecordNode(int key) {    //构造只含有一个数据项(关键字)的记录
        this.key = key;
    }
    public RecordNode(int key, Object elem) {    //构造含有多个数据项的记录
        this.key = key;
        this.elem = elem;
    }
}
public class Example9_1 {
    public static void main(String[] args) {
        Scanner sc = new Scanner(System.in);
        System.out.print("请输入参与排序的关键字个数:");
        int num = sc.nextInt();
        RecordNode[] r = new RecordNode[num + 1];
        System.out.println("请输入参与排序的关键字值:");
        for (int i = 1; i < r.length; i++) {
            RecordNode node = new RecordNode(sc.nextInt());
            r[i] = node;
        }
        insertSortWithGuard(r, num);
        System.out.println("排序后输出数组 r 中各记录的关键字值为:");
        display(r);
    }
```

```
//直接插入排序算法实现
public static void insertSortWithGuard(RecordNode[] r, int n) {
        int j = 0;
        for (int i = 2; i <= n; ++i) {//依次将 r[2..n]中的记录插入前面的有序序列
            r[0] = r[i];        //将待插入记录移动到 r[0]中
            for (j = i - 1; r[0].key < r[j].key; --j) {//自后往前比较,顺序查找待插入位置
                r[j + 1] = r[j];    //将前面较大的记录后移
            }
            r[j + 1] = r[0];    //将 r[i]移动到第 j+1 个位置
        }
}
//输出数组 r 中所有记录的关键字值
public static void display(RecordNode[] r) {
        for (int i = 1; i < r.length; i++) {
            System.out.print(" " + r[i].key);
        }
        System.out.println();
    }
}
```

执行结果如下。

请输入参与排序的关键字个数 5
请输入参与排序的关键字值
43 21 89 15 43
排序后:输出数组 r 中各记录的关键字值
15 21 43 43 89

执行过程分析如表 9-1 所示。

表 9-1 执行过程分析

下标	0	1	2	3	4	5
始状态		43	21	89	15	43
第 1 趟	21	21	43	89	15	43
第 2 趟	89	21	43	89	15	43
第 3 趟	15	15	21	43	89	43
第 4 趟	43	15	21	43	43	89

(1) 第 1 趟排序,待插入值下标 $i=2$。

首先将待插入记录的关键字值 21 放入 $r[0]$,然后将待插入记录值依次与 j 所指向的前驱值进行比较,直到待插入记录值大于或等于 j 所指前驱值时结束比较,j 初始值为 $i-1=1$。

$j=1$ 时,j 指向 43,$r[0].key < r[j].key$,则将 j 所指值后移到下标为 2 的位置,j 减 1 继续向前比较。

$j=0$ 时,j 指向 21,$r[0].key >= r[j].key$,比较结束。

最后将监视哨中的待插入记录值 21 存入下标为 $j+1$ 的位置 1 中。

总的移动次数为 3,总的比较次数为 2。

本趟排序后的结果为 21 43 89 15 43。

(2) 第 2 趟排序,待插入值下标 $i=3$。

首先将待插入记录的关键字值 89 放入 $r[0]$,然后将待插入记录值依次与 j 所指向的前驱值进行比较,直到待插入记录值大于或等于 j 所指前驱值时结束比较,j 初始值为 $i-1=2$。

$j=2$ 时，j 指向 43，$r[0].\text{key}>=r[j].\text{key}$，比较结束。

最后将监视哨中的待插入记录值 89 存入下标为 $j+1$ 的位置 3 中。

总的移动次数为 2，总的比较次数为 1。

本趟排序后的结果为 21 43 89 15 43。

（3）第 3 趟排序，待插入值下标 $i=4$。

首先将待插入记录的关键字值 15 放入 $r[0]$，然后将待插入记录值依次与 j 所指向的前驱值进行比较，直到待插入记录值大于或等于 j 所指前驱值时结束比较，j 初始值为 $i-1=3$。

$j=3$ 时，j 指向 89，$r[0].\text{key}<r[j].\text{key}$，则将 j 所指值后移到下标为 4 的位置，j 减 1 继续向前比较。

$j=2$ 时，j 指向 43，$r[0].\text{key}<r[j].\text{key}$，则将 j 所指值后移到下标为 3 的位置，j 减 1 继续向前比较。

$j=1$ 时，j 指向 21，$r[0].\text{key}<r[j].\text{key}$，则将 j 所指值后移到下标为 2 的位置，j 减 1 继续向前比较。

$j=0$ 时，j 指向 15，$r[0].\text{key}>=r[j].\text{key}$，比较结束。

最后将监视哨中的待插入记录值 15 存入下标为 $j+1$ 的位置 1 中。

总的移动次数为 5，总的比较次数为 4。

本趟排序后的结果为 15 21 43 89 43。

（4）第 4 趟排序，待插入值下标 $i=5$。

首先将待插入记录的关键字值 43 放入 $r[0]$，然后将待插入记录值依次与 j 所指向的前驱值进行比较，直到待插入记录值大于或等于 j 所指前驱值时结束比较，j 初始值为 $i-1=4$。

$j=4$ 时，j 指向 89，$r[0].\text{key}<r[j].\text{key}$，则将 j 所指值后移到下标为 5 的位置，j 减 1 继续向前比较。

$j=3$ 时，j 指向 43，$r[0].\text{key}>=r[j].\text{key}$，比较结束。

最后将监视哨中的待插入记录值 43 存入下标为 $j+1$ 的位置 4 中。

总的移动次数为 3，总的比较次数为 2。

本趟排序后的结果为 15 21 43 43 89。

3. 性能分析

1）时间复杂度

若待排序列有 n 个记录，则直接插入排序需要执行 $n-1$ 趟，每趟的比较次数和移动次数与待排序列关键字的初始排序状况有关。

最好的情况是 n 个待排序记录初始状态已按关键字值有序（如 15，21，43，40，89），此时每趟排序只需要与记录关键字进行一次比较，两次移动。总的比较次数达到最小值为 $n-1$ 次，总的移动次数也达到最小值 $2(n-1)$ 次，所以最好情况下时间复杂度为 $O(n)$。

最坏的情况是 n 个待排序记录初始状态已按关键字值逆序排序（如 89，43，40，21，15），第 i 趟直接插入排序需要进行 i 次关键字比较，$i+2$ 次关键字移动，则总的比较次数为 $\sum_{i=1}^{n-1} i =$ $\frac{1}{2}n(n-1)$，总的移动次数为 $\sum_{i=1}^{n-1}(i+2)=\frac{1}{2}n(n-1)+2n$。

假设待排序记录随机出现的概率相同，总的比较次数和移动次数取最好和最坏情况的平均值即总的平均比较次数为 $(n(n-1)/2+n-1)/2 \approx n^2/4$，总的平均移动次数 $\approx n^2/4$，因此直接插入排序算法的时间复杂度为 $O(n^2)$。

2）空间复杂度

该算法中使用了监视哨，占用了一个存储单元 $r[0]$，空间复杂度为 $O(1)$。

3）算法稳定性

直接插入排序算法是一种稳定的排序算法。

9.2.2 希尔排序

希尔排序（Shell Sort）是于 1959 年提出的一种排序算法。希尔排序也是一种插入排序，它是简单插入排序经过改进之后的一个更高效的版本，也称为缩小增量排序。它通过比较相距一定间隔的元素来进行，各趟比较所用的距离随着算法的进行而减小，直到只比较相邻元素的最后一趟排序为止。

1. 算法描述

由直接插入排序算法分析可知，数据序列越接近有序时间效率越高，当 n 较小时时间效率也较高。希尔排序正是针对这两点对直接插入排序算法进行改进。希尔排序算法的描述如下。

（1）设置一个增量序列 $\{g_0, g_1, \cdots, 1\}$，增量初值通常为数据序列长度的一半，以后每趟增量减半，最后值为 1。

（2）将一个数据序列根据增量 g_i 分成若干组。

（3）对每一小组数据进行直接插入排序。

（4）随着增量逐渐减小，组数也减小，组内元素个数增加，数据序列接近有序。

例如，假设排序表的关键字序列为 $\{7,6,9,3,1,5,2,4\}$，增量 gap＝length/2，缩小增量以 gap＝gap/2 的方式，分别取值 4、2、1。整个希尔排序的过程如图 9-1 所示。

2. 算法实现

【算法 9.2】 希尔排序算法实现。

```java
public void shellSort(int[] d) {        //d[]为增量数组
    RecordNode temp;
    int i, j;
    System.out.println("希尔排序");
    //控制增量,增量减半,若干趟扫描
    for (int k = 0; k < d.length; k++) {
        //一趟中若干子表,每个记录在自己所属子表内进行直接插入排序
        int dk = d[k];
        for (i = dk; i < this.curlen; i++) {
            temp = r[i];
            for (j = i - dk; j >= 0 && temp.key.compareTo(r[j].key) < 0; j -= dk) {
                r[j + dk] = r[j];
            }
            r[j + dk] = temp;
        }
        System.out.print("增量 dk=" + dk + " ");
        display();
    }
}
```

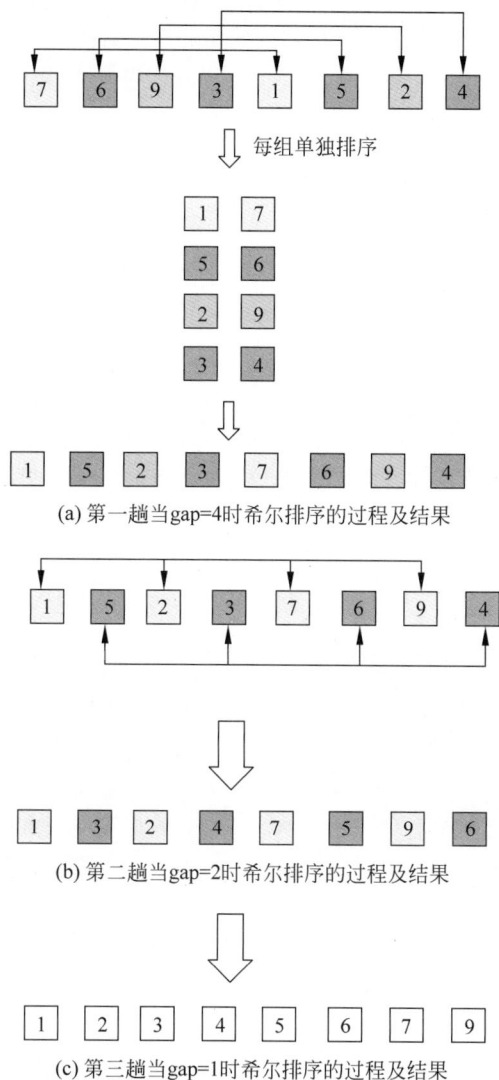

(a) 第一趟当gap=4时希尔排序的过程及结果

(b) 第二趟当gap=2时希尔排序的过程及结果

(c) 第三趟当gap=1时希尔排序的过程及结果

图 9-1　希尔排序过程

【例 9.2】　请对排序表关键字为{7,6,9,3,1,5,2,4}的序列进行希尔排序。

```
package chp09;
public class Example9_2 {
    private RecordNode[] r;                    //存储 RecordNode 的数组
    private int curlen;                        //当前数组长度(即记录的数量)
    //构造函数,用于初始化 RecordNode 数组和长度
    public Example9_2(int[] arr) {
        curlen = arr.length;
        r = new RecordNode[curlen];
        //将整数数组转换为 RecordNode 数组
        for (int i = 0; i < curlen; i++) {
            r[i] = new RecordNode(arr[i]);
        }
    }
    //希尔排序方法,使用给定的增量数组 d 进行排序
```

```java
public void shellSort(int[] d) {
    RecordNode temp;                           //用于交换的临时 RecordNode 对象
    int i, j;                                  //循环计数器
    //打印排序开始信息
    System.out.println("希尔排序开始:");
    //遍历增量数组
    for (int k = 0; k < d.length; k++) {
        int dk = d[k];                         //当前增量
        //对每个子表进行直接插入排序
        for (i = dk; i < curlen; i++) {
            temp = r[i];                       //保存当前位置的 RecordNode
            //插入 temp 到已排序的序列中
            for (j = i - dk; j >= 0 && temp.key < r[j].key; j -= dk) {
                r[j + dk] = r[j];              //将较大的元素后移
            }
            r[j + dk] = temp;                  //插入 temp 到正确的位置
        }
        //显示当前增量下的数组状态
        System.out.print("增量 dk=" + dk + "\t\t");
        display();
    }
}
//显示数组当前状态的方法
public void display() {
    System.out.print("数组当前状态:");
    for (int i = 0; i < curlen; i++) {
        System.out.print(r[i].key);            //只显示关键字
        if (i < curlen - 1) {
            System.out.print("-");
        }
    }
    System.out.println();
}
//主方法,用于测试希尔排序
public static void main(String[] args) {
    //待排序的整数数组
    int[] arr = { 9, 8, 3, 7, 5, 6, 4, 1 };
    //增量数组,可以根据需要调整
    int[] increments = { 4, 2, 1 };
    //创建 ShellSortExample 对象
    Example9_2 sorter = new Example9_2(arr);
    //执行希尔排序
    sorter.shellSort(increments);
    //显示最终排序结果
    System.out.print("最终排序结果:\t");
    sorter.display();
}
```

3. 性能分析

1) 时间复杂度

希尔排序的执行时间依赖增量序列。该算法的时间复杂度情况如下。

(1) 最好情况:序列是正序排列,在这种情况下,需要进行的比较次数为 $n-1$ 次。后

移赋值操作为 0 次，即 $O(n)$。

（2）最坏情况：$O(n^{1.5})$。

（3）平均时间复杂度：$O(n^{1.5})$。

希尔排序是按照不同步长对元素进行插入排序，当刚开始元素很无序的时候，步长最大，所以插入排序的元素个数很少，速度很快；当元素基本有序了，步长很小，插入排序对于有序的序列效率很高。所以，希尔排序的时间复杂度会比 $O(n^2)$ 好一些。

希尔算法在最坏的情况下和平均情况下执行效率相差不是很多，与此同时，快速排序在最坏的情况下执行的效率会非常差。希尔排序没有快速排序算法快，因此中等大小规模表现良好，对规模非常大的数据排序不是最优选择。

2）空间复杂度

在希尔排序的实现中仍然使用了插入排序，只是进行了分组，并没有使用其他空间，所以希尔排序的空间复杂度同样是 $O(1)$。

3）算法稳定性

由于多次插入排序，一次插入排序是稳定的，不会改变相同元素的相对顺序，但在不同的插入排序过程中，相同的元素可能在各自的插入排序中移动，最后其稳定性就会被打乱，所以希尔排序是不稳定的。

9.3 交 换 排 序

交换排序的思路是两两比较待排序记录的关键字，发现两个记录的次序相反时即进行交换，直到没有反序的记录为止，交换排序主要有冒泡排序和快速排序。

9.3.1 冒泡排序

冒泡排序（Bubble Sort）是从序列中的第一个元素开始，依次对相邻的两个元素进行比较，如果前一个元素大于后一个元素，则交换它们的位置。如果前一个元素小于或等于后一个元素，则不交换它们；这一比较和交换的操作一直持续到最后一个还未排好序的元素为止。

1. 算法描述

（1）在常数为 n 的序列中 $\{a[0],a[1],\cdots,a[n-1]\}$ 中，从 $a[0]$ 起，依次比较相邻的两个数，若邻接元素不符合次序要求，则对它们进行交换。本次操作后，数组中的最大元素被排到数组的第 $n-1$ 位。

（2）在剩下未排序的 $n-1$ 个数 $\{a[0],a[1],\cdots,a[n-2]\}$ 中，从 $a[0]$ 起，依次比较相邻的两个数，若邻接元素不符合次序要求，则对它们进行交换。本次操作后，$a[0]\sim a[n-2]$ 中的最大元素排到数组的第 $n-2$ 位。

（3）在剩下未排序的 $n-k$ 个数 $\{a[0],a[1],\cdots,a[n-i]\}$ 中，从 $a[0]$ 起，依次比较相邻的两个数，若邻接元素不符合次序要求，则对它们进行交换。本次操作后，$a[0]\sim a[n-i]$ 中的最大元素排到数组的第 $n-i$ 位。

（4）在剩下未排序的两个数 $\{a[0],a[1]\}$ 中，比较这两个数，若不符合次序要求，则对它们进行交换。本次操作后，$a[0]\sim a[1]$ 中的最大元素排到数组的第 1 位。

例如,假设排序表的关键字序列为{8,3,9,10,1,4},按照冒泡排序算法进行排序。整个冒泡排序的过程如图 9-2 所示。

| 8 | 3 | 9 | 10 | 1 | 4 |

第一趟冒泡

| 3 | 8 | 9 | 1 | 4 | 10 |

第二趟冒泡

| 3 | 8 | 1 | 4 | 9 | 10 |

第三趟冒泡

| 3 | 1 | 4 | 8 | 9 | 10 |

第四趟冒泡

| 1 | 3 | 4 | 8 | 9 | 10 |

第五趟冒泡

| 1 | 3 | 4 | 8 | 9 | 10 |

第六趟冒泡

| 1 | 3 | 4 | 8 | 9 | 10 |

图 9-2　冒泡排序过程

2. 算法实现

【算法 9.3】　冒泡排序算法实现。

```java
public void bubbleSort() {
    RecordNode temp;                                    //辅助结点
    boolean flag = true;                                //是否交换的标记
    for (int i = 1; i < this.curlen && flag; i++) {     //有交换时再进行下一趟,最多 n-1 趟
        flag = false;                                   //假定元素未交换
        for (int j = 0; j < this.curlen - i; j++) {     //一次比较,交换
            if (r[j].key.compareTo(r[j + 1].key) > 0) { //逆序时,交换
                temp = r[j];
                r[j] = r[j + 1];
                r[j + 1] = temp;
                flag = true;
            }
        }
    }
}
```

【例 9.3】　请对排序表关键字为{9,8,3,7,5,6,4,1}的序列进行冒泡排序。

```java
package chp09;
public class Example9_3{
    private RecordNode[] r;                    //存储 RecordNode 的数组
    private int curlen;                        //当前数组长度(即记录的数量)
    //构造函数,用于初始化 RecordNode 数组和长度
    public Example9_3(int[] arr) {
        curlen = arr.length;
```

```
        r = new RecordNode[curlen];
        //将整数数组转换为 RecordNode 数组
        for (int i = 0; i < curlen; i++) {
            r[i] = new RecordNode(arr[i]);
        }
    }
    //冒泡排序实现算法
    public void bubbleSort() {
        RecordNode temp;                              //辅助结点
        boolean flag = true;                          //是否交换的标记
        for (int i = 1; i < this.curlen && flag; i++) {    //有交换时再进行下一趟,最多
                                                           //n-1 趟
            flag = false;                             //假定元素未交换
            for (int j = 0; j < this.curlen - i; j++) {    //一次比较,交换
                if (r[j].key.compareTo(r[j + 1].key) > 0) {    //逆序时,交换
                    temp = r[j];
                    r[j] = r[j + 1];
                    r[j + 1] = temp;
                    flag = true;
                }
            }
        }
    }
    //显示数组当前状态的方法
    public void display() {
        System.out.print("数组当前状态:");
        for (int i = 0; i < curlen; i++) {
            System.out.print(r[i].key);               //只显示关键字
            if (i < curlen - 1) {
                System.out.print("-");
            }
        }
        System.out.println();
    }
    //主方法,用于测试冒泡排序
    public static void main(String[] args) {
        //初始化 RecordNode 数组
        int[] arr = {9, 8, 3, 7, 5, 6, 4, 1};
        Example9_3 sorter = new Example9_3(arr);
        //打印排序前数组状态
        System.out.println("排序前数组状态:");
        sorter.display();
        //执行冒泡排序
        sorter.bubbleSort();
        //打印排序后数组状态
        System.out.println("排序后数组状态:");
        sorter.display();
    }
}
```

3. 性能分析

1) 时间复杂度

冒泡排序的实现虽然采用了双层 for 循环遍历,但是真正完成排序的代码在内循环中,

所以主要分析内层循环体的执行次数即可。

在最坏的情况下元素的比较次数为 $(n-1)+(n-2)+(n-3)+\cdots+2+1=((n-1)+1)\times(n-1)/2=n^2/2-n/2$。

元素的交换次数为 $(n-1)+(n-2)+(n-3)+\cdots+2+1=((n-1)+1)\times(n-1)/2=n^2/2-n/2$。

总执行次数为 $2\times(n^2/2-n/2)=n^2-n$。

保留最高阶项,即冒泡排序的时间复杂度为 $O(2^n)$。

2)空间复杂度

冒泡排序只用了一个辅助存储单元,所以冒泡排序的空间复杂度是 $O(1)$。

3)算法稳定性

冒泡排序是通过把小的元素往前调或者把大的元素往后调。比较时相邻的两个元素比较,交换也发生在这两个元素之间。若两个元素相等,则不会发生交换,所以相同元素的前后顺序并没有改变,因此冒泡排序是一种稳定的排序算法。

9.3.2　快速排序

快速排序(Quick Sort)是通过多次比较和交换来实现排序的,在一趟排序中把将要排序的数据序列分成两个独立的部分,然后对这两部分进行排序使得其中一部分所有数据比另一部分都要小,然后继续递归排序这两部分,最终实现所有数据有序。

1. 算法描述

在常数为 n 的序列中 $\{a[0],a[1],\cdots,a[n-1]\}$ 中,设参数 i、j 分别指向子序列左、右两端的下标 $[0]$ 和 $[n-1]$,令 $r[0]$ 为轴值。

(1)j 从后向前扫描,直到 $r[j]<r[i]$,将 $r[j]$ 移动到 $r[i]$ 的位置,使关键码小的记录移动到前面去。

(2)i 从前向后扫描,直到 $r[i]>r[j]$,将 $r[i]$ 移动到 $r[j]$ 的位置,使关键码大的记录移动到后面去。

(3)重复上述过程,直到 $i=j$,将轴值赋予 $r[i]$。

例如,假设排序表的关键字序列为 $\{15,4,8,32,3,16,20,81,43,11,49\}$,按照快速排序算法进行排序,其中,key 为轴值。一趟快速冒泡排序的过程如图 9-3(a)所示,整个快速排序的全过程如图 9-3(b)所示。

2. 算法实现

【算法 9.4】　快速排序算法实现。

```java
public int Partition(int i, int j) {
        RecordNode pivot = r[i];            //第一个记录作为轴点
            while (i < j) {                 //从表的两端交替地向中间扫描
                while (i < j && pivot.key.compareTo(r[j].key) <= 0) {
                    j--;
                }
                if (i < j) {
                    r[i] = r[j];            //将比轴点关键字小的记录向前移动
                    i++;
                }
```

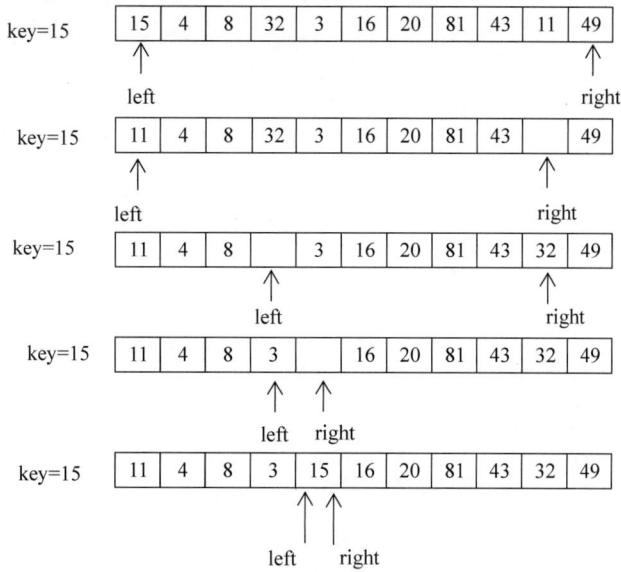

(a) 一趟快速排序过程

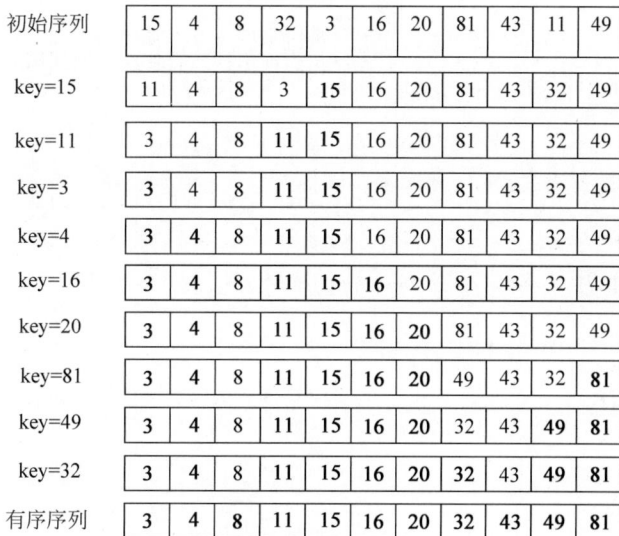

key=15	15	4	8	32	3	16	20	81	43	11	49
	↑left										↑right

key=15	11	4	8	32	3	16	20	81	43		49
	↑left								↑right		

key=15	11	4	8		3	16	20	81	43	32	49
				↑left					↑right		

key=15	11	4	8	3		16	20	81	43	32	49
				↑left	↑right						

key=15	11	4	8	3	15	16	20	81	43	32	49
					↑left ↑right						

(a) 一趟快速排序过程

(b) 快速排序全过程

初始序列	15	4	8	32	3	16	20	81	43	11	49
key=15	11	4	8	3	**15**	16	20	81	43	32	49
key=11	3	4	8	**11**	**15**	16	20	81	43	32	49
key=3	**3**	4	8	**11**	**15**	16	20	81	43	32	49
key=4	**3**	**4**	8	**11**	**15**	16	20	81	43	32	49
key=16	**3**	4	8	**11**	**15**	**16**	20	81	43	32	49
key=20	**3**	4	8	**11**	**15**	**16**	**20**	81	43	32	49
key=81	**3**	4	8	**11**	**15**	**16**	**20**	49	43	32	**81**
key=49	**3**	4	8	**11**	**15**	**16**	**20**	32	43	**49**	**81**
key=32	**3**	4	8	**11**	**15**	**16**	**20**	**32**	43	**49**	**81**
有序序列	**3**	**4**	**8**	**11**	**15**	**16**	**20**	**32**	**43**	**49**	**81**

(b) 快速排序全过程

图 9-3　快速排序过程

```
        while (i < j && pivot.key.compareTo(r[i].key) > 0) {
            i++;
        }
        if (i < j) {
            r[j] = r[i];                    //将比轴点关键字大的记录向后移动
            j--;
        }
    }
    r[i] = pivot;                           //轴点归位
    return i;                               //返回轴点位置
}
public void qSort(int low, int high) {      //对子表 r[low...high]递归形式的快速排序算法
```

```
            if (low < high) {
                int pivotloc = Partition(low, high);//一趟排序,将排序表分为两部分
                qSort(low, pivotloc - 1);          //低子表递归排序
                qSort(pivotloc + 1, high);         //高子表递归排序
            }
    }
```

【例 9.4】 请对排序表关键字为{ 5,2,9,1,5,6,7,4 }的序列进行快速排序。

```
package chp09;
public class Example9_4 {
private RecordNode[] r;                      //存储 RecordNode 的数组
private int curlen;                          //当前数组长度(即记录的数量)
//构造函数,用于初始化 RecordNode 数组和长度
public Example9_4(int[] arr) {
        curlen = arr.length;
        r = new RecordNode[curlen];
        //将整数数组转换为 RecordNode 数组
        for (int i = 0; i < curlen; i++) {
            r[i] = new RecordNode(arr[i]);
        }
}
public int Partition(int i, int j) {
    RecordNode pivot = r[i];                  //第一个记录作为轴点
    while (i < j) {                           //从表的两端交替地向中间扫描
            while (i < j && pivot.key.compareTo(r[j].key) <= 0) {
                j--;
            }
            if (i < j) {
                r[i] = r[j];                  //将比轴点关键字小的记录向前移动
                i++;
            }
            while (i < j && pivot.key.compareTo(r[i].key) > 0) {
                i++;
            }
            if (i < j) {
                r[j] = r[i];                  //将比轴点关键字大的记录向后移动
                j--;
            }
    }
    r[i] = pivot;                             //轴点归位
    return i;                                 //返回轴点位置
}

    public void qSort(int low, int high) {    //对子表 r[low..high]递归形式的快速排序算法
        if (low < high) {
            int pivotloc = Partition(low, high);    //一趟排序,将排序表分为两部分
            qSort(low, pivotloc - 1);         //低子表递归排序
            qSort(pivotloc + 1, high);        //高子表递归排序
        }
    }
    //显示数组当前状态的方法
    public void display() {
        System.out.print("数组当前状态:");
        for (int i = 0; i < curlen; i++) {
            System.out.print(r[i].key);       //只显示关键字
            if (i < curlen - 1) {
                System.out.print("-");
```

```
            }
        }
        System.out.println();
    }
    //主方法,用于测试快速排序
    public static void main(String[] args) {
        //初始化 RecordNode 数组
        int[] arr = { 5, 2, 9, 1, 5, 6, 7, 4 };
        Example9_4 sorter = new Example9_4(arr);
        //打印排序前数组状态
        System.out.println("排序前数组状态:");
        sorter.display();
        //执行快速排序
        sorter.qSort(0, sorter.curlen - 1);
        //打印排序后数组状态
        System.out.println("排序后数组状态:");
        sorter.display();
    }
}
```

3. 性能分析

1) 时间复杂度

快速排序的一趟排序是从顺序表的两端开始交替搜索,直到 left 和 right 重合。因此,一次划分算法的时间复杂度为 $O(n)$,但整个快速排序的时间复杂度和划分的次数相关。在最优的情况也就是每一次都将当前序列等分,那么一共是划分了 $\log n$ 次,所以最优情况下的时间复杂度为 $O(n\log n)$。最坏情况下每一次划分,基准是当前序列中的最大值或者最小值,一共就要划分 n 次。所以,最坏情况下快速排序的时间复杂度为 $O(n^2)$。

2) 空间复杂度

快速排序使用的存储空间是 $O(1)$ 的,而递归调用占据了绝大多数存储空间,每一次递归都要占用空间存储数据,所以在最优的情况下也就是每一次都将当前序列等分的情况下空间复杂度为 $O(\log n)$。

3) 算法稳定性

在快速排序中相同值的元素在排序后的相对应的位置可能会发生改变,所以快速排序算法是不稳定的。

9.4 选 择 排 序

每一趟从待排序的记录中选出关键字值最小或最大的记录,顺序放在已排好序的子列表的最后,直到全部记录排序完毕,这样的排序方式叫作选择排序,本书主要介绍两种常见的选择排序方法。

9.4.1 简单选择排序

选择排序(Selection Sort)是一种简单直观的排序算法。它的工作原理是:首先在未排序序列中找到最小(或最大)元素,存放到排序序列的起始位置;再从剩余未排序元素中继续寻找最小(或最大)元素,放到已排序序列的末尾。以此类推,直到所有元素均排序完毕。

1. 算法描述

（1）在常数为 n 的序列 $\{a[0],a[1],\cdots,a[n-1]\}$ 中选取最小值，与 arr[0] 交换。

（2）从序列 $\{a[1],a[2],\cdots,a[n-1]\}$ 中选取最小值，与 arr[1] 交换。

（3）从序列 $\{a[2],a[3],\cdots,a[n-1]\}$ 中选取最小值，与 arr[2] 交换。

（4）第 i 次从序列 $\{a[i-1],a[i-2],\cdots,a[n-1]\}$ 中选取最小值，与 arr[$i-1$] 交换，以此类推。

（5）总共通过比较 $n-1$ 次，最终得到一个有序序列。

例如，假设排序表的关键字序列为 $\{25,4,3,18,36,2,22\}$，按照选择排序算法进行排序，整个选择排序的全过程如图 9-4 所示。

初始序列	25	4	3	18	36	2	22
第一趟	2	4	3	18	36	25	22
第二趟	2	3	4	18	36	25	22
第三趟	2	3	4	18	36	25	22
第四趟	2	3	4	18	36	25	22
第五趟	2	3	4	18	22	25	36
第六趟	2	3	4	18	22	25	36
有序序列	2	3	4	18	22	25	36

图 9-4　选择排序过程

2. 算法实现

【算法 9.5】 选择排序算法实现。

```java
public void selectSort() {
    RecordNode temp;                         //辅助结点
    for (int i = 0; i < this.curlen - 1; i++) {       //n-1 趟排序
        //每趟在从 r[i] 开始的子序列中寻找最小元素
        int min = i;                         //设第 i 条记录的关键字值最小
        for (int j = i + 1; j < this.curlen; j++) { //在子序列中选择关键字值最小的记录
            if (r[j].key.compareTo(r[min].key) < 0) {
                min = j;                     //记住关键字值最小记录的下标
            }
        }
        if (min != i) {          //将本趟关键字值最小的记录与第 i 条记录交换
            temp = r[i];
            r[i] = r[min];
            r[min] = temp;
        }
    }
}
```

【例 9.5】 请对排序表关键字为 $\{4,1,7,15,3,2,12,6\}$ 的序列进行选择排序。

```java
package chp09;
public class Example9_5 {
    private RecordNode[] r;              //存储 RecordNode 的数组
    private int curlen;                 //当前数组长度(即记录的数量)
```

```
//构造函数,用于初始化 RecordNode 数组和长度
public Example9_5(int[] arr) {
    curlen = arr.length;
    r = new RecordNode[curlen];
    //将整数数组转换为 RecordNode 数组
    for (int i = 0; i < curlen; i++) {
        r[i] = new RecordNode(arr[i]);
    }
}

//选择排序算法实现
public void selectSort() {
    RecordNode temp;                            //辅助结点
    for (int i = 0; i < this.curlen - 1; i++) {  //n-1 趟排序
        //每趟在从 r[i]开始的子序列中寻找最小元素
        int min = i;                            //设第 i 条记录的关键字值最小
        for (int j = i + 1; j < this.curlen; j++) {  //在子序列中选择关键字值最小的记录
            if (r[j].key.compareTo(r[min].key) < 0) {
                min = j;                        //记住关键字值最小记录的下标
            }
        }
        if (min != i) {                         //将本趟关键字值最小的记录与第 i 条记录交换
            temp = r[i];
            r[i] = r[min];
            r[min] = temp;
        }
    }
}

//显示数组当前状态的方法
public void display() {
    System.out.print("数组当前状态:");
    for (int i = 0; i < curlen; i++) {
        System.out.print(r[i].key);             //只显示关键字
        if (i < curlen - 1) {
            System.out.print("-");
        }
    }
    System.out.println();
}

//主方法,用于测试选择排序
public static void main(String[] args) {
    //初始化 RecordNode 数组
    int[] arr = { 4, 1, 7, 15, 3, 2, 12, 6 };
    Example9_5 sorter = new Example9_5(arr);
    //打印排序前数组状态
    System.out.println("排序前数组状态:");
    sorter.display();
    //执行选择排序
    sorter.selectSort();
    //打印排序后数组状态
    System.out.println("排序后数组状态:");
    sorter.display();
}
}
```

3. 性能分析

1）时间复杂度

在选择排序过程中，最好情况下待排序列按从小到大的顺序排列，此时，移动次数为 0。最坏情况下每一趟排序都需要进行交换元素。此时，移动次数为 $3(n-1)$。但元素间比较的次数与序列的初始状态无关，始终是 $n(n-1)/2$ 次，所示平均时间复杂度为 $O(n^2)$。

2）空间复杂度

选择排序不需要额外的空间，故其空间复杂度为 $O(1)$。

3）算法稳定性

在第 i 趟找到最小元素后，和第 i 个元素交换，可能会导致第 i 个元素与其含有相同关键字元素的相对位置发生改变，因此简单选择排序是一种不稳定的排序方法。

9.4.2 堆排序

堆排序（Heap Sort）是一种基于二叉堆的排序算法。它的工作原理是：首先将待排序的序列构造成一个大顶堆（或小顶堆），此时，整个序列的最大值（或最小值）就是堆顶的根结点。然后，将其与末尾元素进行交换，此时末尾就为最大值（或最小值）。然后将剩余 $n-1$ 个元素重新构造成一个堆，这样会得到 n 个元素的次小值。如此反复执行，便能得到一个有序序列了。

1. 算法描述

（1）将待排序序列构造成一个大顶堆。

（2）此时，整个序列的最大值就是堆顶的根结点。

（3）将其与末尾元素进行交换，此时末尾就为最大值。

（4）然后将剩余 $n-1$ 个元素重新构造成一个堆，便会得到 n 个元素的次小值。如此重复执行，最终可以得到一个有序序列。

例如，假设排序表的关键字序列为 $\{4,6,8,5,9\}$，按照选择排序算法进行排序，首先假设给定无序序列结构如图 9-5 所示。

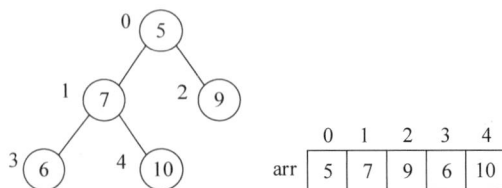

图 9-5　原始无序序列结构图

从最后一个非叶子结点开始，第一个非叶子结点为 $(arr.length)/2-1=5/2-1=1$，也就是数据元素值为 7 的结点，按照从左至右，从下至上的顺序进行调整，如图 9-6 所示。

找到第二个非叶子结点 5，由于 $[5,10,9]$ 中 10 结点元素最大，所以将 10 和 5 进行交换操作，如图 9-7 所示。

上述一步交换操作会导致子树 $[5,6,7]$ 不再满足大顶堆的条件，则需要继续调整，交换 5 和 7 元素位置，操作完之后就会得到一个大顶堆，如图 9-8 所示。

然后将堆顶元素与末尾元素进行交换，使末尾元素最大，也就是将堆顶元素 10 和末尾元素 5 进行交换，如图 9-9 所示。

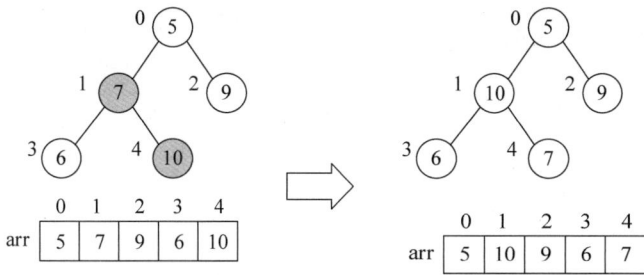

图 9-6　调整 7 和 8 结点进行交换

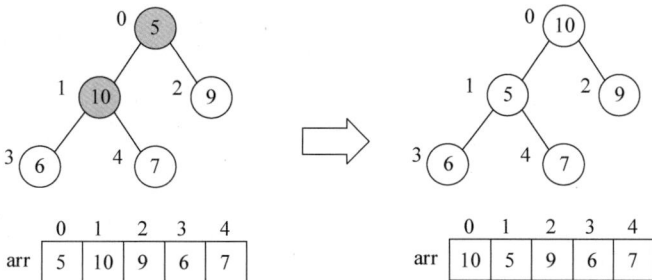

图 9-7　调整 5 和 10 结点进行交换

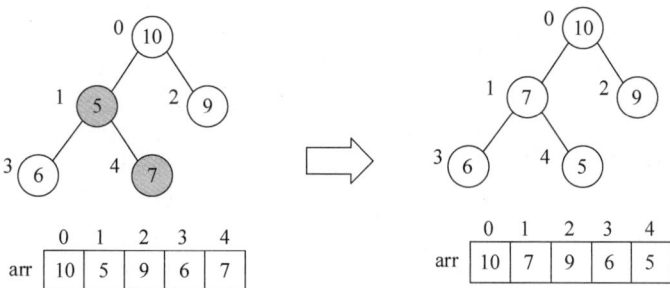

图 9-8　调整 5 和 7 结点进行交换

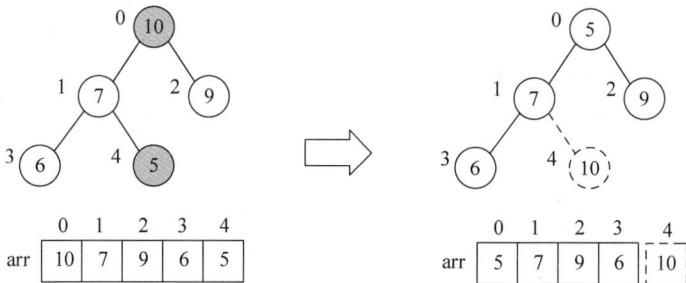

图 9-9　堆顶元素与末尾元素进行交换

此时由于调整[5,7,9]不再满足大顶堆要求,所以需要继续交换 5 和 9 结点,使其满足大顶堆的要求,如图 9-10 所示。

继续重复上述操作,将堆顶元素与末尾元素进行交换,也是就将 9 和 6 结点交换,后续过程以此类推,不断重复进行调整、交换,最终使得整个序列有序,如图 9-11 所示。

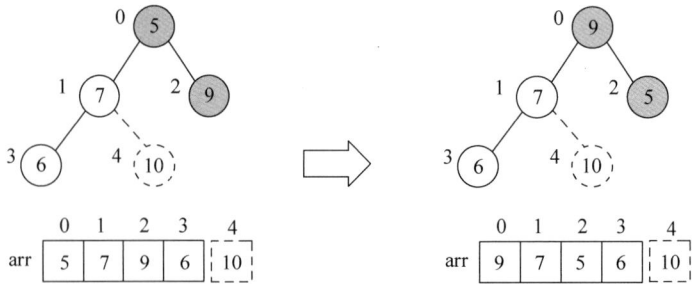

图 9-10 调整 5 和 9 结点进行交换

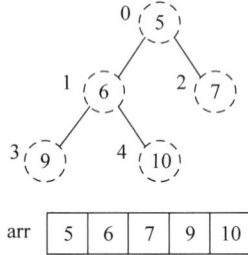

图 9-11 堆排序最终结果

2. 算法实现

【算法 9.6】 堆排序算法实现。

```java
public void sift(int parent, int length) {
        RecordNode i = r[parent];                          //获取到根结点的值
        int j = parent * 2 + 1;                            //根据根结点获取到孩子结点的位置
        while (j < length) {                               //只要孩子结点小于整个数组的长度,便保持循环
            if (j + 1 < length && r[j].key.compareTo(r[j + 1].key) < 0) {   //如果孩子结点
                                        //的下一个位置还有数值,说明当前树是有右孩子结点存在的
                j++;    //通过比较如果发现右孩子结点更大,使用右孩子结点进行之后的对比
            }
            if (i.key.compareTo(r[j].key) >= 0) {          //如果发现根结点的值大于更大的那个孩
                                        //子结点,那么就直接退出

                break;
            }
            r[parent] = r[j];    //否则进行一次交换,直接将孩子结点的值赋值给根结点
            parent = j;    //然后让 parent 的位置直接等于 j,这里相当于交换,因为已经保存了
                                        //parent 的值了
            j = parent * 2 + 1;    //让孩子结点也跟随根结点进行更新,以便进入下一轮循环
        }
        r[parent] = i;    //最终将 i 的值放在当前的 parent 指针上
}

public void heapSort() {
    int n = this.curlen;
    RecordNode temp;
    for (int i = n / 2 - 1; i >= 0; i--) {    //创建堆
        sift(i, n);
    }
    for (int i = n - 1; i >= 0; i--) {    //将堆顶元素与末尾元素交换,将最大元素移到数
                                        //组末端
```

```
            temp = r[i];
            r[i] = r[0];
            r[0] = temp;
            sift(0, i);      //重新调整结构,然后继续交换堆顶元素与当前末尾元素,重复执行调整
                             //和交换步骤直到整个序列有序
        }
    }
}
```

【例 9.6】 请对排序表关键字为 $\{3,5,6,15,3,4,12,7\}$ 的序列进行堆排序。

```
package chp09;
public class Example9_6 {
    private RecordNode[] r;                  //存储 RecordNode 的数组
    private int curlen;                      //当前数组长度(即记录的数量)
    //构造函数,用于初始化 RecordNode 数组和长度
    public Example9_6(int[] arr) {
        curlen = arr.length;
        r = new RecordNode[curlen];
        //将整数数组转换为 RecordNode 数组
        for (int i = 0; i < curlen; i++) {
            r[i] = new RecordNode(arr[i]);
        }
    }
    public void sift(int parent, int length) {
        RecordNode i = r[parent];            //获取到根结点的值
        int j = parent * 2 + 1;              //根据根结点获取到孩子结点的位置
        while (j < length) {                 //只要孩子结点小于整个数组的长度,便保持循环
            if (j + 1 < length && r[j].key.compareTo(r[j + 1].key) < 0) {  //如果孩子结点
                                             //的下一个位置还有数值,说明当前树是有右孩子结点存在的
                j++;     //通过比较如果发现右孩子结点更大的话,使用右孩子结点进行之后的
                         //对比
            }
            if (i.key.compareTo(r[j].key) >= 0) {  //如果发现根结点的值大于更大的那个孩
                                             //子结点,那么就直接退出
                break;
            }
            r[parent] = r[j];    //否则进行一次交换,直接将孩子结点的值赋值给根结点
            parent = j;    //然后让 parent 的位置直接等于 j,这里相当于交换,因为已经保存了
                           //parent 的值了
            j = parent * 2 + 1;    //让孩子结点也跟随根结点进行更新,以便进入下一轮循环
        }
        r[parent] = i;    //最终将 i 的值放在当前的 parent 指针上
    }
    public void heapSort() {
        int n = this.curlen;
        RecordNode temp;
        for (int i = n / 2 - 1; i >= 0; i--) {    //创建堆
            sift(i, n);
        }
        for (int i = n - 1; i >= 0; i--) {    //将堆顶元素与末尾元素交换,将最大元素移到数
                                              //组末端
            temp = r[i];
            r[i] = r[0];
            r[0] = temp;
            sift(0, i);    //重新调整结构,然后继续交换堆顶元素与当前末尾元素,重复执行调整
```

```
                    //和交换步骤直到整个序列有序
            }
        }
        //显示数组当前状态的方法
        public void display() {
            System.out.print("数组当前状态:");
            for (int i = 0; i < curlen; i++) {
                System.out.print(r[i].key);    //只显示关键字
                if (i < curlen - 1) {
                    System.out.print("-");
                }
            }
            System.out.println();
        }
        //主方法,用于测试堆排序
        public static void main(String[] args) {
            //初始化 RecordNode 数组
            int[] arr = {3, 5, 6, 15, 3, 4, 12, 7};
            Example9_6 sorter = new Example9_6(arr);
            //打印排序前数组状态
            System.out.println("排序前数组状态:");
            sorter.display();
            //执行堆排序
            sorter.heapSort();
            //打印排序后数组状态
            System.out.println("排序后数组状态:");
            sorter.display();
        }
    }
```

3. 性能分析

1）时间复杂度

首先初始建堆,需要 $O(n)$ 时间,另外输出堆顶并重建堆,共需要取 $n-1$ 次堆顶记录,第 k 次取堆顶记录重建堆需要 $O(n\log_2 n)$ 时间,因此整个时间复杂度为 $O(n\log_2 n)$。

2）空间复杂度

堆排序需要一个额外的存储空间,其空间复杂度为 $O(1)$。

3）算法稳定性

堆排序算法是一种不稳定的排序算法。

9.5 归并排序

归并排序（Merge Sort）是一种采用分而治之（Divide and Conquer）策略的排序算法。它的基本思路是将已有序的子序列合并,得到完全有序的序列,即先使每个子序列有序,再使子序列段间有序。若将两个有序表合并成一个有序表,称为 2-路归并。

1. 算法描述

归并排序的基本思想是将一个大列表分隔成两个更小的子列表,再将这些子列表排序,最后将排序好的子列表合并成一个新的有序列表。归并排序的执行流程如下。

（1）分隔序列。算法开始时,首先需要确定待排序序列的中点。这一过程通过计算序列长度并除以 2 来完成。得到中点后,原始序列被分成左右两个子区间,分别代表序列的左半部分和右半部分。

(2)递归排序子区间。一旦序列被分隔成较小的子区间,算法对这两个子区间独立进行排序。这一步骤是递归进行的,即算法会不断地对分隔后的子区间进行进一步的分隔,直到子区间的长度缩小到无法再分隔(也就是长度为 1)为止。此时,每个子区间都被认为是有序的。

(3)合并有序子区间。当左右子区间都排序完成后,下一步就是将它们合并成一个大的有序序列。在这一过程中,算法从两个子区间的起始位置开始,比较两边的元素,将较小的元素先放入一个临时的数组中,然后移动所选择元素所在区间的指针。这一过程一直持续到所有元素都被移动到临时数组中。这样,左右两个区间就被合并成了一个有序的序列。

例如,假设待排序序列为 $\{9,6,7,5,4,2,8,3\}$,按照归并排序算法进行排序,整个排序过程如图 9-12 所示。

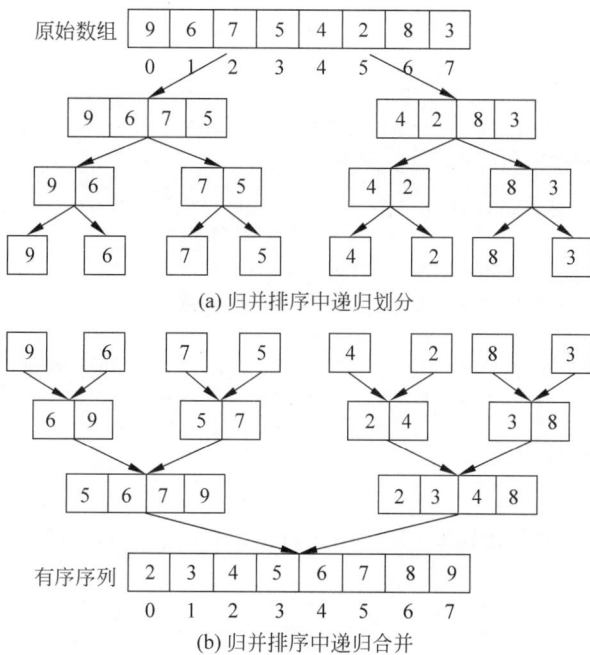

(a)归并排序中递归划分

(b)归并排序中递归合并

图 9-12 归并排序算法过程

2. 算法实现

【算法 9.7】 归并排序算法实现。

```java
public void mergeSort(int start, int end) {
    if (start >= end) {
        return;                          //当数组 start 处索引值比 end 处索引值大时,结束程序
    }
    int middle = (start + end) / 2;      //将数组划分成两部分,middle 为划分后左边数组最右边元
                                         //素的索引值
    mergeSort(0, middle);                //左边数组进行递归调用
    mergeSort(middle + 1, end);          //右边数组进行递归调用
    merge(r, start, middle + 1, end);    //通过递归实现将原数组分离成单个元素,再将分离的元
                                         //素进行判断大小并进行合并
}
```

```java
public void merge(RecordNode[] r, int start, int middle, int end) {
    if (start == middle || middle > end) {
        return;
    }
    //定义一个数组 result,用来存放每次合并后的值
    RecordNode[] result = new RecordNode[end - start + 1];
    int index = 0;                        //result 数组下标
    int left = start;                     //分离的左边数组开始位置
    int right = middle;                   //分离的右边数组开始位置
    //判断两个数组元素的大小,按顺序存入 result 数组
    while (left < middle && right <= end) {
        if (r[left].key.compareTo(r[right].key) <= 0) {
            result[index++] = r[left++];
        } else {
            result[index++] = r[right++];
        }
    }
    while (left < middle) {    //如果右侧数组元素已经排序完毕,左侧数组还有剩余元素,将左侧数
                               //组的剩余元素按顺序存入 result 数组
        result[index++] = r[left++];
    }
    while (right <= end) {     //如果左侧数组元素已经排序完毕,右侧小数组还有剩余元素,将右
                               //侧小数组剩余元素按顺序存入 result 数组
        result[index++] = r[right++];
    }
    for (int i = 0; i < result.length; i++) {    //最后将 result 中已经排序好的元素按位置全部复
                                                 //制到原数组中
        r[i + start] = result[i];
    }
}
```

【例 9.7】 请对排序表关键字为 { 4,7,16,25,3,6,1,7 } 的序列进行归并排序。

```java
package chp09;
public class Example9_7 {
    private RecordNode[] r;                //存储 RecordNode 的数组
    private int curlen;                    //当前数组长度(即记录的数量)
    //构造函数,用于初始化 RecordNode 数组和长度
    public Example9_7(int[] arr) {
        curlen = arr.length;
        r = new RecordNode[curlen];
        //将整数数组转换为 RecordNode 数组
        for (int i = 0; i < curlen; i++) {
            r[i] = new RecordNode(arr[i]);
        }
    }
    //归并排序实现算法
    public void mergeSort(int start, int end) {
        if (start >= end) {
            return;    //当数组 start 处索引值比 end 处索引值大时,结束程序
        }
        int middle = (start + end) / 2;    //将数组划分成两部分,middle 为划分后左边数组最右
                                           //边元素的索引值
        mergeSort(0, middle);    //左边数组进行递归调用
        mergeSort(middle + 1, end);    //右边数组进行递归调用
        merge(r, start, middle + 1, end);    //通过递归实现将原数组分离成单个元素,再将分离
                                             //的元素进行判断大小并进行合并
```

```java
    }
    public void merge(RecordNode[] r, int start, int middle, int end) {
        if (start == middle || middle > end) {
            return;
        }
        //定义一个数组 result,用来存放每次合并后的值
        RecordNode[] result = new RecordNode[end - start + 1];
        int index = 0;                            //result 数组下标
        int left = start;                         //分离的左边数组开始位置
        int right = middle;                       //分离的右边数组开始位置
        //判断两个数组元素的大小,按顺序存入 result 数组
        while (left < middle && right <= end) {
            if (r[left].key.compareTo(r[right].key) <= 0) {
                result[index++] = r[left++];
            } else {
                result[index++] = r[right++];
            }
        }
        while (left < middle) {    //如果右侧数组元素已经排序完毕,左侧数组还有剩余元素,将左
                                   //侧数组的剩余元素按顺序存入 result 数组
            result[index++] = r[left++];
        }
        while (right <= end) {    //如果左侧数组元素已经排序完毕,右侧小数组还有剩余元素,
                                  //将右侧小数组剩余元素按顺序存入 result 数组
            result[index++] = r[right++];
        }
        for (int i = 0; i < result.length; i++) {    //最后将 result 中已经排序好的元素按位置全
                                                     //部复制到原数组中
            r[i + start] = result[i];
        }
    }
}
//显示数组当前状态的方法
public void display() {
    System.out.print("数组当前状态:");
    for (int i = 0; i < curlen; i++) {
        System.out.print(r[i].key);        //只显示关键字
        if (i < curlen - 1) {
            System.out.print("-");
        }
    }
    System.out.println();
}
//主方法,用于测试归并排序
public static void main(String[] args) {
    //初始化 RecordNode 数组
    int[] arr = { 4, 7, 16, 25, 3, 6, 1, 7 };
    Example9_7 sorter = new Example9_7(arr);
    //打印排序前数组状态
    System.out.println("排序前数组状态:");
    sorter.display();
    //执行归并排序
    sorter.mergeSort(0, arr.length - 1);
    //打印排序后数组状态
    System.out.println("排序后数组状态:");
```

```
        sorter.display();
    }
}
```

3. 性能分析

1）时间复杂度

归并排序算法每次需要将序列折半分组，一共需要处理 $\log n$ 趟，因此归并排序算法的时间复杂度是 $O(n \log n)$。

2）空间复杂度

归并排序算法排序过程中需要额外的一个序列去存储排序后的结果，所占空间是 n，因此空间复杂度为 $O(n)$。

3）稳定性

归并排序算法在排序过程中，相同元素的前后顺序并没有改变，所以归并排序是一种稳定排序算法。

9.6 各种内部排序方法讨论

在计算机科学中，排序算法是一种将列表元素按顺序排列的算法。排序是一种非常重要且最为常用的操作。根据排序使用内存储器和外存储器的情况，可将排序分为内排序和外排序。在待排序的数据量不是特别大的情况下，一般采用内排序。一个排序算法的好坏主要通过时间复杂度、空间复杂度和稳定性来衡量。各种排序算法的综合性能比较如表 9-2 所示。

表 9-2　各种排序算法的综合性能比较

排 序 算 法	平均时间复杂度	最 好 情 况	最 坏 情 况	空间复杂度	稳 定 性
插入排序	$O(n^2)$	$O(n)$	$O(n^2)$	$O(1)$	稳定
希尔排序	$O(n^{1.5})$	$O(n)$	$O(n^{1.5})$	$O(1)$	不稳定
冒泡排序	$O(n)$	$O(n)$	$O(n^2)$	$O(1)$	稳定
快速排序	$O(n \log n)$	$O(n \log n)$	$O(n^2)$	$O(\log n)$	不稳定
选择排序	$O(n^2)$	$O(n^2)$	$O(n^2)$	$O(1)$	不稳定
堆排序	$O(n \log_2 n)$	$O(n \log_2 n)$	$O(n \log_2 n)$	$O(1)$	不稳定
归并排序	$O(n \log n)$	$O(n \log n)$	$O(n \log n)$	$O(n)$	稳定

综合比较本章内讨论的各种内部排序方法，大致可以得出以下结论。

从各种排序算法时间消耗上进行分析，快速排序最佳，是几种内排序算法中最省时间的算法，但是快速排序在最坏情况下耗费的时间多于堆排序和归并排序所耗费的时间。直接插入排序和简单选择排序适合于数据量较小的情况，当序列中的记录"基本有序"或 n 值较小时，它是最佳的排序方法，因此常将它和其他的排序方法，如快速排序、归并排序等结合在一起使用。归并排序需要使用大量的存储空间，比较适合于外部排序。堆排序适合于数据量较大的情况。

从算法的稳定性来进行分析，直接插入排序、冒泡排序、归并排序是稳定的，希尔排序、快速排序、简单选择排序、堆排序都是不稳定的。通常情况下，如果排序过程中的比较是在相邻的两个记录关键字间进行的，那么这个排序方法一般是稳定的。需要注意的是，算法的稳定性是由算法本身决定的,不稳定的算法在某种条件下可以变为稳定的算法,而稳定的算法在某种条件下也可以变为不稳定的算法。

综上所述,在本章讨论的几种内排序算法中,每种排序方法都有各自的适用范围,在选择排序算法时,要根据具体情况进行选择,有时候还需要将多种方法结合起来使用。

9.7 综合应用实例

【问题描述】

在现代城市交通管理中,智能化的交通流量分析和调度是提升道路使用效率、减少拥堵的关键。一个智能交通流量管理系统可以根据车辆的数量和流速对交叉口的信号灯进行调度。

设计一个模拟城市交通流量的管理系统,能够接收不同时间点不同交叉口的车辆流量数据,并进行排序。该系统需要通过选用适当的排序算法,对数据进行实时排序,以决定信号灯的调度策略。

【思政元素】

要求设计一个模拟城市交通流量的管理系统,这本身就是一种创新实践,体现了对于科技创新和智能交通发展的追求。这可以培养学生的创新思维和实践能力,激发他们对于科技进步的热情。

系统能够处理实时输入的流量数据,并根据不同时段选择合适的排序算法,以决定信号灯的调度策略。这体现了系统思维,即要从全局和整体的角度去考虑问题,优化整个交通系统的运行效率。这可以培养学生的系统思维能力和全局观。

智能交通流量管理系统旨在提升道路使用效率,减少拥堵,这体现了社会责任和担当。作为未来的工程师和科技工作者,他们需要意识到自己的工作对于社会的影响和责任,积极为社会做出贡献。这可以培养学生的社会责任感和使命感。

在实际的项目开发中,通常需要团队成员之间的协作和沟通。题目中的智能交通流量管理系统设计也需要团队成员之间的合作,共同完成任务。这可以培养学生的团队协作能力和沟通能力。

【基本要求】

(1) 创建一个 Main 类,在其中模拟生成至少 15 组随机的交通流量数据,每组数据包含一个交叉口名称、一个时间戳(以一天中的分钟数表示),以及在该时间点通过交叉口的车辆数。时间戳应该覆盖全天的不同时间段。

(2) 定义一个 TrafficManagementSystem 类,在该类中定义 autoSort()方法,根据车辆数量量自动选择并应用最合适的排序算法(插入排序、选择排序或快速排序)来排序以上生成的交通流量数据。

(3) 定义一个 giveTrafficLightSuggestion()方法,该方法根据排序后的车辆数量数据,为每个交叉口给出信号灯调度建议。建议分为以下三种。

① 对前 25% 车流量最大的交叉口:增加绿灯时间,提高通行效率。

② 对中间 50% 的交叉口:优化信号灯配时策略,以平衡流量。

③ 对剩余 25% 车流量最小的交叉口:考虑减少绿灯时间,以便调配资源至更繁忙的交

叉口。

（4）打印出所有交叉口的交通流量数据和相应的调度建议。

【算法思路】

1. 数据生成

使用一个循环，创建 15 个 TrafficData 对象。对于每个对象，随机生成交叉口名称、车辆数以及时间戳。使用 Random 类或者其他方法来生成随机数。交叉口名称可以是"A""B""C"…，也可以是更有意义的名称。时间戳表示的是一天中的分钟数，范围从 0（00:00）到 1439（23:59）。车辆数可以设定一个合理的范围，如从 10 到 1000 辆。

2. 排序的实现

根据 TrafficManagementSystem 类中 autoSort()方法的描述，用车辆数决定使用哪种排序方法。如果数据量较小（小于或等于 10），使用插入排序。如果数据量适中（大于 10 但不超过 1000），使用选择排序。对于较大的数据量，则使用快速排序。

3. 给出的建议算法（giveTrafficLightSuggestion()方法）

经过排序后，将交通流量数据分为三部分。对于前 25% 车流量最大的交叉口，建议增加绿灯时间。对于中间 50% 的交叉口，建议优化信号灯配时策略。对于剩下的 25% 车流量最小的交叉口，建议考虑减少绿灯时间。

4. 打印和展示

打印排序过的交叉口数据和建议。格式化输出，以便于阅读和理解。

【参考源代码】

```java
package chp09;
import java.util.*;
/**
 * TrafficData 类用于存储单个交通流量数据
 */

class TrafficData {
    private String intersectionName;        //交叉口名称
    private int vehicleCount;                //车辆数量
    private int time;                        //时间戳（以分钟为单位）

    /**
     * TrafficData 类的构造函数,用于初始化 TrafficData 对象
     *
     * @param intersectionName 交叉口名称
     * @param vehicleCount    车辆数量
     * @param time            时间戳（以分钟为单位）
     */

    public TrafficData(String intersectionName, int vehicleCount, int time) {
        this.intersectionName = intersectionName;
        this.vehicleCount = vehicleCount;
        this.time = time;
    }
    /**
     * 获取交叉口名称
     *
     * @return 交叉口名称
     */
```

```java
public String getIntersectionName() {
    return intersectionName;
}
/* *
 * 获取车辆数量
 *
 * @return 车辆数量
 */
public int getVehicleCount() {
    return vehicleCount;
}
/* *
 * 格式化时间戳,将时间戳转换为 HH:mm 格式的字符串
 *
 * @return 格式化后的时间字符串
 */
public String getTimeFormatted() {
    int hours = time / 60;
    int minutes = time % 60;
    return String.format("%02d:%02d", hours, minutes);
}
/* *
 * 重写 toString()方法,返回 TrafficData 对象的字符串表示形式
 *
 * @return TrafficData 对象的字符串表示形式
 */
@Override
public String toString() {
    return "交叉口: " + intersectionName + ", 车辆数量: " + vehicleCount + ", 时间: " +
getTimeFormatted();
}
}


/* *
 * TrafficManagementSystem 类用于管理交通流量数据
 */
class TrafficManagementSystem {
    ArrayList < TrafficData > trafficDataList = new ArrayList <>();
    /* *
     * 添加交通流量数据
     *
     * @param data 待添加的交通流量数据对象
     */
    public void addTrafficData(TrafficData data) {
        trafficDataList.add(data);
    }

    /* *
     * 给出交通信号灯调度建议
     */
    public void giveTrafficLightSuggestion() {
        System.out.println("给出信号灯调度建议:");
        for (int i = 0; i < trafficDataList.size(); ++i) {
            TrafficData data = trafficDataList.get(i);
            String suggestion;
            if (i < trafficDataList.size() * 0.25) {
                suggestion = "增加绿灯时间,提高通行效率";
            } else if (i < trafficDataList.size() * 0.75) {
```

```java
                    suggestion = "优化信号灯配时策略,以平衡流量";
                } else {
                    suggestion = "考虑减少绿灯时间,以便调配资源至更繁忙交叉口";
                }
                System.out.printf("交叉口: %s: 车辆数量 - %d, 时间 - %s, 建议 - %s\n",
        data.getIntersectionName(),
                    data.getVehicleCount(), data.getTimeFormatted(), suggestion);
        }
    }

    //方法:打印排序后的交通流量数据
    public void printSortedTrafficData() {
        System.out.println("经过排序后的交通流量数据:");
        for (TrafficData data : trafficDataList) {
            System.out.println(data);
        }
    }
    private void insertSort(ArrayList < TrafficData > list) {
        for (int i = 1; i < list.size(); i++) {
            TrafficData temp = list.get(i);
            int j = i - 1;
            while (j >= 0 && list.get(j).getVehicleCount() < temp.getVehicleCount()) {
                list.set(j + 1, list.get(j));
                j--;
            }
            list.set(j + 1, temp);
        }
    }
    //快速排序
    private void quickSort(ArrayList < TrafficData > list, int begin, int end) {
        if (begin < end) {
            int partitionIndex = partition(list, begin, end);
            quickSort(list, begin, partitionIndex - 1);
            quickSort(list, partitionIndex + 1, end);
        }
    }
    private int partition(ArrayList < TrafficData > list, int begin, int end) {
        TrafficData pivot = list.get(end);
        int i = (begin - 1);

        for (int j = begin; j < end; j++) {
            if (list.get(j).getVehicleCount() > pivot.getVehicleCount()) {
                i++;
                TrafficData swapTemp = list.get(i);
                list.set(i, list.get(j));
                list.set(j, swapTemp);
            }
        }
        TrafficData swapTemp = list.get(i + 1);
        list.set(i + 1, list.get(end));
        list.set(end, swapTemp);
        return i + 1;
    }
    //选择排序
    private void selectionSort(ArrayList < TrafficData > list) {
        for (int i = 0; i < list.size() - 1; i++) {
            int max_idx = i;
            for (int j = i + 1; j < list.size(); j++)
                if (list.get(j).getVehicleCount() > list.get(max_idx).getVehicleCount())
```

```
                    max_idx = j;

                TrafficData temp = list.get(max_idx);
                list.set(max_idx, list.get(i));
                list.set(i, temp);
            }
        }
    //自动选择合适的排序方法
    public String autoSort(ArrayList < TrafficData > list) {
        long startTime = System.nanoTime();
        String sortMethod;

        if (list.size() <= 10) {
            insertSort(list);
            sortMethod = "插入排序";
        } else if (list.size() > 10 && list.size() <= 1000) {
            selectionSort(list);
            sortMethod = "选择排序";
        } else {
            quickSort(list, 0, list.size() - 1);
            sortMethod = "快速排序";
        }
        long endTime = System.nanoTime();
        long duration = (endTime - startTime) / 1000000; //转换为毫秒
         System.out.println("使用的排序方法: " + sortMethod + ",用时: " + duration +
" ms");
        return sortMethod;
        }
}


//主函数
public class ComprehensiveApplication_09 {
    public static void main(String[] args) {
            TrafficManagementSystem system = new TrafficManagementSystem();

            //示例模拟数据,这里假设时间是以 1440 分钟来表示全天时间的
            system.addTrafficData(new TrafficData("交叉口 A", 520, 780)); //13:00
            system.addTrafficData(new TrafficData("交叉口 B", 310, 815)); //13:35
            system.addTrafficData(new TrafficData("交叉口 C", 450, 830)); //13:50
            system.addTrafficData(new TrafficData("交叉口 D", 270, 845)); //14:05
            system.addTrafficData(new TrafficData("交叉口 E", 300, 860)); //14:20
            system.addTrafficData(new TrafficData("交叉口 F", 410, 900)); //15:00
            system.addTrafficData(new TrafficData("交叉口 G", 215, 915)); //15:15
            system.addTrafficData(new TrafficData("交叉口 H", 498, 930)); //15:30
            system.addTrafficData(new TrafficData("交叉口 I", 560, 980)); //16:20
            system.addTrafficData(new TrafficData("交叉口 J", 640, 1015)); //16:55
            //自动排序,并打印所使用的排序方法及其用时
            system.autoSort(system.trafficDataList);
            //打印排序后的数据
            system.printSortedTrafficData();
            //给出调度建议
            system.giveTrafficLightSuggestion();
    }
}
```

【运行结果】

运行结果如图 9-13 所示。

```
<terminated> ComprehensiveApplication_09 [Java Application] D:\App Install\JAVA\jdk1.8\bin\java
使用的排序方法: 插入排序，用时: 0 ms
经过排序后的交通流量数据：
交叉口: 交叉口J, 车辆数量: 640, 时间: 16:55
交叉口: 交叉口I, 车辆数量: 560, 时间: 16:20
交叉口: 交叉口A, 车辆数量: 520, 时间: 13:00
交叉口: 交叉口H, 车辆数量: 498, 时间: 15:30
交叉口: 交叉口C, 车辆数量: 450, 时间: 13:50
交叉口: 交叉口F, 车辆数量: 410, 时间: 15:00
交叉口: 交叉口B, 车辆数量: 310, 时间: 13:35
交叉口: 交叉口E, 车辆数量: 300, 时间: 14:20
交叉口: 交叉口D, 车辆数量: 270, 时间: 14:05
交叉口: 交叉口G, 车辆数量: 215, 时间: 15:15
给出信号灯调度建议：
交叉口： 交叉口J: 车辆数量 - 640, 时间 - 16:55, 建议 - 增加绿灯时间，提高通行效率
交叉口： 交叉口I: 车辆数量 - 560, 时间 - 16:20, 建议 - 增加绿灯时间，提高通行效率
交叉口： 交叉口A: 车辆数量 - 520, 时间 - 13:00, 建议 - 增加绿灯时间，提高通行效率
交叉口： 交叉口H: 车辆数量 - 498, 时间 - 15:30, 建议 - 优化信号灯配时策略，以平衡流量
交叉口： 交叉口C: 车辆数量 - 450, 时间 - 13:50, 建议 - 优化信号灯配时策略，以平衡流量
交叉口： 交叉口F: 车辆数量 - 410, 时间 - 15:00, 建议 - 优化信号灯配时策略，以平衡流量
交叉口： 交叉口B: 车辆数量 - 310, 时间 - 13:35, 建议 - 优化信号灯配时策略，以平衡流量
交叉口： 交叉口E: 车辆数量 - 300, 时间 - 14:20, 建议 - 优化信号灯配时策略，以平衡流量
交叉口： 交叉口D: 车辆数量 - 270, 时间 - 14:05, 建议 - 考虑减少绿灯时间，以便调配资源至更繁忙交叉口
交叉口： 交叉口G: 车辆数量 - 215, 时间 - 15:15, 建议 - 考虑减少绿灯时间，以便调配资源至更繁忙交叉口
```

图 9-13　实例运行结果

习　　题

一、选择题

1. 在下列哪种情况中插入排序最为高效？(　　)

A. 当输入数组完全随机时　　B. 当输入数组已经部分有序时

C. 当输入数组完全反序时　　D. 当输入数组的大小非常大时

2. 快速排序算法的平均时间复杂度是多少？(　　)

A. $O(n)$　　B. $O(n\log n)$　　C. $O(n^2)$　　D. $O(\log n)$

3. 下列哪个是冒泡排序在最好情况下的时间复杂度？(　　)

A. $O(n)$　　B. $O(n^2)$　　C. $O(n\log n)$　　D. $O(1)$

4. 在选择排序中，每次遍历的目的是什么？(　　)

A. 对序列进行分组　　B. 找到基准元素

C. 找到最小值元素　　D. 创造一个有序的数组

5. 归并排序的主要缺点是什么？(　　)

A. 时间复杂度高　　B. 需要额外的存储空间

C. 不稳定的排序　　D. 实现过程复杂

6. 哪种排序算法是稳定的？(　　)

A. 选择排序　　B. 快速排序

C. 归并排序　　D. 希尔排序

7. 下列哪种情况适合使用快速排序？(　　)

A. 数据集非常小　　B. 数据集部分有序

C. 数据集相当大且随机　　D. 数据集完全有序

8. 插入排序的平均时间复杂度是多少？（　　）

    A. $O(n)$　　　　　　　B. $O(n^2)$　　　　　　C. $O(n\log n)$　　　　D. $O(\log n)$

9. 内部排序是指（　　）。

    A. 所有排序操作都在内存中完成

    B. 所有排序操作都在外部存储器中完成

    C. 使用了内部算法的排序

    D. 使用了外部算法的排序

10. 下列关于内部排序算法的说法中，哪一个是错误的？（　　）

    A. 插入排序适用于小规模数据集

    B. 冒泡排序适用于大型数据集

    C. 归并排序适合处理大规模数据集

    D. 快速排序被广泛地用于各种场景

二、简答题

1. 简述排序算法中稳定性的概念及其重要性。

2. 描述插入排序的基本工作原理，并说明其在什么样的数据集上最有效。

3. 交换排序包括哪些常见的排序算法？它们是如何通过交换元素来实现排序的？

4. 选择排序在每一轮选择中做了什么？它的时间复杂度如何？

5. 解释归并排序的分治策略，它如何利用这种策略来提高排序效率？

6. 对比插入排序和归并排序。在什么情况下，归并排序会比插入排序表现得更好？

7. 怎样理解内部排序和外部排序？在内部排序中，通常有哪些限制？

8. 谈谈快速排序和冒泡排序的差异以及各自适用的场景。

9. 描述希尔排序的工作原理，并说明它与直接插入排序的主要区别。

10. 在内部排序算法中，"时间复杂度"和"空间复杂度"如何影响排序算法的选择？给出几个排序算法的时间复杂度和空间复杂度实例。

三、上机题

1. 学生成绩排序，给定一个包含学生成绩的数组，使用插入排序算法对成绩进行升序排序。

输入：

一个整数数组，代表学生的成绩。

输出：

排序后的成绩数组。

示例：

输入:[95, 80, 78, 92, 88]
输出:[78, 80, 88, 92, 95]

2. 假设图书馆有一系列书籍，每本书都有一个唯一的编号。使用冒泡排序算法对这些书籍按编号进行升序排序。要求输入为：一个字符串数组，代表每本书的编号。输出为：排序后的书籍编号数组。

3. 在一次运动会上，有多名运动员参与多个项目的比赛。每个运动员都有一个总分。使用选择排序算法对这些运动员按总分进行降序排序。输入为一个运动员对象的数组，每个对象包含姓名和总分。输出为排序后的运动员数组，按总分降序排列。输入输出格式如下。

> 输入：[{"name"："Alice"，"score"：85}，{"name"："Bob"，"score"：92}，{"name"："Charlie"，"score"：88}]
>
> 输出：[{"name"："Bob"，"score"：92}，{"name"："Charlie"，"score"：88}，{"name"："Alice"，"score"：85}]

4. 假设某电商平台上销售了多种商品，每种商品有一个销售记录，记录了商品的 ID 和销售额。平台希望对商品按销售额从高到低进行排序，以便分析哪些商品的销售表现最好。现在需要使用归并排序算法来排序商品销售数据。要求：定义一个 SalesRecord Java 类，它包含两个属性：int 型的 productId 和 double 型的 salesAmount。实现一个归并排序算法，对 SalesRecord 数组按照 salesAmount 属性从高到低进行排序。编写一个简单的主函数来演示你的排序算法，创建一个 SalesRecord 数组作为示例数据输入，输出排序后的结果。

5. 假设有一个员工对象的数组，每个员工对象包含姓名、职位和薪资。需要按照薪资对这些员工进行降序排序。由于 Java 的内置排序方法不能直接用于自定义对象数组，需要实现 Comparator 接口来定义排序规则。输入为一个员工对象的数组，每个对象包含姓名、职位和薪资。输出为排序后的员工数组，按薪资降序排列。输入输出格式如下。

> 输入：[{"name"："Alice"，"position"："Manager"，"salary"：5000}，{"name"："Bob"，"position"："Engineer"，"salary"：6000}，{"name"："Charlie"，"position"："Intern"，"salary"：3000}]
>
> 输出：[{"name"："Bob"，"position"："Engineer"，"salary"：6000}，{"name"："Alice"，"position"："Manager"，"salary"：5000}，{"name"："Charlie"，"position"："Intern"，"salary"：3000}]

参 考 文 献

［1］ 李春葆,等.数据结构教程[M].5 版.北京：清华大学出版社,2017.

［2］ 李春葆,等.数据结构教程(Java 语言描述)[M].北京：清华大学出版社,2022.

［3］ 李春葆,等.数据结构教程(Java 语言描述)学习与上机实验指导[M].北京：清华大学出版社,2022.

［4］ 刘小晶,等.数据结构教程：Java 语言描述[M].北京：清华大学出版社,2020.

［5］ 王新宇,等.数据结构与算法设计[M].北京：电子工业出版社,2023.

图书资源支持

感谢您一直以来对清华版图书的支持和爱护。为了配合本书的使用,本书提供配套的资源,有需求的读者请扫描下方的"书圈"微信公众号二维码,在图书专区下载,也可以拨打电话或发送电子邮件咨询。

如果您在使用本书的过程中遇到了什么问题,或者有相关图书出版计划,也请您发邮件告诉我们,以便我们更好地为您服务。

我们的联系方式:

清华大学出版社计算机与信息分社网站:https://www.shuimushuhui.com/

地　　址:北京市海淀区双清路学研大厦 A 座 714

邮　　编:100084

电　　话:010-83470236　010-83470237

客服邮箱:2301891038@qq.com

QQ:2301891038(请写明您的单位和姓名)

资源下载:关注公众号"书圈"下载配套资源。

资源下载、样书申请

图书案例

书圈　　　　　清华计算机学堂　　　　　观看课程直播